Michael Möser

Analyse und Synthese akustischer Spektren

Mit 108 Abbildungen

Springer-Verlag Berlin Heidelberg NewYork
London Paris Tokyo 1988

Dr. Ing.-habil. Michael Möser

Technische Universität Berlin, Fachbereich 21 – Umwelttechnik,
Institut für Technische Akustik, Einsteinufer 27, D-1000 Berlin 10

ISBN 3-540-18947-5 Springer-Verlag Berlin Heidelberg New York
ISBN 0-387-18947-5 Springer-Verlag New York Heidelberg Berlin

CIP-Titelaufnahme der Deutschen Bibliothek
Möser, Michael: Analyse und Synthese akustischer Spektren / Michael Möser. –
Berlin ; Heidelberg ; New York ; London ; Paris ; Tokyo . Springer, 1988
Zugl. Teildr. von: Berlin, Techn. Univ., Habil.-Schr.
ISBN 3-540-18947-5 (Berlin . . .) brosch.
ISBN 0-387-18947-5 (New York . . .) brosch.

Die Wiedergabe von Gebrauchsnamen, Handelsnamen, Warenbezeichnungen usw. in diesem Werk berechtigt auch ohne besondere Kennzeichnung nicht zu der Annahme, daß solche Namen im Sinne der Warenzeichen- und Markenschutz-Gesetzgebung als frei zu betrachten wären und daher von jedermann benutzt werden dürften.

Sollte in diesem Werk direkt oder indirekt auf Gesetze, Vorschriften oder Richtlinien (z.B. DIN, VDI, VDE) Bezug genommen oder aus ihnen zitiert worden sein, so kann der Verlag keine Gewähr für Richtigkeit, Vollständigkeit oder Aktualität übernehmen. Es empfiehlt sich gegebenenfalls für die eigenen Arbeiten die vollständigen Vorschriften oder Richtlinien in der jeweils gültigen Fassung hinzuzuziehen.

Druck: Color-Druck, G. Baucke, Berlin; Binder: Lüderitz & Bauer, Berlin
2068/3020-543210

Vorwort

Die Methode der Zerlegung physikalischer Vorgänge in spektrale Komponenten - das Mittel der Fourier-Transformation - ist ein weithin bekanntes und viel benutztes Hilfsmittel des Ingenieurs. Dieses Buch soll denn auch der langen Reihe vorhandener Abhandlungen über die Fourier-Transformation keine weitere hinzufügen: es behandelt das Teilproblem, wie sich erwünschte spektrale Verläufe realisieren lassen.

Die Aufgabenstellung, einen zeitlichen oder örtlichen Verlauf so zu gestalten, daß dessen Spektrum eine gewisse erwünschte Form besitzt oder dieser doch möglichst nahe kommt, ist für viele praktische Probleme von Interesse. Dabei kommen hier vor allem entweder konstante Spektren bei vorausgesetzt nicht sehr kurzen Originalfunktionen als Ziel in Betracht, oder es sollen nicht sehr lange Originalverläufe so bestimmt werden, daß sie so schmalbandig wie eben möglich sind.

Auf konstante Spektren wird etwa abgezielt, wenn eine Strahlergruppe in Form einer Sendezeile zum Zwecke möglichst gleichmäßiger Versorgung aller Richtungen mit einer so großen Strahlungsenergie eingesetzt werden soll, daß diese mit einem einzelnen Strahlerelement nicht erreicht werden kann. Dieses Problem tritt immer dann auf, wenn ein breiter zweidimensionaler Horizont bestrahlt werden soll, also beispielsweise in der Beschallungstechnik. Auch Verfahren, die mit den von Körpern oder von Störungen herstammenden Echos arbeiten, benötigen oft eine ungebündelte Versorgung des Raumes mit Strahlung : in der Radar- und Sonartechnik, aber auch für zerstörungsfreie Prüf- und Diagnoseverfahren mit Ultraschall und für geologische Untersuchungen sind primäre Schwingungsfelder mit der genannten Qualität wünschenswert.

Impuls-ähnliche Spektren interessieren als Gewichtsspektren für die Analyse abgetasteter Signale. Wie in Kapitel 3 geschildert wird, läßt sich das Spektrum eines beobachteten Vorganges nur bis auf die Faltung mit dem Spektrum der verwendeten Fensterung ermitteln, das Signal kann nur durch "die Brille Fensterfunktion" sichtbar gemacht werden. Meßtechnisch beobachtete Prozesse und ihre in spektrale Form umgerechneten spektralen Inhalte interessieren natürlich in sehr vielen wissenschaftlichen Disziplinen. Für örtliche Beobachtungen mit mehreren parallelen Sensoren ist deren Anzahl häufig aus Aufwandsgründen stark begrenzt, oft ist hier eher an eine Anzahl von einigen Zehn, jedenfalls nicht von einigen Hundert zu denken. Insbesondere in solchen Fällen ist ein Optimum an Trennschärfe der verwendeten "Beobachtungsoptik" Fensterung verlangt. Für Ortungstechniken, etwa bei der Quellen- oder Reflektorortung - einige Anwendungsbereiche sind bereits genannt - bedeutet dies eine möglichst sichere Erkennung der Einfallsrichtungen.

V

Das konventionelle Verfahren der "Fensterung mit Gewichtung" bei der Analyse von Signalen hat den entscheidenden Nachteil, daß eine schmalbandige Beobachtung einer spektralen Komponente gleichzeitig die Fähigkeit zur Entdeckung schwacher anderer Anteile stark vermindert. Liegen nur einige wenige Abtastwerte vor, so bieten die modernen Spektralschätzverfahren eine sinnvolle Alternative, mit der dieses Problem teilweise umgangen werden kann. Sie gehen von a-priori-Kenntnissen über die globalen Qualitäten der zu untersuchenden Signale aus und arbeiten mit Modellen für die gemessenen Verläufe. Ist beispielsweise von einem Vorgange bekannt, daß er wellenförmig ist, so genügt die Ermittlung der Frequenz (oder der Wellenzahl) und der komlexen Amplitude zur vollständigen Beschreibung : mehr als zwei Stützstellen wären zur Charakterisierung nicht erforderlich. Von Verfahren, die parametrische Signalmodelle benutzen, sind einige in Kapitel 4 erläutert. Sie sind weniger mechanistisch in der Vorgehensweise und in den Voraussetzungen vielfältiger als das traditionelle Fensterfahren mit der immergleichen Bedingung, daß alles Unsichtbare gleich Null und nicht vorhanden sei, und sie können so zu sehr viel klareren und ausgeprägteren spektralen Verläufen führen, wenn nur wenige Modell-fremde Anteile im Signal enthalten sind. Aus diesem Grund gibt es bei sehr vielen Fragestellungen, bei denen aus einigen wenigen Abtastwerten trotzdem noch trennscharfe Aussagen über die spektralen Komponenten verlangt sind, ein reges Interesse an den parametrischen Verfahren zur Ermittlung von Spektren. Betroffen sind auch hier wieder vor allem die schon angeführten Ortungsproblematiken.

Die folgende Arbeit ist um eine anschauliche und leicht verständliche, dem Stand eines Ingenieur-Studenten in nicht zu frühem Semester angemessene Schilderung bemüht. Es werden insbesondere keine zu hohen Erwartungen an Vorkenntnisse aus den Bereichen der Mathematik, der Theorie der Signalanalyse oder der mathematischen Statistik gestellt. Im ersten Kapitel werden die erforderlichen Grundlagen in einem Umfang geschildert, der den Erfahrungen des Autors aus eigener Lehrtätigkeit notwendig erscheint. Andererseits geht die Arbeit naturgemäß von einem Leser aus, der wenigstens mit den Grundbegriffen der Spektralanalyse und Synthese schon etwas anzufangen weiß. Verweise sowohl auf Literatur, die eventuelle Lücken schließen hilft, als auch auf weiterführende Literatur, werden an den geeigneten Stellen gegeben.

Dieses Buch stellt einen Teil der Habilitationsschrift des Verfassers dar. Der Autor bedankt sich für deren kritische Durchsicht und für die wertvollen Hinweise, die er von seinen Berichtern, den Herren Prof. Heckl und Prof. Kuttruff, erhalten hat. Auch der Deutschen Forschungsgemeinschaft schuldet der Verfasser Dank, denn sie hat ihm durch Förderung im Rahmen eines Habilitantenstipendiums das Anfertigen der Arbeit erst möglich gemacht.

Im Februar 1988   M. Möser

Inhaltsverzeichnis

1 Grundlagen

1.1 Fouriertransformation kontinuierlicher Vorgänge

Die vorliegende Arbeit versteht sich ausdrücklich nicht als Schilderung des klassischen und weithin bekannten mathematischen Werkzeuges der Fourier-Transformation kontinuierlicher Vorgänge und Funktionen. Einmal ist dieses Thema Gegenstand vieler guter Bücher, der interessierte Leser sei hier insbesondere auf das Werk von Papoulis /1.1/ hingewiesen. Obendrein sind in diesem Buch - mit wenigen Ausnahmen - nur diskrete Zahlenfolgen und die ihnen beigeordneten Fourierschen Spektren relevant, und über diese wird ausführlicher berichtet werden. Die folgenden Betrachtungen über die Fourier-Transformation kontinuierlicher Vorgänge sind denn auch kurz gehalten. Sie stehen fast an Stelle einer Einleitung, und sie dienen vor allem dazu, die Motivation für die Einführung und Verwendung von Fourier-Transformationen zu erläutern.

Nun lassen sich bekanntlich in vielen Ingenieurwissenschaftlichen Disziplinen die in ihnen behandelten physikalischen Vorgänge besonders einfach betrachten, wenn diese in Wechselvorgängen mit harmonischem oder wellenförmigem Verlauf bestehen. Dies gilt beispielsweise bezüglich zeitlicher Abläufe für elektrische Netzwerke oder mechanische Strukturen : oft ist es relativ einfach möglich, die Reaktion eines Systems auf Anregungen der Form

$$a(t) = a_0 \ e^{j\omega t} \tag{1.1}$$

mit der allgemeinen, variabel gedachten Kreisfrequenz ω zu ermitteln. Liegen mehrere solcher tonaler Anteile vor, so kann man die System-Antwort durch Superposition der Teil-Antworten erhalten, vorausgesetzt nur, daß sich die betrachtete Anordnung linear verhält. Im Grenzfall sehr vieler, in der Frequenz beliebig nah benachbarter Anteile geht schließlich die Summation in ein Integral

$$s(t) = \frac{1}{2\pi} \int_{-\infty}^{\infty} S(\omega) \ e^{j\omega t} \ d\omega \tag{1.2}$$

über. Dabei ist $S(\omega)$ eine komplexwertige Amplituden-Dichte-Funktion, denn beim

Grenzübergang müssen die Einzelamplituden im Interesse endlicher Energie abnehmen.

Mit Gl.(1.2) ist der Grundgedanke der Fourier-Transformation auch schon geschildert : sie faßt einen beliebigen Vorgang s(t) als aus einer unendlichen Anzahl von Schwingungen der Form $S(\omega)e^{j\omega t}$ zusammengesetzt auf. Die Amplitudendichte $S(\omega)$ wird meist als Spektrum, ihr Betragsquadrat als Leistungsspektrum bezeichnet. Die Anwendung der Fourier-Transformation ist nicht auf zeitliche Vorgänge beschränkt, man kann der Variablen t ebensogut eine örtliche Bedeutung zuordnen, wie es etwa für die Wellenausbreitung bei den Betrachtungen im nächsten Abschnitt vorkommt.

Natürlich schließt sich unmittelbar die Frage an, wie denn bei gegebenem Verlauf s(t) die spektrale Zusammensetzung $S(\omega)$ ermittelt werden kann, welche Dekompositionsregel also Gl.(1.2) gegenübersteht.

Die Antwort auf diese Frage läßt sich leicht finden, wenn man - der Arbeit /1.2/ von Lighthill folgend - verallgemeinerte Funktionen zur Behandlung heranzieht. Dabei kommt der Diracschen Delta-Funktion $\delta(t)$ eine besondere Bedeutung zu. Die Delta-Funktion $\delta(t)$ kann man als idealisierten, einmaligen Impuls-Verlauf deuten, der für alle Argumente $t \neq 0$ verschwindet, und der die Eigenschaft

$$\int_{-\infty}^{\infty} \delta(t)\, g(t)\, dt \; = \; g(0) \tag{1.3}$$

besitzt, wobei g(t) eine kontinuierliche und stetige Funktion darstellt.

Hinsichtlich der spektralen Zusammensetzung des Impulsvorganges $\delta(t)$ - vergleichbar einem Knall - soll festgestellt werden, daß dieser durch das gleichmäßige Vorkommen aller Frequenzanteile

$$\delta(t) = \frac{1}{2\pi} \int_{-\infty}^{\infty} e^{j\omega t}\, d\omega \tag{1.4}$$

erklärt wird. Diese Tatsache kann man sich plausibel machen, wenn man das Integral in Gl.(1.4) zunächst - im Sinne des Cauchyschen Hauptwertes - für ein endliches Integrationsintervall $|\omega| < \omega_o$ löst und dann n-fache Bandgrenzen $n\omega_o$ betrachtet. In der Tat kann man die Delta-Funktion als Grenzfall einer über steigendem n geordneten Folge von Funktionen $\delta_n(t)$ auffassen. Es sollte also Gl.(1.4), bei der die rechte Seite im klassischen analytischen Sinne nicht existiert, als Kurzform dieses komplizierteren Sachverhaltes verstanden werden.

Gl. (1.4) wirkt wie eine sogenannte "Orthogonalitätsrelation", die in den folgenden Abschnitten noch häufiger vorkommen wird. Mit ihrer Hilfe kann man stets die Transformationsvorschrift in die Rücktransformationsvorschrift überführen und umgekehrt. Multipliziert man die Rücktransformationsgleichung (1.2) mit $e^{-j\omega't}$ und integriert über t, so erhält man nach Umkehr in der Reihenfolge der Integrationen

$$\int_{-\infty}^{\infty} s(t)\, e^{-j\omega't}\, dt = \int_{-\infty}^{\infty} S(\omega) \; \frac{1}{2\pi} \int_{-\infty}^{\infty} e^{j(\omega-\omega')t}\, dt\, d\omega \tag{1.5}$$

2

woraus unter Benutzung von Gl.(1.3) unmittelbar die gesuchte Transformationsgleichung

$$S(\omega) = \int_{-\infty}^{\infty} s(t) \, e^{-j\omega t} \, dt \qquad\qquad (1.6)$$

folgt.

Neben dieser mehr formalen Begründung für die Herleitung der zu Gl.(1.2) inversen Abbildungsvorschrift läßt sich auch eine anschauliche Interpretation der Rechenvorschrift Gl.(1.6) geben. Die Operationskette "Multiplikation mit dem Vorgang $e^{-j\omega t}$ variabler Frequenz ω und anschließende Zeitintegration" wirkt wie ein mathematisches Filter bezüglich der Funktion s(t). Diese Filterwirkung leuchtet unmittelbar ein, wenn man für die Zeitfunktion s(t) einen Vorgang der Form $e^{j\omega_0 t}$ mit konstanter Frequenz ω_0 annimmt. Ist nur $\omega\neq\omega_0$, so handelt es sich beim Integranden um Sinus- und Cosinus-Funktionen, die über viele Perioden integriert werden und so "zu Null" gemittelt werden. Jedenfalls ist der Wert des Integrales an der Stelle ω_0 "unendlich viel größer" als an jeder anderen Stelle ω.

Die Nützlichkeit der "Orthogonalitätsrelation" Gl.(1.4) besteht darin, daß man mit ihrer Hilfe einige der wichtigsten Sätze über Fourier-Transformierte einfach herleiten kann. So stellt sich häufig wie im nächsten Abschnitt die Frage, wie die Rücktransformierte des Produktes zweier Spektren direkt aus den zugehörigen Originalfunktionen $g(t) = F^{-1}\{G(\omega)\}$ und $h(t) = F^{-1}\{H(\omega)\}$ gebildet werden kann. In analoger Weise wie oben - durch Einsetzen von Gl.(1.6) für $G(\omega)$ und $H(\omega)$ in Gl.(1.2) - wird es dem Leser nicht schwerfallen, den sogenannten Faltungssatz

$$F^{-1}\{G(\omega) \, H(\omega)\} = \int_{-\infty}^{\infty} g(t') \, f(t-t') \, dt' \qquad\qquad (1.7)$$

zu beweisen, der die Lösung der genannten Aufgabe darstellt. Dabei bedeutet wie im folgenden öfter $F^{-1}\{G(\omega)\}$ eine Kurzschreibweise für die Rücktransformationsvorschrift nach Gl.(1.2), ebenso wie $F\{h(t)\} = H(\omega)$ die Transformationsvorschrift (1.6) in abgekürzter Form darstellt.

1.2 Abstrahlung von ebenen Flächen

Ein anschauliches Beispiel für die Verwendung der Fourier-Transformation, welches gleichzeitig für die vorliegende Arbeit von grundlegender Bedeutung ist, besteht in der Abstrahlung von ebenen Flächen.

Für den Akustiker liegt die Fragestellung in der Berechnung des Schalldruckes in einem beliebigen Aufpunkt des Raumes, wenn die Normalkomponente des örtlichen Schnelleverlaufes in einer ganzen Ebene als bekannt angenommen wird. Im Ko-

3

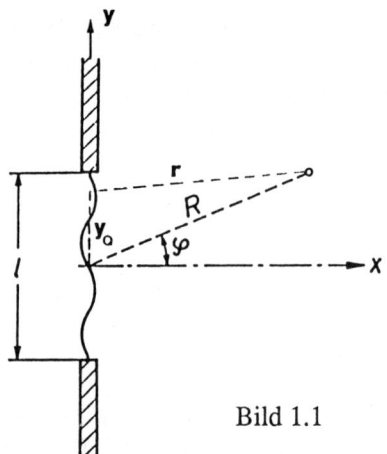

Bild 1.1   Koordinatensystem und geometrische Größen zur
            Berechnung des Schalldruckes im Aufpunkt (x,y)

ordinatensystem des Bildes 1.1 ist unter der Normalen-Richtung die x-Richtung zu
verstehen.

Es ist nicht unbedingt erforderlich, mit dem im folgenden verwendeten Skalar-
potential p den Schalldruck und mit dessen örtlicher Ableitung die Schallschnelle in
Verbindung zu bringen. Auf die gleiche Weise lassen sich auch andere physikalische
Wellenarten behandeln, vorausgesetzt nur, daß ihr Feld durch ein Skalarpotential p
vollständig beschrieben werden kann, und daß dieses Skalarpotential einer
Wellengleichung genügen muß.

Es handelt sich bei dem geschilderten Problem um ein klassisches Randwertpro-
blem, dessen Lösung durch die Forderungen

a) der Schalldruck erfülle die Wellengleichung, und

b) die Schnelle $v = j/\omega\rho \ dp/dx$ genüge der Randvorgabe $v(0,y) = v(y)$

bestimmt wird. Bild 1.1 zeigt die untersuchte Anordnung und die dabei getroffene
Festlegung des Koordinatensystems. Wie man sieht wird - lediglich der Einfachheit
und Übersicht halber - nur das zweidimensionale Problem mit $d/dz = 0$ behandelt. Die
entsprechende Erweiterung ohne diese Einschränkung bringt keine prinzipiellen
Schwierigkeiten mit sich, sie ist zum Beispiel von Heckl in /1.3/ geschildert.

Den Ausgangspunkt der Berechnung bildet die Wellengleichung, die für zeitlich
nur aus einer Frequenz bestehende Vorgänge

$$\frac{d^2p}{dx^2} + \frac{d^2p}{dy^2} + k_0^2\,p = 0 \qquad (1.8)$$

lautet. Hierin ist k_0 die Wellenzahl der ebenen Wellen im Medium

$$k_0 = \omega/c = 2\pi/\lambda_0 \qquad (1.9)$$

und c beschreibt deren Ausbreitungsgeschwindigkeit, λ_0 stellt ihre Wellenlänge dar.

Es ist nun ein sehr naheliegender Gedanke, für den örtlichen Schalldruckverlauf eine Summe von überlagerten Wellen mit allgemeinen Wellenlängen anzunehmen, denn schließlich wird man für Schallvorgänge Wellengestalt erwarten. Mathematisch formuliert bedeutet das, den Schalldruck $p(x,y)$ bezüglich der Strahler-parallelen y-Richtung als Fourier-Rücktransformierte

$$p(x,y) = \frac{1}{2\pi} \int_{-\infty}^{\infty} P(x,k)\ e^{jky}\ dk \qquad (1.10)$$

zu erklären. Die Transformationsvariable k ist - wie k_0 - eine Wellenzahl, die ebenfalls durch eine Wellenlänge

$$k = 2\pi/\lambda \qquad (1.11)$$

ausgedrückt werden kann.

Setzt man Gl.(1.10) in die Wellengleichung (1.8) ein, so folgt unmittelbar

$$\frac{d^2 P(x,k)}{dx^2} + (k_0^2 - k^2)\ P(x,k) = 0 \qquad (1.12)$$

mit den Lösungen

$$P(x,k) = P_0(k)\ e^{\pm jk_r x} \quad , \qquad (1.13)$$

wobei zur Abkürzung

$$k_r = \sqrt{|k_0^2 - k^2|} \quad , \quad k_0^2 > k^2$$

$$k_r = -j\sqrt{|k^2 - k_0^2|} \quad , \quad k_0^2 < k^2 \qquad (1.14)$$

gesetzt worden ist.

Da nun jedes infinitesimale Element im Superpositionsansatz (1.10) ein Wellenelement darstellt, kommt im Exponenten der Gl.(1.13) nur das negative Vorzeichen in Frage : es handelt sich hier um die Abstrahlung in den freien Raum, alle Wellenanteile müssen von der strahlenden Fläche wegeilen, und kein exponentieller Anteil für $k > k_0$ darf mit wachsender Entfernung x immer größere Werte annehmen. Diese Überlegungen bilden den physikalischen Grund für die Festlegung der Vorzeichen der Wellenzahl k_r in x-Richtung.

5

Insgesamt verlangt also die Wellengleichung, daß der örtliche Schalldruck in der Form

$$p(x,y) = \frac{1}{2\pi} \int_{-\infty}^{\infty} P_0(k) \, e^{-jk_r x} \, e^{jky} \, dk \qquad (1.15)$$

beschrieben werden muß. Sie beinhaltet das bekannte, für Abstrahlphänomene grundlegende Prinzip der Koinzidenz zwischen der Spurwellenlänge einer schräg von der strahlenden Ebene weglaufenden Welle mit der Wellenlänge λ_0 in Ausbreitungsrichtung und der Wellenlänge λ der strahlenden Fläche selbst.

Vergleicht man dazu ein Wellenelement in Gl.(1.15) mit einer in der durch φ gegebenen Richtung sich ausbreitenden ebenen Welle (siehe Bild 1.1 und 1.2)

$$p_e(x,y) = p_0 \, e^{-jk_0 x \cos\varphi} \, e^{-jk_0 y \sin\varphi} \quad , \qquad (1.16)$$

so stellt man fest, daß Anteile mit größerer Wellenlänge λ als die der freien Wellen λ_0 (also $k < k_0$) unter einem Winkel φ abgestrahlt werden, der sich aus

$$k_0 \, \sin\varphi = -k \qquad (1.17)$$

ergibt. Wie man auch dem Bild 1.2 entnehmen kann, werden also vorkommende langwellige Anteile λ so abgestrahlt, daß im schrägen Schnitt, den die strahlende Fläche durch das Wellengebirge der ebenen Welle λ_0 bildet, die größere Strahlerwellenlänge λ vorliegt.

Kurzwellige Anteile $\lambda < \lambda_0$ ($k > k_0$) hingegen führen zu überhaupt keiner Abstrahlung. Sie gehören zu einem Nahfeld, das von der Strahlerfläche weg exponentiell abklingt und in einiger Entfernung nicht mehr merklich ist. In der Akustik spricht man

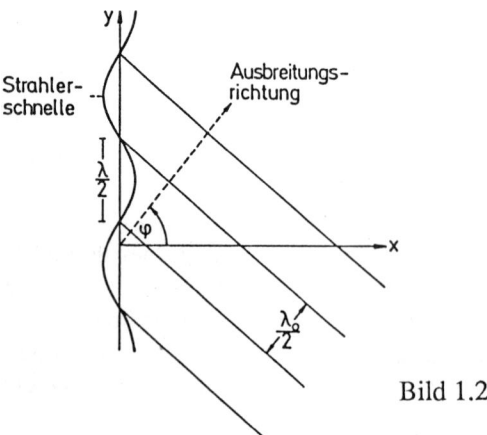

Bild 1.2   Abstrahlung bei wellenförmiger
Strahlerschnelle $v(y) = v_0 \, e^{-j2\pi y/\lambda}$

von einem hydrodynamischen Nahfeld, in dem kompressionslose Bewegungen vorliegen, die lediglich dem Massenausgleich dienen.

Welche Amplitude $P_0(k)$ die abgestrahlten Teilwellen und die exponentiellen Nahfelder besitzen ist nur noch eine Frage der Zusammensetzung der Anregung, also der Schwingungsform der strahlenden Fläche selbst. Stellt man diese wieder mit dem mathematischen Mittel der Fourier-Transformation durch auf der Fläche entlanglaufende Wellen dar,

$$v(y) = \frac{1}{2\pi} \int_{-\infty}^{\infty} V(k)\ e^{jky}\ dk \quad , \tag{1.18}$$

so findet man aus der Randbedingung

$$v(0,y) = v(y) = \frac{j}{\omega\rho} \frac{dp}{dx} (x{=}0) = \frac{1}{2\pi\omega\rho} \int_{-\infty}^{\infty} k_r P_o(k)\ e^{jky}\ dk \tag{1.19}$$

den Zusammenhang

$$P_0(k) = \omega\rho\ V(k) / k_r \quad . \tag{1.20}$$

Daraus folgt schließlich der Schalldruck

$$p(x,y) = \frac{\omega\rho}{2\pi} \int_{-\infty}^{\infty} \frac{V(k)}{k_r}\ e^{-jk_r x}\ e^{jky}\ dk \tag{1.21}$$

in jedem Aufpunkt (x,y) des Raumes.

Gl.(1.21) legt eine zusätzliche Betrachtung nahe : es handelt sich um die Rücktransformierte des Produktes zweier Wellenzahl-Spektren, und deshalb kann man den Schalldruck unmittelbar auch aus einer Faltung der zugehörigen Originalfunktionen bestimmen.

Wie man einer guten Integraltafel entnehmen kann, ist

$$F^{-1}\{e^{-jk_r x}\ e^{jky}/k_r\} = \frac{1}{2} H_0^{(2)}(k_0\sqrt{x^2 + y^2}) \quad , \tag{1.22}$$

wobei $H_0^{(2)}(x)$ die Hankelfunktion zweiter Art der Ordnung Null bedeutet. Mit $v(y) = F^{-1}\{V(k)\}$ findet man unter Anwendung des Faltungssatzes aus Gl.(1.21)

$$p(x,y) = \frac{\omega\rho}{2} \int_{-\infty}^{\infty} v(y_q)\ H_0^{(2)}(k_0\sqrt{x^2 + (y{-}y_q)^2})\ dy_q \quad . \tag{1.23}$$

7

Anschaulich bedeutet Gl.(1.23) die Summation der Wirkungen von Linien-Monopol-Quellen, in die man sich die strahlende Fläche zerlegt denken kann.

Diese Strahlersuperposition von Elementarquellen-Wirkungen ermöglicht noch eine sehr wichtige Näherung für vom Strahler weiter weg liegende Aufpunkte. Dabei macht man sich die Näherung der Hankel-Funktion H für große Argumente zu nutze :

$$r = \sqrt{x^2 + (y - y_q)^2}$$

$$H_0^{(2)}(k_0 r) = \sqrt{\frac{2}{\pi k_0 r}} \; e^{j\pi/4} \; e^{-jk_0 r} \quad . \tag{1.24}$$

Diese Näherung ist zulässig, wenn der Aufpunkt mehrere Wellenlängen vom Strahler entfernt liegt. Weiter kann man den Quellpunkt-Aufpunkt-Abstand r durch den Aufpunktsabstand R zum Strahlermittelpunkt ausdrücken (siehe Bild 1.1)

$$r^2 = y_q^2 + R^2 - 2 R y_q \sin \varphi .$$

Wenn nun für den betrachteten Aufpunkt $R \gg y_q$ gilt, wenn also der Aufpunktsabstand zusätzlich noch groß gegenüber der Strahlerabmessung ist, dann kann man r noch durch

$$r \approx R - y_q \sin \varphi \tag{1.25}$$

abschätzen, und man erhält so für den Schalldruck im Fernfeld

$$p(R,\varphi) \approx \frac{\omega\rho}{2} \sqrt{\frac{2}{\pi k_0 R}} \; e^{j\pi/4} \; e^{-jk_0 R} \int_{-\infty}^{\infty} v(y_q) \, e^{jk_0 y_q \sin \varphi} \, dy_q \quad , \tag{1.26}$$

wobei in der Amplituden-Abnahme mit der Entfernung noch der Mittelpunktsabstand R für r eingesetzt worden ist. Im Grunde hat man dabei davon Gebrauch gemacht, daß die Phasenbeziehungen zwischen den von den Monopolquellen ausgesandten Wellen genauer berücksichtigt werden müssen, während die Amplitudenabnahme mit der Entfernung im Fernfeld für alle infinitesimalen Quellen etwa gleich ist und gröber genähert werden kann.

Gl.(1.26) stellt nun aber wiederum eine Fourier-Transformation dar, das Integral bedeutet die Transformierte der Strahler-Schnelle v(y) an der Stelle $k = -k_0 \sin \varphi$. Es ist also

$$p_{fern}(R,\varphi) = \frac{\omega\rho}{2} \sqrt{\frac{2}{\pi k_0 R}} \; e^{j\pi/4} \; e^{-jk_0 R} \; V(k = -k_0 \sin\varphi) \quad . \tag{1.27}$$

Der örtliche Schalldruck im Fernfeld ist also unmittelbar durch die Fourier-Transformierte der Strahler-Schnelle selbst gegeben. Als Richtwirkung des Abstrahlgeschehens wird meist der Verlauf des Schalldruckquadrates über dem die Abstrahlrichtung beschreibenden Winkel bezeichnet:

$$W(\varphi) = \frac{|p|^2 R}{2\rho c} = \frac{\omega\rho}{4\pi} \, | \, V(\, k = - k_0 \sin \varphi \,) \, |^2 \quad . \tag{1.28}$$

Diese Definition ist vor allem auch deswegen sinnvoll, weil meistens mehr die räumliche Energiedichte interessiert. Dabei ist hier die Festlegung von $W(\varphi)$ gerade so getroffen worden, daß die Integration von W über φ die abgestrahlte Leistung ergibt. Mit anderen Worten : W beschreibt die um den Abstand R bereinigte radiale Schallintensität. Wie man sieht ist deren Richtungsverlauf mit dem Ausschnitt $|k| < k_0$ aus dem Leistungsspektrum $|V(k)|^2$ des örtlichen Strahler-Schnelle-Verlaufes unter der Zuordnung $\sin \varphi = - k/k_0$ zu den Abstrahlrichtungen identisch.

Die Bedeutung dieses für die Beschreibung von Richtwirkungen gegebener Strahler und für die Erzeugung erwünschter Richtwirkungen fundamentalen Satzes kann an einem sehr einfachen Beispiel deutlich gemacht werden. Es besteht in der Abstrahlung von einem auf seiner ganzen Länge l konphas bewegtem Strahler, der sogenannten Kolbenmembran. Weil die Kolbenmembran im nächsten Kapitel noch zu Vergleichszwecken herangezogen werden wird, lohnt sich auch aus diesem Grunde die Betrachtung.

Die Fourier-Transformierte des rechteckförmigen Verlaufes

$$v(y) = v_0 \qquad , \quad |y| < l/2$$

$$v(y) = 0 \qquad , \quad |y| > l/2 \tag{1.29}$$

ist die Spaltfunktion

$$V(k) = v_0 \, l \, \frac{\sin(kl/2)}{kl/2} = v_0 \, l \, \frac{\sin(\pi l/\lambda)}{\pi l/\lambda} \quad . \tag{1.30}$$

Das logarithmierte Betragsspektrum ist in Bild 1.3 aufgetragen. Man kann dem Bild unmittelbar die Richtwirkung, deren logarithmierte Größe als Richtungsmaß bezeichnet wird, auf Grund des genannten Satzes entnehmen.

Bei tiefen Frequenzen $l/\lambda_0 \ll 1$ wird nur ein kleiner, praktisch konstanter Ausschnitt für die Richtwirkung sichtbar, die Abstrahlung erfolgt in alle Richtungen etwa gleichmäßig (Bild 1.4). Bei hohen Frequenzen $l/\lambda_0 \gg 1$ hingegen werden viele Halbwellen des Spektrums für die Richtwirkung überdeckt. Daraus folgt eine stark zipfelnde Richtwirkung mit einer Hauptkeule in der zur Strahlerebene senkrechten Richtung (Bild 1.5).

Es soll an dieser Stelle noch eine, von Heckl erstmals vorgeschlagene und von M. Heckl und M. Heckl mehrfach verwendete Möglichkeit (siehe z. B. /1.4/) vorgestellt

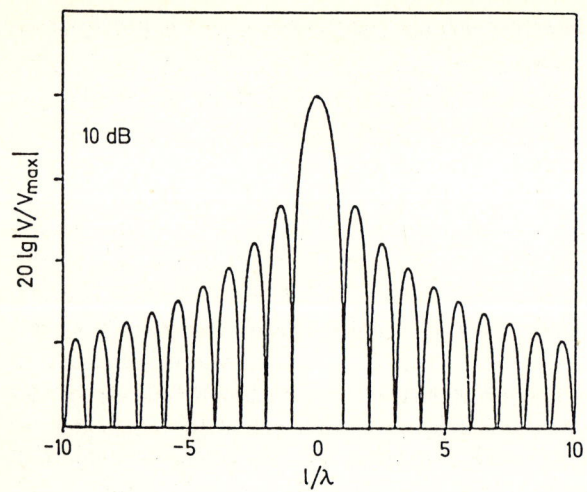

Bild 1.3
Wellenzahlspektrum V der
Kolbenmembran-Schnelle

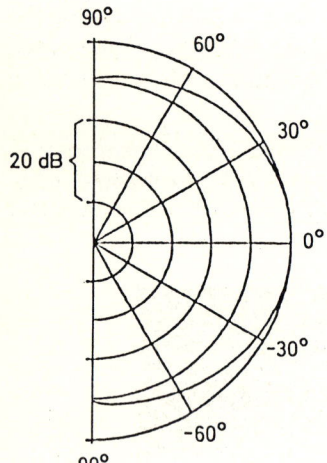

Bild 1.4   Richtungsmaß der Kolbenmembran
                 für $l/\lambda_0 = 0,7$

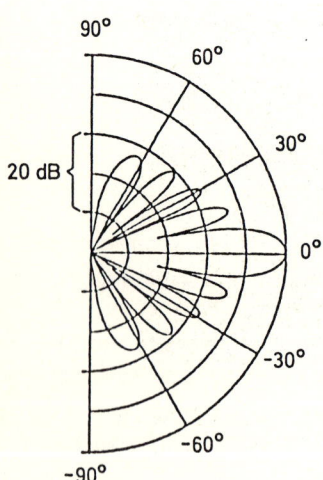

Bild 1.5   Richtungsmaß der Kolbenmembran
                 für $l/\lambda_0 = 5$

werden, Schallvorgänge sehr anschaulich darzustellen. Sie besteht darin, die Teilchen-bewegungen im den Strahler umgebenden Medium zu berechnen und bildlich darzustellen. Es bereitet keine prinzipiellen Schwierigkeiten, die Teilchenauslenkungen durch Gradientenbildung $s = \text{grad } p /(\rho\omega^2)$ in jedem Raumpunkt zu berechnen, wenn die Strahlerschnelle in der Ebene x=0 gegeben ist.

Zeichnet man die Teilchen in Form eines Punktrasters am Ort ihrer momentanen Lage auf, so erhält man eine Momentaufnahme des Schallfeldes. Diese quasi-fotografische Methode bietet den Vorteil großer Anschaulichkeit in der Darstellung der wichtigsten physikalischen Phänomene. Sie läßt weiter Rückschlüsse auf die Schall-entstehungs-Orte zu, eine Deutung, die mit keiner anderen in der vorliegenden Arbeit behandelten Methode zu erreichen ist.

Die Anschaulichkeit dieser Darstellungsweise von Schallvorgängen sei hier an einigen Beispielen demonstriert. Bild 1.6 zeigt die Teilchenbewegungen im umgebenden Medium eines endlich langen Strahlers mit einem Bewegungsverlauf in Form einer stehenden Biegewelle, deren Wellenlänge λ_B mit $\lambda_B = \sqrt{2}\lambda_0$ größer ist als die des umgebenden Mediums. Das Wellenzahlspektrum des Bewegungsverlaufes besteht aus zwei Komponenten in $k=\pm k_B$, wobei jede spektrale Komponente impuls-ähnlich ist (es ist jeweils eine Spaltfunktion wie in Gl.(1.30)). Das Schallgeschehen wird deshalb von der Bildung zweier Schallstrahlen bestimmt, welche unter dem Spuranpassungswinkel erzeugt werden.

Zwei Beispiele, bei denen die Abstrahlung von kleinen Details in der Bewegungsform abhängt, sind in den Bildern 1.7 und 1.8 gegeben. Bild 1.7 zeigt links den Schwingungsverlauf einer Platte, die in ihrer Mitte durch eine Punktkraft zu

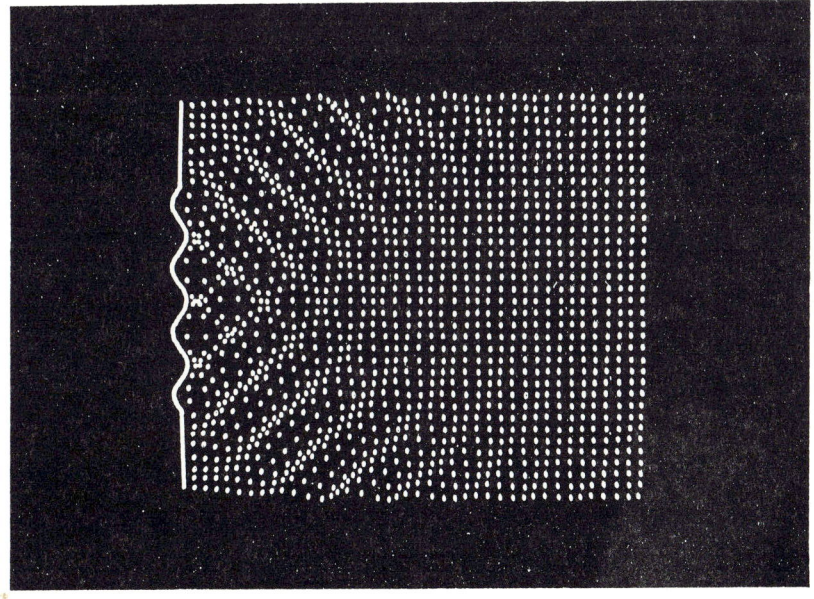

Bild 1.6   Teilchenbewegungen im umgebenden Medium eines Strahlers
            mit dem Bewegungsverlauf einer stehenden Biegewelle λ_B, ge-
            rechnet für $(\lambda_B /\lambda_0)^2 = 2$ und $l/\lambda_B = 3,5$

11

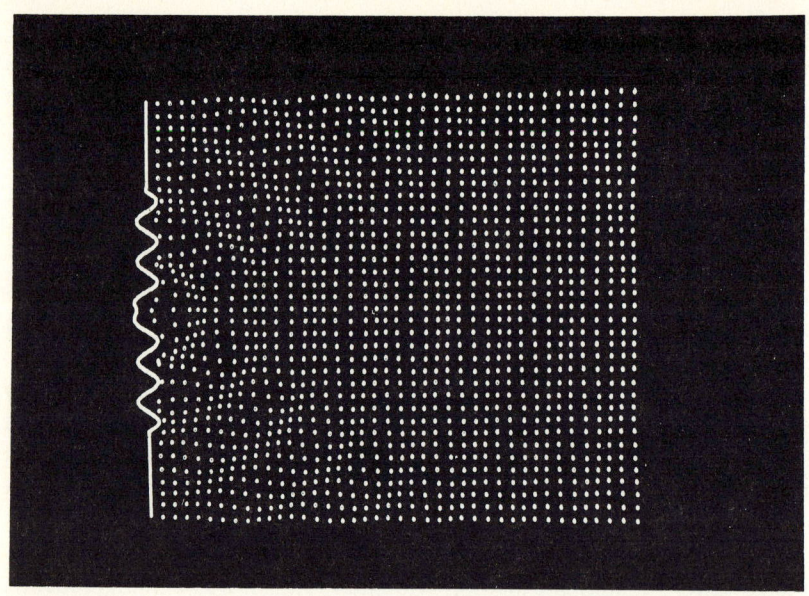

Bild 1.7   Teilchenbewegungen im umgebenden Medium eines halb-
unendlichen Strahlers mit dem Bewegungsverlauf einer
stehenden Biegewelle λ_B , gerechnet für $(\lambda_B /\lambda_o)^2 = 0{,}2$

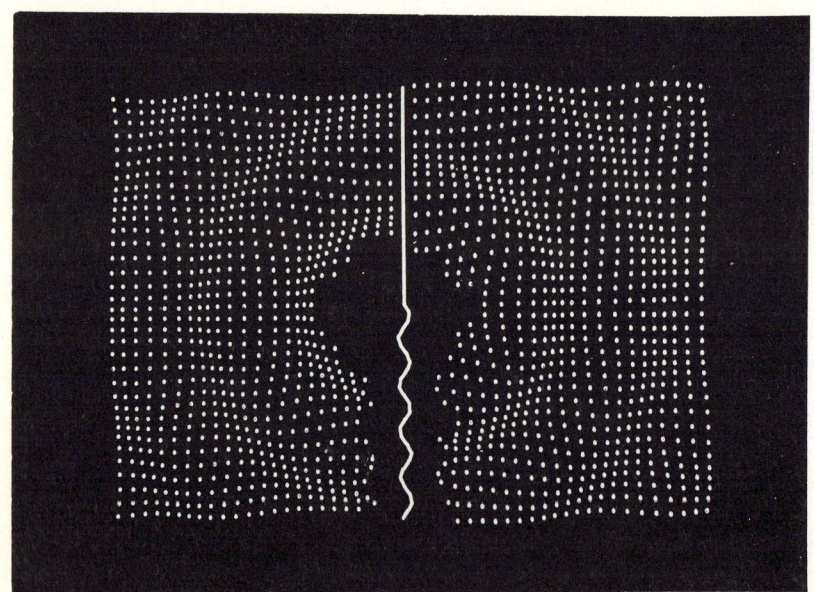

Bild 1.8   Teilchenbewegungen im umgebenden Medium eines durch
eine mittige Punktkraft angeregten, an den Rändern unterstützten
Biegeschwingers, gerechnet für $(\lambda_B /\lambda_o)^2 = 0{,}44$ und $l/\lambda_B = 5{,}5$
(Frequenz in der Mitte zwischen zwei Biegeresonanzen)

Biegeschwingungen angeregt wird. Die sich einstellende Biegewelle ist hier gegenüber dem gasförmigen Medium kurzwellig. In diesem Fall wird der abgestrahlte Schall fast nur von der Platten-Verformung in unmittelbarer Umgebung der Punktkraft - dem sogenannten Biegewellennahfeld - hervorgerufen. Es ist der breitbandige Charakter des Wellenzahlspektrums dieser örtlich sehr begrenzten Verformung, der die fast ungerichtete Abstrahlung bewirkt. Der besseren Deutlichkeit halber sind die Teilchenbewegungen hier 10-fach so groß wie die Plattenbewegungen dargestellt.

Ähnlich läßt sich das Abstrahlgeschehen an der Lagerung einer Platte erklären (Bild 1.8). Eine Halbebene schwingt mit einer kurzwelligen Biegewelle mit einem Schwingungsknoten am Rande, die andere Halbebene ruht. Hier bestimmt die Unstetigkeit in der ersten Ableitung des örtlichen Schwingungsverlaufes das Schallgeschehen, im 20-fach übertrieben abgebildeten globalen Bewegungsbild erscheint deshalb dieser Knick als Strahlungsquelle.

Der in diesem Abschnitt betrachtete Zusammenhang zwischen der Richtwirkung eines Strahlers und der Fourier-Transformierten seines örtlichen Schnelleverlaufes läßt eine andere Formulierung des Problems der Erzeugung von gewissen gewünschten Richtwirkungen zu : es ist mit dem mathematischen Problem des Auffindens eines Funktionsverlaufes so, daß dessen Leistungsspektrum eine gewisse geforderte Form besitzt, identisch. Es handelt sich um die Formung und Realisierung von Leistungs-spektren durch Original-Funktionen.

1.3   Fourier-Transformation von Folgen

Es gibt einige gute Gründe, von den kontinuierlichen, für jede Stelle t erklärten Funktionen s(t) und ihren Fourier-Transformierten auf die nur für ganzzahliges n definierten Zahlenfolgen x(n) und ihre Spektren überzugehen.

Einerseits arbeitet man nun schon seit geraumer Zeit sowohl für theoretische Berechnungen als auch für die Auswertung analoger Meßsignale mit Digitalrechnern. Diese kennen ihrer Natur nach keine kontinuierlichen Verläufe, sie sind lediglich in der Lage, die kontinuierlichen Vorgänge in diskreten Stellen der unabhängigen Variablen zu erfassen : aus dem kontinuierlichen Vorgang entsteht eine geordnete Zahlenfolge.

In der vorliegenden Arbeit wird der Vorgang des Abtastens in diskreten Stellen häufig kurz als "Diskretisierung" bezeichnet. Es ist dies allerdings nicht die einzige, bei der Benutzung von Computern vorkommende Diskretisierungsart, denn wegen der nur endlichen Länge der Zahlendarstellung werden auch die Zustände selbst gequantelt.

· Andererseits gibt es auch direkt Anordnungen, die ihrer Natur nach aus gleich-artigen, nebeneinander angebrachten Elementen aufgebaut sind und so "diskret" sind. Als ein Beispiel mag der in einem späteren Abschnitt noch behandelte Fall einer aus N gleichen Grundelementen bestehenden Lautsprecherzeile dienen, bei der die Einzel-strahler mit in Amplitude und Phase untereinander verschiedenen Steuersignalen be-trieben werden. Auch hier lohnt der Übergang zur Betrachtung der diskreten, aus den komplexen Amplituden gebildeten Steuerfolge, denn die Richtwirkung der Zeile ergibt sich aus dem Produkt der Richtwirkung des einzelnen Elementes und dem Spektrum der Steuerfolge.

Die Fourier-Transformierte einer Zahlenfolge wird durch die Reihe

$$X(e^{j\Omega}) = \sum_{n=-\infty}^{\infty} x(n)\, e^{-jn\Omega} \qquad (1.31)$$

definiert. Dabei muß $x(n)$ für alle n bekannt sein, es ist jedoch nicht erforderlich, daß die Folge "unendlich lang" sein muß. Unter einer "endlich langen" Folge soll hier stets eine Folge verstanden werden, bei der eine unendliche Anzahl von Folgengliedern gleich Null ist, die Elemente $x(n)$ nehmen nur innerhalb eines gewissen Fensters endlicher Länge von Null verschiedene Werte an. Fast immer wird dieser Ausschnitt mit den "ersten N" Werten von $x(n)$ gleichgesetzt werden, also $x(n)=0$ für $n<0$ und $n{\geq}N$. Die Folge wird dann kurz "als von der Länge N" bezeichnet. Darüber hinaus bleiben auch unendlich lange Folgen für die Betrachtung zugelassen. Für sie stellt sich natürlich die Frage der Konvergenz der Fourier-Reihe (1.31). Dieses Problem wird hier zunächst zurückgestellt, weil es später in einem allgemeineren Zusammenhang betrachtet werden wird, und dort - im Abschnitt über die z-Transformation - wird noch einmal auf das Teilproblem der Konvergenz der Fourier-Reihe eingegangen.

Bei der Betrachtung der Definitionsgleichung (1.31) fällt zunächst noch auf, daß sie für die dimensionlose Variable Ω erklärt worden ist. Für Anwendungen, wenn $x(n)$ eine örtliche oder zeitliche Abtastfolge eines kontinuierlichen Vorganges bedeutet, ist man natürlich an der Zuordnung der Variablen zu einer physikalischen Größe, einer Frequenz oder Wellenlänge, interessiert. Solche Zuordnungen werden im übernächsten Abschnitt hergestellt.

Die Definition einer Transformationsvorschrift wirft sogleich die Frage nach ihrer Umkehrbarkeit auf : wie kann die Folge bei gegebenem Spektrum $X(e^{j\Omega})$ rekonstruiert werden ?

Wie schon im früheren Abschnitt über die Transformation kontinuierlicher Vorgänge angedeutet, läßt sich die Antwort mit Hilfe einer Orthogonalitätsrelation ermitteln. Diese lautet hier

$$\frac{1}{2\pi} \int_{-\pi}^{\pi} e^{jm\Omega}\, e^{-jn\Omega}\, d\Omega = \delta(m-n) \qquad (1.32)$$

wobei $\delta(n)$ die diskrete Delta-Funktion

$$\delta(n) = \begin{array}{ll} 1 & , \quad n=0 \\ 0 & , \quad n{\neq}0 \end{array} \qquad (1.33)$$

bedeutet. Mit Hilfe der genannten Gleichung kann man die Rücktransformations-Vorschrift leicht herleiten. Multipliziert man die ihr gegenüberstehende Transformation Gl.(1.31) mit $e^{jm\Omega}$ und integriert

14

$$\sum_{n=-\infty}^{\infty} x(n) \frac{1}{2\pi} \int_{-\pi}^{\pi} e^{j(m-n)\Omega} \, d\Omega \;=\; \frac{1}{2\pi} \int_{-\pi}^{\pi} X(e^{j\Omega}) \, e^{jm\Omega} \, d\Omega \; , \qquad\qquad (1.34)$$

so erhält man wegen Gl.(1.32) unmittelbar die Lösung des Problems

$$x(m) \;=\; \frac{1}{2\pi} \int_{-\pi}^{\pi} X(e^{j\Omega}) \, e^{jm\Omega} \, d\Omega \; . \qquad\qquad (1.35)$$

Diese Vorgehensweise kann man übrigens verallgemeinern. Wann immer eine indizierte Folge von Funktionen $f_n(x)$ eine der Gl.(1.32) analoge Orthogonalitäts-relation erfüllt, kann man auf ihr eine umkehrbare Abbildung im Sinne einer Transformation aufbauen, die durch die Funktionenfolge und die Orthogonalitätsrelation bestimmt wird.

1.3.1 Sätze über die Transformierten von Folgen

Dieser Abschnitt dient dazu, den Leser mit dem einfachsten und notwendigen Handwerkszeug zum Umgang mit Folgen und ihren Transformierten auszurüsten.

Reelle Folgen

Häufig stellen Folgen Abtastwerte von reellwertigen physikalischen Vorgängen, beispielsweise elektrischen Spannungen, dar. Wie man der Definition der Fourier-Summe entnehmen kann, folgt aus der Reellwertigkeit $x(n) = x^*(n)$

$$X(e^{j\Omega}) = X^*(e^{-j\Omega}) \; . \qquad\qquad (1.36)$$

Konjugierte Folge

Wenn $X(e^{j\Omega}) = F\{x(n)\}$ ist, dann gilt

$$F\{x^*(n)\} = X^*(e^{-j\Omega}) \; . \qquad\qquad (1.37)$$

Konjugiertes Spektrum

Ebenso ist

$$x^*(-n) = F^{-1}\{X^*(e^{j\Omega})\} \quad .$$

(1.38)

die Rücktransformierte des konjugierten Spektrums.

Für reellwertige Spektren erhält man die Symmetrie

$$x^*(-n) = x(n) \quad , \quad X(e^{j\Omega}) \text{ rell} .$$

(1.39)

Verschiebungssatz

Hin und wieder interessiert das Spektrum einer um einen gewissen Index M verschobenen Folge :

$$F\{x(n+M)\} = e^{-jM\Omega} F\{x(n)\} \quad .$$

(1.40)

Faltungssatz

Natürlich kann auch für die diskreten Folgen die Rücktransformierte des Produktes zweier Spektren unmittelbar aus den zugehörigen Originalfolgen bestimmt werden. Seien also x und X, y und Y Transformationspaare. Dann ist durch Einsetzen der Transformationsgleichung in

$$F^{-1}\{X(e^{j\Omega}) Y(e^{j\Omega})\} = \frac{1}{2\pi} \int_{-\pi}^{\pi} X(e^{j\Omega}) Y(e^{j\Omega}) e^{jn\Omega} \, d\Omega$$

$$= \sum_{m=-\infty}^{\infty} \sum_{k=-\infty}^{\infty} x(m) y(k) \frac{1}{2\pi} \int_{-\pi}^{\pi} e^{j(n-m-k)\Omega} \, d\Omega$$

$$= \sum_{m=-\infty}^{\infty} \sum_{k=-\infty}^{\infty} x(m) y(k) \, \delta(n-m-k)$$

wegen der Orthogonalität. Der Faltungssatz lautet also

$$F^{-1}\{XY\} = \sum_{m=-\infty}^{\infty} x(m)\, y(n-m) \qquad . \tag{1.41}$$

Auf ähnliche Weise kann man zeigen, daß die Transformierte des Produktes zweier Folgen durch das Faltungsintegral

$$F\{x(n)\, y(n)\} = \sum_{n=-\infty}^{\infty} x(n)\, y(n)\, e^{-jn\Omega}$$

$$= \frac{1}{2\pi} \int_{-\pi}^{\pi} X(e^{j\nu})\, Y(e^{j(\Omega-\nu)})\, d\nu \tag{1.42}$$

gegeben ist.

Autokorrelation

Sehr häufig kommt in dieser Arbeit als eigentlich interessierende Größe das Leistungsspektrum einer Folge vor. Es ist deshalb naheliegend, die Rücktransformierte eines Leistungsspektrums und ihren Zusammenhang mit der Originalfolge zu betrachten. Sie wird als Autokorrelierte a(k) bezeichnet. Auf gleichem Wege wie bei der Herleitung des Faltungssatzes findet man

$$a(k) = F^{-1}\{X\,X^*\} = \frac{1}{2\pi} \int_{-\pi}^{\pi} |X(e^{j\Omega})|^2\, e^{jk\Omega}\, d\Omega$$

$$= \sum_{n=-\infty}^{\infty} x^*(n)\, x(n+k) \qquad . \tag{1.43}$$

Als Rücktransformierte eines reellwertigen Spektrums besitzt eine Autokorrelierte die Symmetrieeigenschaft

$$a(k) = a^*(-k) \qquad . \tag{1.44}$$

An der Stelle k=0 ist ihr Wert a(0) durch die Energie E der Folge gegeben :

$$a(0) = \sum_{n=-\infty}^{\infty} |x(n)|^2 = E \qquad . \tag{1.45}$$

Wie man sieht ist der

eine einfache Folge von Gl.(1.43) :

$$E = \sum_{n=-\infty}^{\infty} |x(n)|^2 = \frac{1}{2\pi} \int_{-\pi}^{\pi} |X(e^{j\Omega})|^2 \, d\Omega \quad , \qquad (1.46)$$

wie unter Benutzung der Rücktransformationsgleichung (1.35) für a(0) leicht gezeigt werden kann.

1.3.2   Konsequenzen des diskreten Abtastens

Wie schon gesagt ordnet man einer Zahlenfolge x(n) bei praktischen Anwendungen fast immer die Bedeutung zu, daß sie den Wert eines kontinuerlichen, in äquidistanten diskreten Stützstellen abgetasteten Verlaufes wiedergibt :

$$x(n) = s(n \, \Delta t) \qquad (1.47)$$

Der Einfachheit halber werden hier zeitliche Vorgänge s(t) als Beispiel benutzt, es wird dem Leser nicht schwerfallen, die folgenden Betrachtungen auf örtliche oder andere Vorgänge zu übertragen.

Wenn nun der kontinuierliche Verlauf s(t) nur in den diskreten Stützstellen bekannt ist, so würde man intuitiv eine Näherung für die kontinuierliche Fouriertransformierte S(ω) so ermitteln, daß das Integral (1.6) durch die Untersumme

$$S_\Delta(\omega) = \Delta t \sum_{n=-\infty}^{\infty} s(n \, \Delta t) \; e^{-jn\omega\Delta t} \qquad (1.48)$$

approximiert wird.

In dieser Annäherung kann man auch den Grund für die Definition der Fourier-Summe Gl.(1.31) sehen. Es ist nämlich

$$X(e^{j\omega\Delta t}) = S_\Delta(\omega)/\Delta t \quad , \qquad (1.49)$$

womit denn auch der Zusammenhang

$$\omega = \Omega/\Delta t \qquad (1.50)$$

zwischen "mathematischer" Frequenz Ω und physikalischer Frequenz ω geklärt ist. Insofern kann man also die Fourier-Summe als eine Approximation des Fourier-Integrals auffassen.

Daß diese Näherung nicht für alle ω mit dem "wahren" kontinuierlichen Spektrum $S(\omega)$ übereinstimmen kann, geht schon alleine aus der Tatsache periodischen Spektrums $X(e^{j\Omega})$

$$X(e^{j(\Omega + 2n\pi)}) = X(e^{j\Omega}) \tag{1.51}$$

hervor. Es kann also - wenn überhaupt - höchstens in einem 2π betragenden Intervall von Ω eine Gleichheit vorhanden sein. Im folgenden soll untersucht werden, unter welchen Voraussetzungen $X(e^{j\Omega})$ und $S(\omega)$ in einem solchen Intervall übereinstimmen. Dazu drückt man zunächst die kontinuierliche Funktion s(t) in ihren diskreten Stützstellen durch ihr Spektrum $S(\omega)$

$$x(n) = s(n \, \Delta t) = \frac{1}{2\pi} \int_{-\infty}^{\infty} S(\omega) \, e^{j\omega n \Delta t} \, d\omega \tag{1.52}$$

aus. Ersetzt man hierin noch $\omega \, \Delta t$ durch die mathematische Frequenz Ω, und zerlegt die Integration über das unendliche Intervall in eine Summe von Teilintegralen, die sich jeweils über die Intervalle $(2m-1)\pi \leq \Omega \leq (2m+1)\pi$ erstrecken, so erhält man

$$x(n) = \frac{1}{2\pi} \int_{-\pi}^{\pi} \frac{1}{\Delta t} \sum_{m=-\infty}^{\infty} S(\frac{\Omega + 2m\pi}{\Delta t}) \, e^{jn\Omega} \, d\Omega \tag{1.53}$$

oder, der Anschaulichkeit halber wieder durch die physikalische Frequenz

$$X(e^{j2\pi\omega/\omega_{tast}}) = \frac{1}{\Delta t} \sum_{m=-\infty}^{\infty} S(\omega + m\omega_{tast}) \tag{1.54}$$

ausgedrückt, worin die Abtastfrequenz

$$\omega_{tast} = 2\pi f_{tast} = 2\pi/\Delta t \tag{1.55}$$

enthalten ist.

Offensichtlich besteht das Summenspektrum $X(e^{j\Omega})$ aus einer unendlich-häufigen Überlagerung von Intervallen des kontinuierlichen Spektrums $S(\omega)$, jeweils der Bandbreite ω_{tast}. Das aus den diskreten Stützstellen einzig berechenbare Spektrum $X(e^{j\Omega})$ besteht an einer Stelle $\Omega = 2\pi\omega/\omega_{tast}$ aus einer Summe von jeweils um ω_{tast}

verschobenen Anteilen von S(ω). Man kann dies dadurch erklären, daß bei der Abtastung ein Frequenzbestandteil der Frequenz $|\omega|<\omega_{tast}$ und der ihm gegenüber um ω_{tast} erhöhte Frequenzbestandteil des Signales s(t) nicht unterscheidbar sind : die Abtastung muß schneller vor sich gehen, als die höchste noch vorkommende Frequenz ihren Zeitverlauf ändert. Es müssen mindestens zwei Abtastpunkte pro kürzester vorhandener Schwingungsdauer vorliegen, wenn man eine mögliche Verwechslung der Anteile von ω und $\omega + \omega_{tast}$ verhindern will. Ist dies nicht möglich, so erhält man keine Aussage über den einzelnen Spektralwert, sondern nur über die Superposition vieler spektraler Anteile.

Dieser Effekt, im Englischen häufig als "aliasing" bezeichnet, läßt sich an Hand eines anschaulichen Beispieles erläutern. Wenn man eine rotierende Scheibe, die an einer Stelle des Randes durch einen Punkt markiert ist, in bekannten Zeitabständen Δt fotografiert, so läßt sich der zurückgelegte Winkel nur bis auf ein Vielfaches von 2π, die Winkelgeschwindigkeit nur bis auf ein Vielfaches von $2\pi/\Delta t$ ermitteln : die Scheibe kann während Δt merhmals umgelaufen sein, und das kann aus den Fotografien alleine nicht rekonstruiert werden. Bei der Abtastung harmonischer Funktionen (die eine "Abwicklung" eines rotierenden Kreispunktes sind und aus denen jedes Signal zusammengesetzt werden kann) ist es nicht anders. Ein Beispiel für den Effekt des "aliasing" ist in Bild 1.9 aufgtragen.

Das genannte Beispiel legt auch eine Möglichkeit nahe, wie Frequenzverwechslungen vermieden werden können. Im Fall der rotierenden Scheibe würde man ein gröberes Zusatzinstrument benutzen, einen Zähler, der die Anzahl der ganzen Umdrehungen angibt. Für zeitliche Verläufe kann man im einfachsten Fall für eine Bandbegrenzung des abzutastenden Signales vorab durch Verwendung eines Tiefpasses

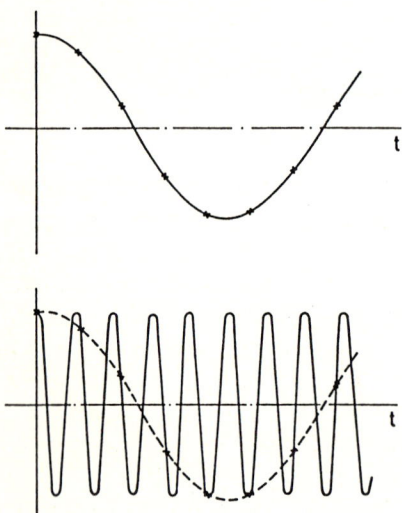

Bild 1.9   Abtastung von harmonischen Vorgängen, deren Frequenzen wesentlich kleiner (oben) und wesentlich größer (unten) als die Abtastfrequenz sind

$$\text{Durchlaßbereich}: \quad |\omega| < \frac{1}{2}\,\omega_{\text{tast}} \qquad\qquad\qquad (1.56)$$

sorgen. Gl.(1.56) ist unter dem Namen Abtasttheorem (und anderen) bekannt. Allgemeiner kann man aber durchaus durch Verwendung von Bandpässen

$$\omega_u = \frac{n}{2}\,\omega_{\text{tast}}$$

$$\text{Durchlaßbereich}: \quad \omega_u < |\omega| < \omega_u + \frac{1}{2}\,\omega_{\text{tast}} \qquad\qquad (1.57)$$

auch Frequenzbereiche ohne "aliasing" analysieren, deren Frequenzen wesentlich größer als die Abtastfrequenz sind. Es ist allgemein lediglich nötig, die Voraussetzungen zu schaffen, daß die Summe in Gl.(1.54) in zwei Glieder übergeht, welche sich bei der Verschiebung um ganze Vielfache von ω_{tast} nicht überlappen dürfen.

Die Möglichkeit, einen Bandpaß statt eines Tiefpasses zu verwenden, wird bei der Technik des Real-Time-Zooms ausgenutzt. Durch Ausblenden aller außerhalb eines mehr oder minder schmalen Bandes vorkommenden Anteile wird dabei eine - verglichen mit den tatsächlich noch enthaltenen Frequenzbestandteilen - sehr langsame Abtastung vorgenommen, denn Verwechslungen sind ausgeschlossen, solange nur Gl.(1.57) für die Bandgrenzen erfüllt sind. Der Vorteil besteht darin, daß bei gegebener Punktanzahl eine sehr große Abtastdauer erzielt werden kann, und demzufolge wird eine sehr gute Auflösung erreicht (siehe auch den nächsten Abschnitt).

1.3.3 Endlich lange Folgen und ihr periodisches Gegenstück

Im folgenden wollen wir zunächst Abtastfolgen endlicher Länge betrachten und danach Folgen, die in einer periodischen Fortsetzung endlich langer Vorgänge bestehen.

Endlich lange Abtastfolgen sollen hier wie schon gesagt durch $x(n) = 0$ für $n<0$ und $n \geq N$ definiert sein. Man kann eine endlich lange Folge als diskreten Repräsentanten einmaliger Ereignisse ansehen, die nicht wiederholt werden.

Solche Folgen sind nun durch die Angabe von N komplexen Zahlenwerten vollständig charakterisiert, und es liegt auf der Hand, daß auch ihr Spektrum nicht mehr als N voneinander unabhängige "komplexe Informationen" besitzen kann; es ist schließlich aus den N Werten $x(n)$ an jeder Stelle Ω eindeutig berechenbar.

Ebenso kann man aber auch N (im Prinzip beliebige) Stützstellen aus dem spektralen Verlauf $X(e^{j\Omega})$ herausgreifen und diese als komplette Beschreibung des Spektrums und damit natürlich auch des Vorganges $x(n)$ selbst ansehen.

Es ist nun naheliegend, ebenso wie bei der Abtastung kontinuierlicher Zeitvorgänge, auch die Fourier-Summe $X(e^{j\Omega})$ in N äquidistanten Stellen zu erfassen:

21

$$X_p(k) = X(e^{j2\pi k/N}) = \sum_{n=0}^{N-1} x(n)\, e^{-j2\pi nk/N} \quad , \qquad\qquad (1.58)$$

wobei eine Einschränkung hinsichtlich der zugelassenen ganzzahligen Werte von k nicht erforderlich ist.

Die zu den Stützstellen $\Omega = 2\pi k/N$ gehörenden physikalischen Frequenzen sind durch $\omega_k = 2\pi k/T$ gegeben. Dabei ist $T = N\,\Delta t$ die Abtastdauer.

In der Praxis liegt immer eine endliche Beobachtung vor, und damit hat man es zunächst nur mit einer Anzahl N beobachteter Werte zu tun. Ob man allerdings das Signalstück innerhalb des Beobachtungsfensters T einem globalen Vorgang zuordnet, der die Qualität "einmalig" besitzt und außerhalb der Beobachtung identisch verschwindet, oder ob eine periodische Fortsetzung mit der Beobachtungslänge T angenommen wird, oder gar noch ganz andere Qualitäten außerhalb der eigentlichen Beobachtung zu Grunde gelegt werden, ist eine Frage, die der Beobachter entscheidet, und nicht die beobachteten Werte selbst. Es soll hier noch gezeigt werden, daß die Annahmen "einmalig" und "mit der Beobachtungslänge periodisch" letztlich die gleiche Konsequenz besitzen. Andere Annahmen als diese beiden einfachsten werden im Kapitel 4 diskutiert.

Wenden wir uns zunächst wieder der endlich langen Folge x(n) zu. Natürlich ist die diskrete Spektralfolge $X_P(k)$ ebenso wie $X(e^{j\Omega})$ mit $X_P(k) = X_P(k+mN)$ periodisch, und die ersten N Werte, $k = 0,1,\dots,N-1$ sind ein kompletter Repräsentant auch von x(n). Wie also läßt sich dann die Folge x(n) aus den diskreten Stützstellen $X_P(k)$ rekonstruieren ?

Dies geschieht wieder durch eine Orthogonalitätsrelation, die hier

$$\frac{1}{N}\sum_{n=0}^{N-1} e^{j2\pi n(m-k)/N} \;=\; 1, \;\text{für } m-k = 0,\, \pm N,\, \pm 2N,\, \pm 3N \;\dots$$

$$\;=\; 0, \;\text{für } m-k \neq 0,\, \pm N,\, \pm 2N,\, \pm 2N \;\dots \qquad (1.59)$$

lautet. Mit ihrer Hilfe läßt sich, wie das in analoger Form schon geschehen ist, die Rücktransformierte

$$x(n) = \frac{1}{N}\sum_{k=0}^{N-1} X_p(k)\, e^{j2\pi nk/N} \qquad\qquad (1.60)$$

herleiten.

Gl.(1.58) konstituiert zusammen mit der Orthogonalitätsrelation (1.59) auch ganz unabhängig von der Einführung der Folge $X_P(k)$ als Abtastfolge des Spektrums $X(e^{j\Omega})$ eine eigenständige Transformationsvorschrift zwischen den Zahlenfolgen x(n) und $X_P(k)$. Diese wird diskrete Fourier-Transformation genannt, und $X_P(k)$ heißt diskrete Transformierte.

Bleibt man zunächst wieder bei der Betrachtung endlich langer Folgen x(n), so kann man diese aus den N Stützstellen $X_P(k)$ des kontinuierlichen Spektrums $X(e^{j\Omega})$ rekonstruieren. Dabei muß man freilich beachten, daß für Gl.(1.60) die Gültigkeit nur für $0 \leq n \leq N-1$ implizit angenommen wird, und daß gleichfalls x(n)=0 per Festlegung auf endliche Länge gilt. Läßt man andererseits diese Einschränkung fallen, so ist durch die Vorschrift (1.60) die periodische Folge

$$x_p(n) = x_p(n+mN) \tag{1.61}$$

definiert, wobei der Index p beigestellt worden ist, um diese Veränderung deutlich zu machen.

Es ist also die diskrete Fouriertransformierte der periodischen Folge $x_P(n)$ mit den N diskreten Stützstellen $X_P(k)$ im Spektrum $X(e^{j\Omega})$ des entsprechenden einmaligen Vorganges identisch. Mit anderen Worten : ob man einen endlich langen Vorgang oder dessen periodisches Pendant betrachtet, beidesmal ist das Spektrum durch Angabe der gleichen N komplexen Werte $X_P(k)$ bestimmt.

In der Praxis hat man ja - unabhängig vom Signal - auch nur eine endliche Abtastlänge zur Verfügung. Gleichgültig, ob dies Abtaststück als einmalig betrachtet oder einem periodischen Vorgang zugeordnet wird, in beiden Fällen beschreibt der selbe Zahlensatz $X_P(k)$ die spektralen Eigenschaften.

Dies gilt nun freilich nicht für die gesamte Gestalt des Spektrums, denn bezüglich des Verlaufes zwischen den Stützstellen unterscheiden sich die Spektren von einmaligem Vorgang x(n) und der entsprechenden periodisierten Folge $x_P(n)$ erheblich.

Einmal muß man festhalten, daß dem periodischen Vorgang $x_P(n)$ ein Spektrum $X(e^{j\Omega})$ in der Form der Definition Gl.(1.31) überhaupt nicht zugeordnet werden kann : die Fourier-Transformierte existiert nicht. Für periodische Folgen ist also einzig die Definition eines diskreten Spektrums $X_P(k)$ vernünftig.

Für endlich lange Vorgänge hingegen kann man beliebige Zwischenwerte an jeder Stelle Ω im Spektrum zwischen den diskreten Stützstellen $X_P(k)$ sinnvoll ermitteln.

Den Übergang zwischen den beiden Fällen des einmaligen Vorganges x(n) und dessen periodischer Fortsetzung $x_P(n)$ kann man anschaulich machen, wenn eine nur endlich-häufige Wiederholung $x_M(n)$ des "Grundmusters" betrachtet wird, die aus M Perioden je der Länge N zusammengesetzt sein soll und außerhalb verschwindet :

$$x_M(n) = x(n) \qquad \text{für } n = 0, 1, 2, ...,N-1$$

$$x_M(n+mN) = x_M(n) \qquad \text{für } n = 0, 1, 2, ...,N-1$$

$$x_M(n) = 0 \qquad \text{für } n<0 \text{ und } n \geq MN \quad . \tag{1.62}$$

Für sie ist die Angabe eines kontinuierlichen Spektrums $X_M(e^{j\Omega})$

$$X_M(e^{j\Omega}) = X(e^{j\Omega}) \, B(e^{j\Omega}) \tag{1.63}$$

sinnvoll. Bei endlich häufiger periodischer Fortsetzung wird das Spektrum der nur eine Periodie umfassenden Folge mit der Bewertung

$$B(e^{j\Omega}) = e^{-j(M-1)N\Omega/2} \frac{\sin MN\Omega/2}{\sin N\Omega/2}$$ (1.64)

multipliziert, wobei die rechte Seite im Falle einer Nullstelle im Nenner durch ihren Grenzwert

$$B(e^{j2\pi k/N}) = M$$ (1.65)

zu ersetzen ist. Die Bewertungsfunktion B - dargestellt auch in Bild 1.10 für N=8 und M=6 - betont ähnlich wie ein Kammfilter die diskreten Frequenzen $\Omega = 2\pi k/N$, und alle anderen Frequenzanteile werden demgegenüber abgeschwächt. Die Bewertung ist um so schärfer ausgeprägt, je größer die Anzahl M der Perioden ist. Im Grenzfall $M \to \infty$ bleiben nur die diskreten Stellen $\Omega = 2\pi k/N$ übrig.

Zum Abschluß werden noch die wichtigsten Sätze über periodische Folgen $x_P(n)$ mit der Periode N und ihre Spektren $X_P(k)$ angegeben. Die Beweise erfolgen in analoger Form wie bei der Fourier-Transformierten von Folgen endlicher Länge unter Verwendung der Orthogonalitätsrelation Gl.(1.59). Man beachte noch, daß der Definition der Faltung und der Autokorrelierten $a_z(k)$ die periodische Gestalt der Folge $x_P(n)$ zu Grunde liegt. Insbesondere sind die sogenannte zyklische Autokorrelierte $a_z(k)$ und die Autokorrelierte $a(k)$ des einmaligen Vorganges nicht identisch. Sie müssen sorgfältig voneinander unterschieden werden.

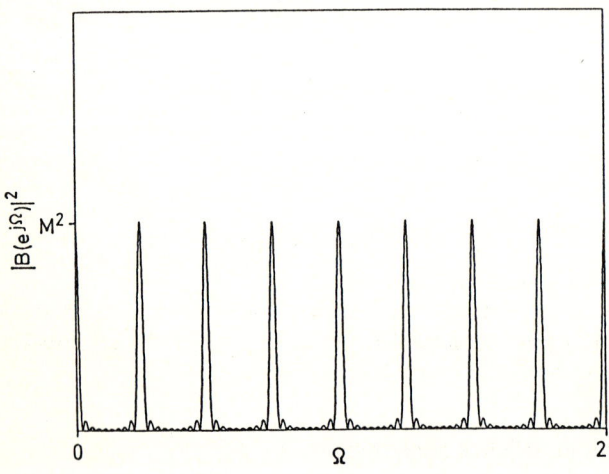

Bild 1.10   Spektrale Bewertung B einer Folge bei endlich-häufiger, M-facher periodischer Fortsetzung der Folge

Periodisches Spektrum

Wie aus den obigen Betrachtungen hervorgeht sind sowohl die Folge als auch ihr Spektrum mit

$$X_p(k) = X_p(k+N)$$

$$x_p(n) = x_p(n+N) \tag{1.66}$$

periodisch.

Symmetrien

Die Symmetrieeigenschaften periodischer Folgen und ihrer diskreten periodischen Spektren sind die gleichen wie bei nicht-periodischen Vorgängen mit kontinuierlichen Spektren.
Für reelle Folgen $x_p(n)$ gilt

$$X_p(k) = X_p^*(-k) = X_p^*(N-k) \quad . \tag{1.67}$$

Das Spektrum der konjugierten Folge wird durch

$$F\{x_p^*(n)\} = X_p^*(-k) = X_p^*(N-k) \tag{1.68}$$

und das der konjugierten und in der Reihenfolge invertierten Folge durch

$$F\{x_p^*(-n)\} = X_p^*(k) \tag{1.69}$$

angegeben.

Zyklische Faltung

Auch für die diskrete Fourier-Transformation interessiert natürlich die Rücktransformierte des Produktes zweier Spektren und die Transformierte des Produktes zweier Folgen, für welche die Zusammenhänge

$$X_p(k)\, Y_p(k) = F\{ \sum_{n=0}^{N-1} x_p(n)\, y_p(k-n) \} \tag{1.70}$$

$$x_p(n)\, y_p(n) \;=\; F^{-1}\{\,\frac{1}{N}\sum_{k=0}^{N-1} X_p(k)\, Y_p(n\text{-}k)\,\} \tag{1.71}$$

gelten.

Zyklische Autokorrelierte

Die durch

$$a_z(k) \;=\; \sum_{n=0}^{N-1} x^*(n)\, x(n\text{+}k) \tag{1.72}$$

definierte zyklische Autokorrelierte, welche ebenfalls mit $a_z(k) = a_z(N\text{+}k)$ eine periodische Folge darstellt, ist auch hier gleich dem rücktransformierten diskreten Leistungsspektrum :

$$a_z(k) \;=\; F^{-1}\{\,|X_p(k)|^2\} \tag{1.73}$$

Energiesatz

Der Energiesatz ist eine unmittelbare Folge von Gl.(1.73) mit k=0 :

$$\sum_{n=0}^{N-1} |x_p(n)|^2 \;=\; \frac{1}{N}\sum_{k=0}^{N-1} |X_p(k)|^2 \quad . \tag{1.74}$$

1.3.4 Numerische Berechnung der Transformierten von Folgen

Wie gesagt genügt bei endlicher Abtastlänge N die Angabe der N Werte $X_P(k)$ zur vollständigen Charakterisierung der spektralen Eigenschaften der Abtastfolge. Ob die zusätzliche Berechnung von Zwischenwerten im Spektrum $X(e^{j\Omega})$ sinnvoll ist oder nicht, bleibt aus der Abtastung alleine unentscheidbar und dem Anwender überlassen. Weil in einigen Fällen - etwa bei der Bestimmung von Richtwirkungen in Kapitel 3 - jedem Punkt Ω des kontinuierlichen Spektrums eine physikalisch sinnvolle Interpretation zukommt, ist es manchmal wünschenswert, eine Darstellung des kontinuierlichen Spektrums auch zwischen den diskreten Stellen zu erhalten. Man bedenke dabei, daß auch die kontinuierliche Darstellung nur N unabhängige Informationen enthält und durch sie alleine bestimmt ist. So kann man zwar eine "höhere Auflösung" im Sinne einer größeren Stützstellenzahl bei der graphischen Darstellung durch die Berechnung von Zwischenwerten bekommen, nicht aber einen höheren Informationsgehalt. Eine "höhere Auflösung" im Sinne von mehr Informationen ist nur durch eine größere Anzahl von Abtastwerten zu erzielen, sei es, um bei gleicher Beobachtungslänge einen größeren Frequenzbereich zu analysieren, sei es, um unter Beibehaltung der Abtastfrequenz eine größere Anzahl von diskreten Spektrallinien pro Frequenzband zu erreichen.

Es gibt zwei prinzipielle Möglichkeiten, das kontinuierliche Spektrum $X(e^{j\Omega})$ zwischen den diskreten Stützstellen $\Omega = 2\pi k/N$ von Folgen endlicher Länge zu berechnen. Beide Methoden setzen einen bereits vorhandenen Algorithmus zur Berechnung des diskreten Spektrums $X(e^{j2\pi k/N})$ voraus.

Die erste Methode besteht in der Hinzunahme von Nullen, dem in der Englisch-sprachigen Literatur so bezeichneten "zero-padding". In der Gleichung

$$X(e^{j2\pi k/N_T}) = \sum_{n=0}^{N_T-1} x(n)\, e^{-j2\pi nk/N_T} \quad , \; k = 0,1,2, \ldots, N_T-1 \tag{1.75}$$

zur Berechnung von $X(e^{j\Omega})$ muß N_T nicht notwendig die Folgenlänge N bedeuten, im Gegenteil kann man N_T wesentlich größer als N wählen, wenn nur die Bedinung endlicher Folgenlänge

$$x(n) = 0 \quad , \quad N \le n \le N_T - 1 \tag{1.76}$$

eingehalten wird. In einem Programm, das aus einem gegebenen Datensatz $x(n)$ den Wertesatz $X(e^{j2\pi k/N_T})$ berechnet, bedeutet dies das Auffüllen des die Folge $x(n)$ enthaltenden Speichers mit Nullen. Wie man sieht besteht der Vorteil in der größeren Stützstellenzahl N_T, die theoretisch beliebig groß gemacht werden kann. Natürlich entsteht durch die Hinzunahme des Informations-leeren Speicherteiles kein Mehr an Information, das kontinuierliche Spektrum wird lediglich in einer größeren Anzahl von Stützstellen berechnet.

Das Zero-padding hat gegenüber der zweiten Methode die Vorteile größerer Einfachheit und hoher Schnelligkeit. Letztere besteht in der Interpolationsvorschrift

$$X(e^{j\Omega}) = \sum_{k=0}^{N-1} X_p(k)\, \frac{\sin(N(\pi k/N - \Omega/2))}{N \sin(\pi k/N - \Omega/2)}\, e^{j(N-1)(\pi k/N - \Omega/2)} \quad , \tag{1.77}$$

welche man unter Einsetzen der diskreten Rückstransformationsgleichung (1.60) in die Definition von $X(e^{j\Omega})$ Gl.(1.31) erhält.

Die beiden genannten Methoden der Zwischenwert-Berechnung setzen die Kenntnis einer Methode zur Berechnung der $X_P(k)$ aus den Werten $x(n)$ voraus. Schnelle Methoden zur numerischen Berechnung der diskreten Fourier-

Transformierten $X_P(k)$ sind teilweise weithin bekannt, und deshalb genügen hier einige grundsätzliche Erläuterungen.

Das klassische Mittel zur Berechnung der Transformierten besteht in der sogenannten "Schnellen Fourier-Transformation", meist als FFT (Fast-Fourier-Transform) bezeichnet. Sie wurde erstmals von Cooley und Tukey in /1.15/ geschildert. Die Grundüberlegung ist leicht verständlich. Um ihre Vorteile zu schildern, muß zunächst zu Vergleichszwecken die einfachste und langwierigste Methode beschrieben werden. Sie soll - der Kürze halber - Geradeaus-Methode genannt werden.

Bei ihr würde man die Summe

$$X_p(k) = \sum_{n=0}^{N-1} x(n)\, e^{-j2\pi nk/N} \tag{1.78}$$

durch Ausführen der notwendigen Multiplikation in den Summanden und Aufsummieren bilden, die Rechenvorschrift (1.78) würde "buchstäblich" ausgeführt. Wenn man "eine Operation" als die Ausführung einer komplexen Multiplikation und einer Addition definiert, so wären N Operationen für ein k notwendig. Für das komplette Spektrum $X_P(k)$ sind also N^2 Operationen erforderlich.

Die FFT-Methode beruht nun auf der Zerlegung der Summe in zwei Teilsummen, wobei jede Teilsumme wieder eine vollständige Transformation darstellt. Nimmt man für N eine gerade Zahl an, so erhält man durch Neuordnen nach geradem und ungeradem Index

$$X_p(k) = \sum_{n=0}^{N/2-1} x(2n)\, e^{-j2\pi \frac{2nk}{N}} + \sum_{n=0}^{N/2-1} x(2n+1)\, e^{-j2\pi \frac{(2n+1)k}{N}}$$

$$= \sum_{n=0}^{N/2-1} x(2n)\, e^{-j2\pi \frac{nk}{N/2}} + e^{-j2\pi k/N} \sum_{n=0}^{N/2-1} x(2n+1)\, e^{-j2\pi \frac{nk}{N/2}} \;. \tag{1.79}$$

Wie man sieht sind durch die Dekomposition zwei neue Transformationen entstanden, die jeweils nur N/2 Elemente zum Gegenstand haben. Aus den Teil-Transformierten läßt sich $X_P(k)$ konstruieren. Berechnet man nun die beiden N/2-Transformierten getrennt mit der Geradeaus-Methode, so sind insgesamt $2\,(N/2)^2$ Operationen zu ihrer Bildung nötig. Hinzu kommen noch N Operationen zum Zusammensetzen von $X_P(k)$, in Summa sind als N(N/2+1) Operationen erforderlich. Der Aufwand ist also nur etwa halb so groß wie bei der Geradeaus-Methode.

Nun kann man weiter jede Teiltransformation wieder in zwei Teile aufspalten und damit den Aufwand weiter reduzieren. Es ist also besonders günstig, eine möglichst oft durch 2 teilbare Zahl als Folgenlänge zu verwenden, am besten eine Zweierpotenz, und in diesem Fall kann man die Zerlegung so oft vornehmen, bis nur noch Folgen der Länge 1 übrig bleiben, bei denen die Transformierte mit der aus einem Punkt bestehenden Folge identisch ist. Es bleibt also nur übrig, die Teile wieder zum Ganzen zusammenzusetzen. Wie man zeigen kann, beträgt dann der Aufwand an Operationen $2N \lg_2 N$. Dies bedeutet im Falle $N=1024 = 2^{10}$ die Reduktion des Aufwandes auf etwa den 50-ten Teil dessen beim Geradeaus-Algorithmus.

Die Verwendung von Zweierpotenzen als Folgenlänge ist dabei der bekannteste und am meisten verwendete Sonderfall. Man kann allgemeiner nach jeder natürlichen Zahl zerlegen, also etwa in drei Teilsummen aufspalten, wenn die Zahl 3 in der Folgenlänge enthalten ist. Ebenso können beliebige Kombinationen (siehe /1.6/) benutzt werden. Neuerdings sind auch Methoden entwickelt worden, die auch dann noch eine schnelle Transformation ermöglichen, wenn N nicht eine hochgradig zusammengesetzte Zahl ist. Näheres dazu kann zum Beispiel der Arbeit /1.7/ entnommen werden.

1.4   z-Transformation

Wie schon eingangs erwähnt, ist es in mancher Hinsicht empfehlenswert, eine komplexe Erweiterung der Fourier-Transformation von Folgen vorzunehmen.

Üblicherweise wird die z-Transformierte $X(z)$ einer Folge $x(n)$ durch

$$X(z) = \sum_{n=-\infty}^{\infty} x(n)\, z^{-n} \tag{1.80}$$

definiert. Die Fourier-Transformierte $X(e^{j\Omega})$ ist demnach mit der z-Transformierten auf dem Einheitskreis $|z|=1$ identisch :

$$X(e^{j\Omega}) = X(z=e^{j\Omega}) \quad . \tag{1.81}$$

Für eine Potenzreihe der Form (1.80) stellt sich zuallererst die Frage der Konvergenz, es sind Konvergenzbetrachtungen erforderlich. Wir wollen dieses Problem - ebenso wie die Frage der zu Gl.(1.80) gehörenden Rücktransformation - zunächst zurückstellen, und zuerst einen der wichtigsten Gründe für die Nützlichkeit und die praktische Bedeutung des erweiterten Transformationsbegriffes nennen.

1.4.1   Endlich lange Folgen

Für endlich lange Fogen $x(n) = 0$ für $n<0$ und $n \geq N$ kann man den Wert der z-Transformierten $X(z)$ an jeder endlichen Stelle in der komplexen z-Ebene angeben: die z-Transformierte endlich langer Folgen konvergiert für alle $z \neq 0$. Ausgenommen ist lediglich der Nullpunkt $z=0$, der einen Pol der Vielfachheit N darstellt. Es ist $X(z)$ durch ein Polynom der Ordnung N-1 darstellbar, und ein solches Polynom kann durch seine N-1 Nullstellen z_i und einen Skalierungsfaktor

$$X(z) = \sum_{n=0}^{N-1} x(n)\, z^{-n} = \frac{x(0)}{z^{N-1}} \prod_{i=1}^{N-1} (z - z_i) \qquad (1.82)$$

beschrieben werden. Damit hat man nun eine dritte Darstellungsart einer Zahlenfolge erhalten : Neben der Angabe der Folge selbst und der Angabe von N spektralen Werten sind Folge und Spektrum ebenfalls komplett durch ein Folgenglied und die Nullstellen der z-Transformierten bestimmt.

Diese neue Darstellungform ist für einige grundlegende Prinzipien und ihre anschauliche Deutung von größtem Interesse.

Zwischen der Nullstellen-Konfiguration der z-Transformierten einer Folge und deren Leistungsspektrum besteht nämlich eine einfache und für anschauliche Betrachtungen sehr nützliche Verbindung. Wegen der Folgerung

$$|X(e^{j\Omega})|^2 = |x(0)|^2 \prod_{i=1}^{N-1} |e^{j\Omega} - z_i|^2 \qquad (1.83)$$

aus Gl.(1.82) kann man das Leistungsspektrum im Aufpunkt Ω unmittelbar durch das Produkt aller Längen der Verbindungslinien der Nullstellen z_i mit dem Aufpunkt $e^{j\Omega}$ auf dem Einheitskreis angeben. Ein Beispiel ist in Bild 1.11 enthalten.

Es stellt sich nun die Frage, wie man die Lage einer Nullstelle z_i verändern kann, ohne daß dabei der Verlauf des Leistungsspektrums bis auf eine Skalierung verändert wird. Dies bedeutet anschaulich, der Nullstelle z_i einen neuen Ort so zuzuweisen, daß ihr Abstand zu allen Punkten auf dem Einheitskreis - bis auf eine Multiplikation mit einer von Ω unabhängigen Konstanten - unverändert bleibt. Hierfür kommt nur ein einziger Ort in der komplexen z-Ebene in Frage : es ist dies der Spiegelort

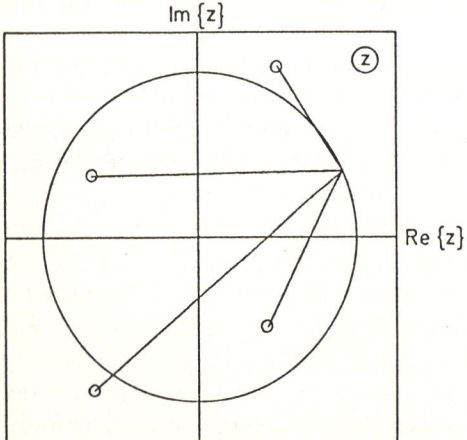

Bild 1.11   Demonstrationsbeispiel zur Abschätzung des Leistungsspektrums aus der Nullstellenkonfiguration der z-Transformierten

$$z_{Si} = 1/z_i^* \tag{1.84}$$

der sich dadurch auszeichnet, daß sein Betrag zum Betrag von z_i bei gleichem Winkel mit der positiven reellen Achse reziprok ist.

Nehmen wir zur Erläuterung an, z_0 sei eine Nullstelle von $X(z)$. Die durch die Multiplikation

$$X_1(z) = X(z)\, H_{ap}(z)$$

$$H_{ap}(z) = \frac{1 - z\, z_0^*}{z - z_0} \tag{1.85}$$

entstandene z-Transformierte $X_1(z)$ besitzt die zu z_0 gespiegelte Nullstelle $z=1/z_0^*$. Dabei sind die Leistungsspektren $|X(e^{j\Omega})|^2$ und $|X_1(e^{j\Omega})|^2$ gleich, denn - wie man durch Einsetzen leicht zeigen kann - es gilt $|H_{ap}(e^{j\Omega})|^2 = 1$. Setzt man wie hier voraus, daß z_0 eine Nullstelle von $X(z)$ sei, so sind die Rücktransformierten $x(n)$ und $x_1(n)$ gleich lang, weil die Polynome $X(z)$ und $X_1(z)$ gleiche Ordnung N-1 haben. Die z-Transformierte der neuen Folge $x_1(n)$ besitzt die Nullstelle z_0 nicht mehr, an deren Stelle verfügt sie über die neue Nullstelle $1/z_0^*$. Wegen der schon erläuterten geometrischen Lage von z_0 und $1/z_0^*$ in der komplexen z-Ebene kann man die Erzeugung der neuen Folge als "Nullstellen-Spiegelung" bezeichnen.

Auf Grund der Eigenschaft $|H_{ap}(e^{j\Omega})|^2 = 1$ nennt man $H_{ap}(z)$ einen Allpaß. Die Rücktransformierte $h_{ap}(n)$ des Allpasses selbst bildet eine unendlich lange Folge, für deren Betrachtung auf den nächsten Abschnitt verwiesen wird. Natürlich kann man einen Allpass mit Pol z_0 auf eine beliebige Folge anwenden, deren z-Transformierte die Nullstelle z_0 gar nicht zu besitzen braucht, ohne das Leistungsspektrum der Folge zu verändern. Damit würde man stets eine unendlich lange Folge $x_1(n) = F^{-1}\{X(z)H_{ap}(z)\}$ konstruieren, denn ihre z-Transformierte besitzt nun den Pol z_0 , der nur durch eine unendliche Folgenlänge zu erklären ist.

Da nun die Spiegelung einer beliebigen Nullstelle am Einheitskreis bezüglich des Leistungsspektrums ohne Effekt bleibt, führen auch beliebige Kombinationen "gespiegelt oder nicht gespiegelt" aller Nullstellen z_i zu keiner Änderung in $|X(e^{j\Omega})|^2$. Man kann also für jede Nullstelle eine zweiwertige Entscheidung treffen ohne das Leistungsspektrum zu beeinflussen. Da die Anzahl der Nullstellen N-1 beträgt, sind 2^{N-1} Kombinationen möglich : es gibt 2^{N-1} Nullstellen-Konfigurationen mit gleichem Leistungsspektrum $|X(e^{j\Omega})|^2$.

Dies bedeutet gleichzeitig, daß es 2^{N-1} Originalfolgen $x(n)$ mit gleichem Leistungsspektrum für Folgen endlicher Länge N gibt. Dabei muß man natürlich von Verschiebungen $x(n+M)$ und von konstanter Phasendrehung $e^{j\beta}x(n)$ aller Elemente absehen, denn auch diese führen zu keiner Veränderung des Leistungsspektrums. Wie Gl.(1.82) lehrt, ist die z-Transformierte und damit auch die Folge $x(n)$ eindeutig definiert, wenn alle Nullstellen z_i und ein Skalierungsfaktor bekannt sind. Letzterer kann in einem Element der Folge oder in einem Wert des Spektrums an einer Stelle bestehen. Falls nur der Betrag bekannt ist, oder wenn die Energie zur Skalierung benutzt wird, dann ist die Folge nur bis auf eine Multiplikation mit $e^{j\beta}$ eindeutig bestimmbar.

Methodisch ließen sich die 2^{N-1} Realisationen x(n) ein-und-desselben Leistungs-spektrums $|X(e^{j\Omega})|^2$ durch Berechnung der Autokorrelierten

$$a(k) = F^{-1}\{ |X(e^{j\Omega})|^2 \} = \sum_{n=0}^{N-k-1} x^*(n)\, x(n+k) \qquad (1.86)$$

bestimmen (mit ihr hat man übrigens einen Test dafür, ob das gegebene Leistungs-spektrum überhaupt durch eine Folge endlicher Länge erzeugt werden kann). Mit a(k) ist auch die z-Transformierte A(z) der Autokorrelierten bekannt :

$$A(z) = \sum_{k=-(N-1)}^{N-1} a(k)\, z^{-k} \quad , \qquad (1.87)$$

deren Nullstellen damit im Prinzip ebenfalls als gegeben angesehen werden können.
   Nun gilt andererseits

$$A(z) = X(z)\, X^*(1/z^*) \quad , \qquad (1.88)$$

wie man leicht durch Einsetzen der Definitionsgleichungen für X(z), A(z) und a(k) zeigen kann.
   Das bedeutet aber, daß A(z) sowohl die Nullstellen z_i der z-Transformierten einer beliebigen Realisation x(n) als auch die dazu gespiegelten Nullstellen $1/z_i^*$ enthält. Alle Nullstellen von A(z) treten als Spiegelpaare auf, es ist nicht möglich, daß A(z) die Nullstelle z_0 enthält, ohne daß zugleich auch $1/z_0^*$ eine Nullstelle ist.
   Man könnte also schließlich so verfahren, daß alle Nullstellen von A(z) auf dem Einheitskreis und innerhalb von ihm gesucht werden. Aus ihnen könnten alle Realisationen x(n) ein-und-desselben Leistungsspektrums konstruiert werden.
   Es liegt wohl auf der Hand, daß Nullstellen auf dem Einheitskreis bei ihrer Spiegelung in sich selbst übergehen. Pro Nullstelle mit $|z_i| = 1$ wird daher die Anzahl der zu untersuchenden Kombinationen halbiert.
   Für viele praktische Anwendungen interessieren entweder Leistungsspektren mit möglichst konstantem Verlauf, oder solche, bei denen die Energie vor allem auf ein schmales Band begrenzt sein soll. Wenn weder nur aus einem Punkt bestehende Folgen noch unendlich lange Folgen zugelassen werden, wie es praktisch sehr oft der Fall ist, so ist keine der beiden Forderungen "konstantes" oder "impulsartiges" Spektrum ideal zu erfüllen. Wie immer auch eine endliche Anzahl von Nullstellen in der z-Ebene verteilt wird, man kann weder einen völlig konstanten Betrag auf dem Einheitskreis erzielen, noch kann eine kontinuierliche Delta-Funktion ideal nach-gebildet werden. Man muß sich deshalb mit einer möglichst guten Annäherung zu-frieden geben, und diese wird um so besser sein, je größer die Anzahl der zur Ver-fügung stehenden Nullstellen ist, je längere Folgen x(n) zugelassen werden.
   Für den Fall von Spektren mit Peak-ähnlichem Verlauf bleibt für die Formung des Spektrums nichts anderes übrig, als die verfügbaren N-1 Nullstellen der z-Trans-

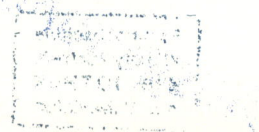

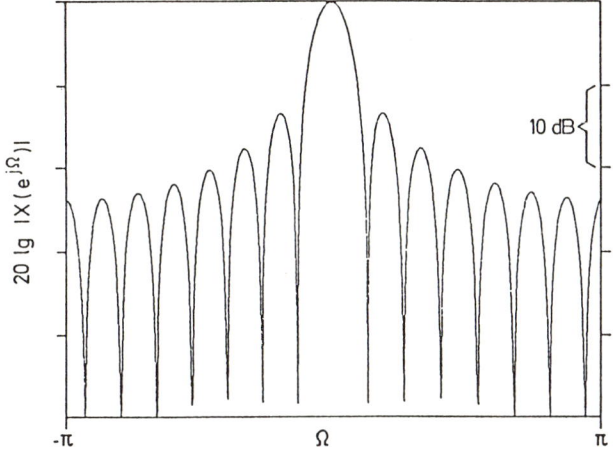

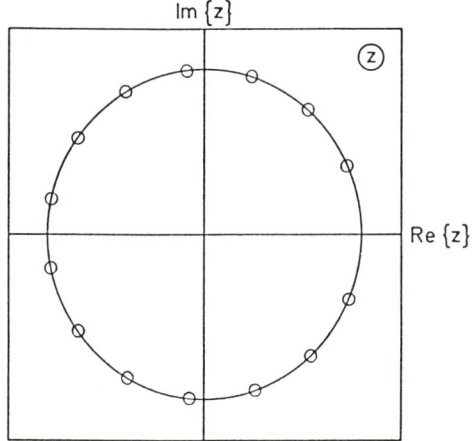

Bild 1.12   Leistungsspektrum und Nullstellenkonfiguration für die
             konstante Folge der Länge N = 15

formierten grob äquidistant auf dem Einheitskreis im Band unerwünschter Energie
anzuordnen. Etwas besseres kann man zur Vermeidung von Energie in
Frequenzbereichen nicht tun, als sie durch spektrale Nullstellen - soweit es eben geht -
zu unterdrücken. Im Bild 1.12 ist zum Beispiel das Nullstellendiagramm einer
konstanten Folge x(n) endlicher Länge N aufgetragen. Wie man sieht besteht das
Nullstellen-Muster aus über dem Winkel Ω gleichabständigen Nullstellen mit einer
"Lücke" im sonst gleichmäßigen Muster. Es ist diese Lücke, die zur Modellierung des
Energie-führenden Bandes dient, und der Bereich äquidistanter Nullstellen ist ein
Bereich kleiner spektraler Energie.

   Alle Kunst der Gewichtung, wie sie in Kapitel 3 beschrieben wird, beruht stets
auf dem Prinzip, kleine Bewegungen der in Bild 1.12 dargestellten Nullstellen so
auszuführen, daß gewisse Eigenschaften des Spektrums erfüllt werden. So kann man

33

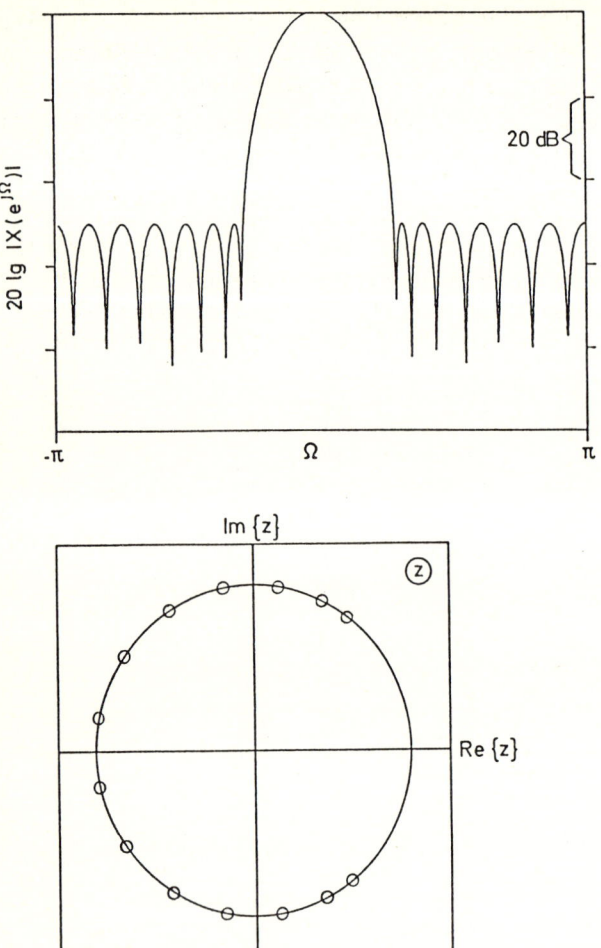

Bild 1.13   Leistungsspektrum und Nullstellenkonfiguration für die
            Folge der Dolph-Chebyshev-Gewichtung, Länge N = 15,
            Seitenbandunterdrückung D = 50 dB

beispielsweise die Nullstellen in der z-Ebene entlang des Einheitskreises so
verschieben, daß die maximale Größe des Leistungsspektrums zwischen zwei
Nullstellen (mit Ausnahme der "Lücke") stets gleich ist. Diese Veränderung der
Nullstellen-Lage führt zur Dolph-Chebyshev-Gewichtung (Kapitel 3). Ein Beispiel ist
in Bild 1.13 aufgetragen.

Die Methode der Verrückung von Nullstellen ermöglicht theoretisch beliebig hohe
Pegeldifferenzen zwischen dem spektralen Bereich der Nullstellen-Lücke - das ist die
sogenannte "Hauptkeule" des Spektrums - und dem Bereich dichter Nullstellen, den
spektralen Nebenkeulen. Grundsätzlich werden die Nebenkeulenhöhen geringer,
wenn der Abstand der Nullstellen in deren Bereich großer Dichte verkleinert wird,
aber dies bedeutet gleichzeitig, daß die Lücke in der Nullstellenkonfiguration und

damit die Hauptkeule breiter wird. Von diesem Prinzip kann man nicht abweichen, und immer folgt aus einem verbesserten Haupt-Nebenkeulen Pegelabstand eine verbreiterte Hauptkeule. Oft wird man an hohen Nebenkeulenunterdrückungen und zugleich an schmalen Hauptkeulenbreiten interessiert sein, wie man sieht widersprechen sich diese beiden Forderungen. Die einzig mögliche Abhilfe besteht in einer erhöhten Nullstellenzahl und damit in einer Verlängerung der Folge.

Auf Grund der Tatsache, daß bei möglichst Peak-ähnlichen Spektren alle Nullstellen der z-Transformierten zugleich auch Nullstellen des Spektrums sein müssen, ist in diesem Fall das Spektrum selbst aus dem Leistungsspektrum - bis auf eine multiplikative Konstante - bereits schon eindeutig beschrieben, denn die Spiegelung einer Nullstelle bewirkt keinen Effekt. Damit ist aber auch die Folge bis

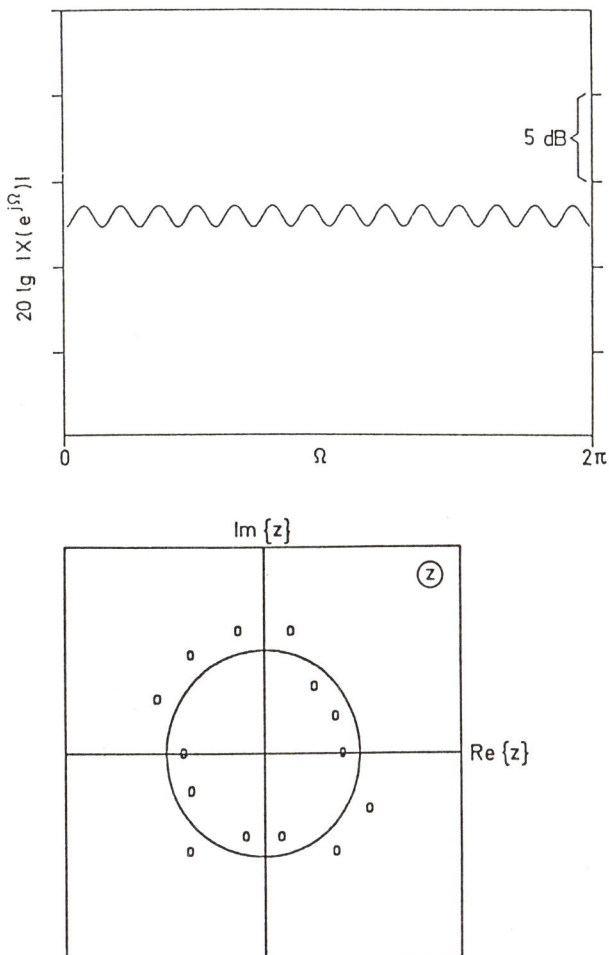

Bild 1.14   Leistungsspektrum und Nullstellenkonfiguration für eine impuls-äquivalente Folge der Länge N = 15

auf eine multiplikative Konstante eindeutig aus dem Leistungsspektrum bestimmt. In dieser Hinsicht unterscheiden sich solche Spektren von allen anderen spektralen Formungen, bei denen nicht alle Nullstellen der z-Transformierten auf dem Einheitskreis liegen. Darin besteht auch der tiefere Grund dafür, daß Peak-ähnliche Spektren - die vor allem für Fenster-Fragen interessieren - erheblich leichter zu behandeln sind. Für die erwünschte Konstruktion von endlich langen Folgen mit möglichst konstantem Leistungsspektrum dürfen - umgekehrt wie eben - nun natürlich gerade keinerlei Nullstellen der z-Transformierten auf dem Einheitskreis vorkommen, denn dies widerspräche der geforderten Gleichmäßigkeit des Leistungsspektrums ganz erheblich. Man wird im Gegenteil erwarten, daß diesmal die Nullstellen etwa gleichmäßig um den Einheitskreis herum verstreut sind.

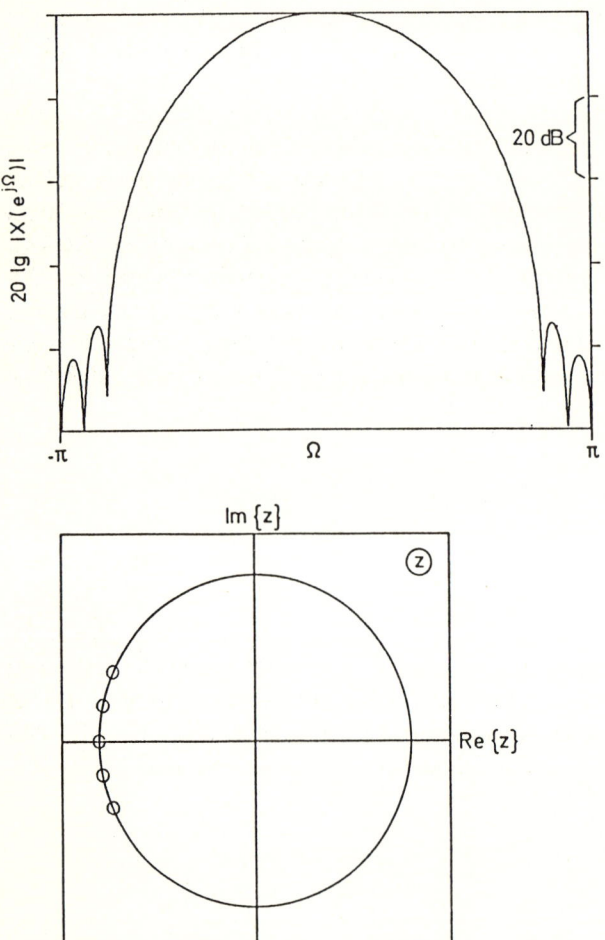

Bild 1.15   "Dichte", vorgegebene Nullstellenkonfiguration und daraus resultierendes Leistungsspektrum, N = 6

36

Nullstellenkonfigurationen, die zu (beinahe) konstanten Leistungsspektren führen, sind bekannt. Sie sind durch $z_i = a_i \exp(j2\pi i/(N-1))$, $i=0,1,2,...,N-2$ beschrieben, wobei a_i regellos den Wert $a_i = r$ oder $a_i = 1/r$ bei festem r annehmen kann (siehe den Abschnitt über impuls-äquivalente Folgen in Kapitel 2). Im Beispiel Bild 1.14 erkennt man unschwer, daß beim Entlanglaufen des Aufpunktes auf dem Einheitskreis nur kleinere Schwankungen im Leistungsspektrum erzielt werden. Das Problem besteht hier auch weniger darin, Folgen zu finden, die glattes Leistungsspektrum besitzen, als vielmehr darin, aus der großen Anzahl von Realisationen mit gleichem Leistungsspektrum die geeigneteste auszusuchen.

Soweit es sich um die Betrachtung von Wellenzahlspektren handelt, ist in der Akustik häufig nur ein Ausschnitt $|\Omega| \le \Omega_0$ aus dem Leistungsspektrum physikalisch signifikant. Deshalb wird der interessierende Bereich mit "Sichtbereich", das Restband mit "blinder Bereich" bezeichnet. In diesem Fall kann man beispielsweise bei der Formung Peak-ähnlicher Spektren so vorgehen, daß alle vorhandenen N-1 Nullstellen der z-Transformierten im sichtbaren Bereich angebracht werden. Obgleich theoretisch möglich, stößt diese Methode in der Praxis auf große, praktisch unüberwindliche Schwierigkeiten, die in Kapitel 3 noch diskutiert werden.

Manchmal wird vorgeschlagen, dieses Prinzip auch bei konstanten Leistungsspektren anzuwenden. Hier würden dann alle Nullstellen im blinden Bereich angesiedelt. Es leuchtet allerdings unmittelbar ein, daß die erhaltenen Spektren auch im Sichtbereich nicht eben sehr konstant sind, denn sie müssen - da Nullstellen auf dem Einheitskreis vorliegen - notwendig vom Maximum weg zu den Rändern hin abfallen. Wie auch immer im Beispiel des Bildes 1.15 ein nicht zu kleiner Sichtbereich gewählt wird, das Spektrum ist jedenfalls weniger glatt als entsprechende Ausschnitte aus den im nächsten Kapitel geschilderten Spektren. Diese hin und wieder vorgeschlagene Strategie eignet sich also nicht zur Konstruktion gleichmäßiger Spektren, auch dann meist nicht, wenn nur ein Ausschnitt interessiert.

1.4.2 Unendlich lange Folgen

z-Transformierte unendlich langer Folgen existieren nicht notwendigerweise in der ganzen z-Ebene. Aus diesem Grund müssen die Konvergenzeigenschaften von solchen Reihen näher betrachtet werden. Dabei erweist es sich als sinnvoll, zunächst rechtsseitige Reihen mit $x(n)=0$ für $n<0$ und linksseitige Reihen mit $x(n)=0$ für $n \ge 0$ getrennt zu betrachten, und danach erst auf den allgemeinsten Fall zu schließen.

Rechtsseitige Reihen

Wie gesagt werden rechtsseitige Reihen durch $x(n)=0$ für $n<0$ definiert.

Solche Folgen werden auch kausal genannt. Sie können als Impulsantwort kausaler physikalischer Systeme angesehen werden, bei denen sich vor Beginn einer Anregung die Systemantwort nur mit dem Wert Null einstellen kann. Aus diesem Grund besitzen kausale Folgen eine hohe praktische Bedeutung.

Bei den folgenden Betrachtungen soll stets unter Konvergenz die absolute Konvergenz

$$\sum_{n=-\infty}^{\infty} |x(n) z^{-n}| \leq G \tag{1.89}$$

verstanden werden. Aus der absoluten Konvergenz folgt die Konvergenz der Reihe X(z).

Angenommen, X(z) konvergiere auf dem Kreis |z|=R. Diese Annahme kann nur zutreffen, wenn jedes Glied der Reihe X(z) mit

$$|x(n) R^{-n}| \leq A \tag{1.90}$$

beschränkt ist, und es folgt, daß eine Zahl A derart angebbar sein muß, daß

$$|x(n)| \leq A R^{n} \tag{1.91}$$

erfüllt ist. Für R>1 außerhalb des Einheitskreises erscheint diese Bedingung als nicht sehr einschneidend. Wird jedoch die Konvergenz auch innerhalb des Einheitskreises R<1 verlangt, so besagt Gl.(1.91) , daß die Folge x(n) dem Betrage nach mindestens so schnell wie eine exponentielle Folge fallen muß.

Ist andererseits Gl.(1.91) erfüllt, dann konvergiert X(z) für alle z mit |z|>R :

$$\sum_{n=0}^{\infty} |x(n) z^{-n}| \leq A \sum_{n=0}^{\infty} \left(\frac{R}{|z|}\right)^{n} \ . \tag{1.92}$$

Die Konvergenz beider Seiten tritt für |z|>R ein. Insgesamt konvergiert also X(z) außerhalb eines Kreisgebietes |z|>R..

Ein naheliegendes Beispiel für die geschilderten Gesetzmäßigkeiten besteht in der Folge

$$x(n) = a^{n} \ , \ n\geq 0$$

$$x(n) = 0 \ \ , \ n<0 \ \ , \tag{1.93}$$

deren z-Transformierte

$$X(z) = \sum_{n=0}^{\infty} \left(\frac{a}{z}\right)^{n} = \frac{1}{1 - a z^{-1}} \tag{1.94}$$

ist. Die Reihe konvergiert außerhalb des Kreises |z|=|a| für |z|>|a|. Wie man sieht ist das Konvergenzgebiet durch einen Kreis begrenzt, auf dem die Polstelle z=a liegt.

Erst das Zusammenspiel von unendlich vielen Gliedern x(n) ermöglicht das Auftreten einer endlichen Polstelle $z_P \neq 0$. Nur die z-Transformierte unendlich langer Folgen kann Polstellen z_P mit $z_P \neq 0$ und $z_P \neq \infty$ besitzen. Weist umgekehrt die z-Transformierte einen solchen Pol auf, so muß die Folge unendlich lang sein.

Linksseitige Reihen

Linksseitige Folgen sind wie gesagt durch x(n)=0 für n≥0 definiert. Wieder verlangt die Konvergenz der Reihe zunächst die Beschränktheit jedes Reihengliedes

$$|x(n)| \leq A\,R^n = A\,R^{-|n|} \tag{1.95}$$

für negative n. Diese Beschränkung ist außerhalb des Einheitskreises R=1 einschneidend. Sie besagt, daß x(n) mit n -> -∞ mindestens exponentiell fallen muß, damit X(z) auch außerhalb des Einheitskreises konvergiert.

Gilt umgekehrt Gl.(1.95), so folgt

$$\sum_{n=-\infty}^{-1} |x(n)\, z^{n}| \leq A \sum_{n=-\infty}^{-1} |z/R|^{|n|} \quad . \tag{1.96}$$

Die Konvergenz der Reihe rechts tritt für |z|<R ein, und aus ihr folgt die Konvergenz von X(z). Linksseitige Reihen konvergieren also innerhalb eines Kreisgebietes für |z|<R₊.

Ein Beispiel für eine linksseitige Reihe ist die Folge

$$x(n) = b^n \; , \quad n<0$$

$$x(n) = 0 \quad , \quad n \geq 0 \tag{1.97}$$

mit der z-Transformierten

$$X(z) = \sum_{n=-\infty}^{-1} \left(\frac{z}{b}\right)^{-n} = \sum_{n=1}^{\infty} \left(\frac{z}{b}\right)^{n} = \frac{z/b}{1 - z/b} \quad . \tag{1.98}$$

Wie man sieht ist das Konvergenzgebiet von X(z) durch |z|<|b| gegeben. Es wird ebenfalls durch einen Kreis, auf dem eine Polstelle liegt, begrenzt.

Zweiseitige Reihen

Aus den vorangegangenen Betrachtungen geht hervor, daß zweiseitige Reihen, die sowohl für negativen Index n als auch für positiven Index n unendlich viele nichtverschwindende Elemente besitzen mögen, konvergieren, falls der das Konvergenz-gebiet begrenzende Radius der rechtsseitigen Reihe R_- kleiner ist als der Radius der linksseitigen Reihe R_+ :

$$R_- < R_+ \quad . \tag{1.99}$$

Nur im Fall sich überschneidender Konvergenzgebiete von rechtsseitiger und linksseitiger Reihe weist die zweiseitige Reihe ein Konvergenzgebiet auf. Für $R_- < R_+$ besteht es aus dem Kreisring zwischen den Kreisen mit dem Radius R_- und R_+ .

Ein Beispiel für eine zweiseitige Reihe besteht in der Kombination

$$x(n) = b^n \quad , n{<}0$$

$$x(n) = a^n \quad , n{\geq}0 \tag{1.100}$$

der beiden letzten Beispiele, mit der z-Transformierten

$$X(z) = \frac{1}{1 - a/z} + \frac{z/b}{1-z/b} \quad . \tag{1.101}$$

Wie man auch dem Bild 1.16 entnehmen kann, besteht das Konvergenzgebiet aus dem Kreisring $|a|{<}z{<}|b|$. Es wird durch die Pole $z{=}a$ und $z{=}b$ begrenzt. Die Tatsache, daß

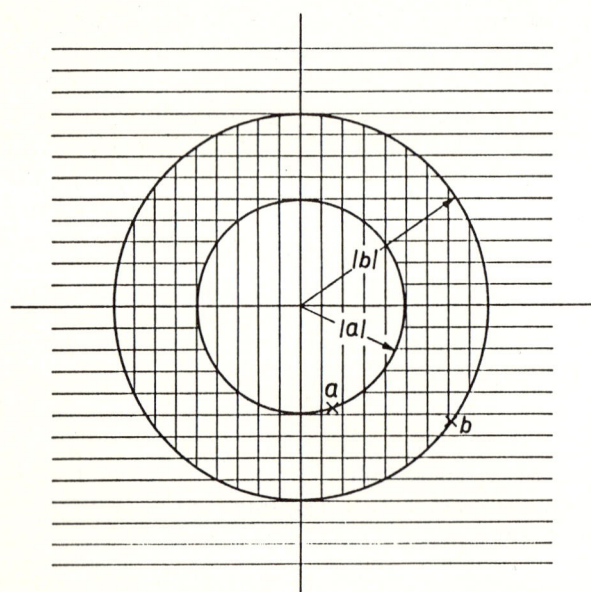

Bild 1.16   Konvergenzgebiet der zweiseitigen Reihe ist das Schnittgebiet der Konvergenzgebiete von rechtsseitiger Reihe (waagrechte Schraffur) und linksseitiger Reihe (senkrechte Schraffur)

das Konvergenzgebiet durch Pole begrenzt ist, läßt sich auf beliebige Transformierte verallgemeinern. Nur falls |b|>|a| ist gibt es ein Konvergenzgebiet der zweiseitigen Reihe.

Wie man sieht ist es durchaus möglich, daß eine Folge innerhalb eines Konvergenzringes eine z-Transformierte besitzt, aber keine Fourier-Transformierte. Letztere existiert nur dann, wenn der Einheitskreis zum Konvergenzgebiet gehört. Besitzt die Folge umgekehrt eine Fourier-Transformierte, so ist der Einheitskreis Bestandteil des Konvergenzringes.

Bei Potenzreihen der Form X(z) ist die Konvergenz der Reihe mit der Differenzierbarkeit und der Vertauschbarkeit der Reihenfolge von Differentiation und Summation gleichzusetzten (Satz von Weierstraß). Die Differentiation nach z ändert den Konvergenzbereich nicht, das heißt, die Konvergenzgebiete von X(z) und dX(z)/dz sind gleich.

Innerhalb des Konvergenzgebietes sind demnach z-Transformierte analytische Funktionen. Realteil U und Imaginärteil V von X(z=x+jy) = U(x,y) + jV(x,y) erfüllen deswegen die Cauchy-Riemannschen Differentialgleichungen : U und V sind harmonische Funktionen. Unter der Voraussetzung, daß der Realteil U(x,y) auf dem ganzen Rand eines Gebietes bekannt ist, läßt sich U im ganzen Gebiet und hieraus auch V(x,y) bestimmen (siehe z. B. /1.8/). Insbesondere ist bei rechtsseitigen Reihen, bei denen der Einheitskreis zum Konvergenzgebiet zählt, der Imaginärteil der Fourier-Transformierten durch den Realteil (bis auf eine additive Konstante) bereits bestimmt, und umgekehrt. Im späteren Abschnitt über die Hilbert-Transformation wird hierauf noch einmal näher eingegangen.

Auch bei den unendlich langen Folgen kann man - wie bei den Folgen endlicher Länge - aus einer gegebenen z-Transformierten neue Realisationen mit dem gleichen Leistungsspektrum durch Spiegelungen erzeugen. Dabei können diesmal natürlich sowohl die Nullstellen als auch die Polstellen dem Spiegel-Prozeß unterworfen werden. Die dabei implizit eingehaltene Bedingung besteht in der Forderung unveränderter Ordnung des Vorganges, das heißt, die Anzahl der Freiheitsgrade N (= Anzahl der Nullstellen) und P (= Anzahl der Polstellen) bleibt gleich. Auch diesmal kann man auch einen beliebigen Allpaß benutzen, ohne das Leistungsspektrum zu verändern, wobei die Zahlen N und P gegebenenfalls entsprechend verändert werden.

1.4.3   Inverse z-Transformation

Nun haben Transformationen nur dann einen Sinn, wenn aus der Transformierten das Original - hier eine Folge - wiedergewonnen werden kann. Es stellt sich also die Frage, wie x(n) bei gegebener z-Transformierter berechnet werden kann.
Die inverse z-Transformation wird an Hand des Cauchy-Integralsatzes

$$\frac{1}{2\pi j} \int_C \frac{dz}{z^{n+1}} = \delta(n) \tag{1.102}$$

abgeleitet. Das Linienintegral in Gl.(1.102) ist über eine beliebige geschlossene Kontur C zu erstrecken, die den Nullpunkt z=0 umschließt. Der Cauchy-Integralsatz ersetzt die bei den Fourier-Transformationen benötigten Orthogonalitätsrelationen, er wirkt ähnlich wie diese.

Der Beweis des Cauchy-Satzes kann einfach erbracht werden, wenn für die Kontur C ein Kreis $|z| = r$ verwendet wird, auf welchem $z = r \, e^{j\Omega}$ und $dz = j \, r \, e^{j\Omega} \, d\Omega = j \, z \, d\Omega$ gilt. Es würde für die folgenden Betrachtungen auch vollauf genügen, für vorkommenden geschlossene Konturen C Kreise zu benutzen. Im übrigen ist ein tiefergehendes Verständnis der komplexen Funktionentheorie für das Folgende zwar nützlich, aber nicht unbedingt Voraussetzung.

Multipliziert man zunächst die Definition der z-Transformierten $X(z)$ mit z^{m-1}, m fest aber beliebig, und integriert anschließend über eine geschlossene Kontur C, die ganz im Konvergenzgebiet von $X(z)$ liegen möge, so folgt

$$\frac{1}{2\pi j} \int\limits_C X(z) \, z^{m-1} \, dz = \sum_{n=-\infty}^{\infty} x(n) \, \frac{1}{2\pi j} \int\limits_C \frac{dz}{z^{n-m+1}} \quad . \qquad (1.103)$$

Wegen des Cauchy-Satzes Gl.(1.102) sind auf der rechten Seite alle Glieder mit Ausnahme des Gliedes n=m gleich Null, und deswegen ist Gl.(1.103) mit der gesuchten Rücktransformationsgleichung

$$x(n) = \frac{1}{2\pi j} \int\limits_C X(z) \, z^{n-1} \, dz \qquad (1.104)$$

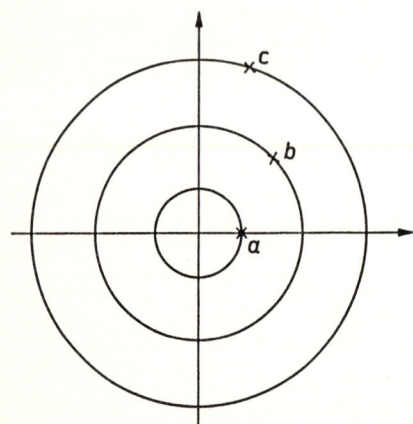

Bild 1.17   Möglichkeiten zur Wahl eines Konvergenzgebietes
rechtsseitige Reihe   : $|z| > |c|$
linksseitige Reihe   : $|z| < |a|$
zweiseitige Reihen   : $|a| < |z| < |b|$ oder
                              $|b| < |z| < |c|$

42

identisch. Dabei muß C eine geschlossene Kontur sein, die ganz im Konvergenzgebiet von X(z) liegt. Nun kann ja eine z-Transformierte mehrere Polstellen besitzen (siehe zum Beispiel das Polstellen-Diagramm in Bild 1.17), und damit ist aus der z-Transformierten alleine das Konvergenzgebiet noch nicht zu ersehen. Im Beispiel des Bildes 1.17 könnte man die Ringe |a| < |z| < |b| oder |b| < |z| < |c| zum Konvergenzgebiet erklären, aber auch |z| < |a| oder |z| > |c| wären dafür möglich. Je nachdem, welcher Bereich ausgewählt wird, resultieren verschiedene Rücktransformierte, schon weil zweimal eine zweiseitige, einmal eine rechtsseitige und einmal eine linksseitige Folge definiert wird. Allgemein genügt also die Angabe von X(z) zur vollständigen Definition der Rücktransformierten nicht, hinzu muß notwendig die Festlegung eines Konvergenzgebietes kommen, sofern es sich nicht um Folgen endlicher Länge handelt.

Andererseits ist die Wahl des Konvergenzgebietes bei praktischen Anwendungen fast immer so vorzunehmen, daß der Einheitskreis zum Konvergenzgebiet zählt, weil die Existenz der Fourier-Transformierten meist vorausgesetzt werden muß.

1.4.4 Theoreme

Im folgenden werden noch die wichtigsten Theoreme für z-Transformierte angegeben. Sie können mit Hilfe der Definitionsgleichung (1.80) oder der Rücktransformationsgleichung (1.104) leicht abgeleitet werden.

Multiplikation einer Folge mit a^n

$$Z\{a^n x(n)\} = X(z/a) \tag{1.105}$$

Verschiebungssatz

$$Z\{x(n+M)\} = z^M X(z) \tag{1.106}$$

Differentiation

$$z\frac{dX(z)}{dz} = Z\{n\, x(n)\} \tag{1.107}$$

Konjugierte Folge, Spiegelung

$$Z\{x^*(n)\} = X^*(z^*) \tag{1.108}$$

$$Z\{x(-n)\} = X(1/z) \tag{1.109}$$

Faltung von Folgen

$$Z^{-1}\{X(z)\,Y(z)\} = \sum_{k=-\infty}^{\infty} x(k)\,y(n-k) \qquad (1.110)$$

Das Konvergenzgebiet von $X(z)Y(z)$ ist das Schnittgebiet der Konvergenzbereiche von $X(z)$ und $Y(z)$.

Autokorrelierte

$$Z^{-1}\{A(z)\} = Z^{-1}\{X^*(1/z^*)\,X(z)\} = \sum_{k=-\infty}^{\infty} x^*(k)\,x(n+k) \qquad (1.111)$$

Das Konvergenzgebiet von $A(z)$ ist das Schnittgebiet der Konvergenzbereiche von $X(z)$ und $X^*(1/z^*)$.

Multiplikation von Folgen

$$Z\{x(n)\,y(n)\} = \frac{1}{2\pi j} \int_C X(v)\,Y(z/v)\ dv/v \qquad (1.112)$$

Die Kontur C liegt im Konvergenzgebiet $R_{x-}R_{y-} < |z| < R_{x+}R_{y+}$.

Bei den Gleichungen (1.110), (1.111) und (1.112) können die tatsächlichen Konvergenzgebiete größer sein als angegeben, wenn sich Pol- und Nullstellen gegenseitig wegheben. Die Beweise der angegebenen Gleichungen findet man unter anderem auch in /1.9/. Diese Arbeit enhält außerdem eine ausführliche allgemeine Behandlung der z-Transformation.

1.4.5 Hilbert-Transformation

Wie schon erwähnt sind z-Transformierte innerhalb des Konvergenzgebietes analytische Funktionen, und hieraus folgt bei kausalen Folgen, daß Real- und Imaginärteil der Fourier-Transformierten zueinander in enger Verwandtschaft stehen : sie sind gegenseitige Hilbert-Transformierte.

44

Zur Herleitung des Zusammenhanges zwischen Real- und Imaginärteil der Fourier-Transformierten von vorausgesetzt kausalen Folgen geht man von der Zerlegung

$$X(e^{j\Omega}) = X_R(e^{j\Omega}) + jX_I(e^{j\Omega}) \qquad (1.113)$$

in Real- und Imaginärteil X_R und X_I der Transformierten X aus. Die dazu gehörenden Rücktransformierten seien mit x_R und x_I

$$x_R(n) = F^{-1}\{X_R(e^{j\Omega})\}$$
$$x_I(n) = F^{-1}\{X_I(e^{j\Omega})\} \qquad (1.114)$$

bezeichnet. Sie verfügen als Rücktransformierte reeller Transformierter über die Symmetrieeigenschaft

$$x_R(n) = x_R{}^*(-n)$$
$$x_I(n) = x_I{}^*(-n) \qquad (1.115)$$

und wegen des Superpositionsprinzips gilt

$$x(n) = F^{-1}\{X(e^{j\Omega})\} = x_R(n) + jx_I(n) \quad . \qquad (1.116)$$

Man bemerke, daß die Folgen $x_R(n)$ und $x_I(n)$ nicht reell sein müssen. Anders als Gl.(1.113) bedeutet also Gl.(1.116) nicht etwa eine Zerlegung nach Real-und Imaginärteil.

Aus Gl.(1.116) folgt unter Anwendung der Symmetrie Gl.(1.115)

$$x^*(-n) = x_R{}^*(-n) - jx_I(n) = x_R(n) - jx_I(n) \quad . \qquad (1.117)$$

Werden Gl.(1.116) und (1.117) addiert (bzw. subtrahiert), so folgt

$$x_R(n) = \frac{x(n) + x^*(n)}{2}$$
$$x_I(n) = \frac{x(n) - x^*(n)}{2j} \quad . \qquad (1.118)$$

Da nun x(n) nach Voraussetzung kausal ist, gilt

$$x(n) = \begin{cases} 2x_R(n) \ , & n>0 \\ 0 \ , & n<0 \end{cases}$$

$$\mathrm{Re}\{x(0)\} = x_R(0) \ , \quad n=0 \ . \tag{1.119}$$

Bis auf den Imaginärteil von x(0) ist die Folge x(n) also bereits durch $x_R(n)$ und damit durch den Realteil $X_R(e^{j\Omega})$ der Fourier-Transformierten alleine vollständig bestimmt.

Ebenso ist wegen der Folgerung

$$x(n) = \begin{cases} 2jx_I(n) \ , & n>0 \\ 0 \ , & n<0 \end{cases}$$

$$\mathrm{Im}\{x(0)\} = x_I(0) \ , \quad n=0 \tag{1.120}$$

aus Gl.(1.118) die Folge x(n) durch $x_I(n)$ und damit durch den Imaginärteil $X_I(e^{j\Omega})$ der Fourier-Transformierten bis auf $\mathrm{Re}\{x(0)\}$ vollständig bestimmt.

Für eine kausale Folge kann also bei Vorgabe des Real- oder Imaginärteiles der Fourier-Transformierten der jeweils andere Teil nicht frei gewählt werden, er muß im Gegenteil aus der Vorgabe berechnet werden.

Gl.(1.119) und Gl.(1.120) kann man auch als Vorschrift zur Berechnung der kausalen Folge x(n) bei gegebenem Real- oder Imaginärteil der Fourier-Transformierten ansehen. Man beachte aber, daß die Folgen $x_R(n)$ und $x_I(n)$ nach Gl.(1.115) nicht kausal sein können (es sei denn, sie bestehen aus einem Punkt). Im Falle von kausalen Folgen der Länge N besitzen $x_R(n)$ und $x_I(n)$ die Länge 2N-1 und nehmen das Intervall $|n| \leq N-1$ ein.

Auch der Zusammenhang zwischen Real- und Imaginärteil $X_R(e^{j\Omega})$ und $X_I(e^{j\Omega})$ der Fourier-Transformierten geht aus den abgeleiteten Gleichungen hervor. Nach Gl.(1.116) gilt wegen der Kausalität

$$x_R(n) = -j\, x_I(n) \ , \quad n<0 \tag{1.121}$$

und aus Gl.(1.119) und Gl.(1.120) folgt

$$x_R(n) = j\, x_I(n) \ , \quad n>0 \ . \tag{1.122}$$

Für n=0 ist ein Zusammenhang zwischen $x_R(0)$ und $x_I(0)$ nicht bekannt. Mit Hilfe der durch

$$\text{sign}(n) = \left\{ \begin{array}{ll} 1 \ , & n>0 \\ 0 \ , & n=0 \\ -1 \ , & n<0 \end{array} \right. \qquad (1.123)$$

definierten diskreten Signumfunktion kann man Gl.(1.121) und Gl.(1.122) in der Gleichung

$$x_R(n) = j \, \text{sign}(n) \, x_I(n) + x_R(0) \, \delta(n)$$

$$x_I(n) = -j \, \text{sign}(n) \, x_R(n) + x_I(0) \, \delta(n) \qquad (1.124)$$

zusammenfassen, worin $\delta(n)$ die diskrete Delta-Funktion darstellt. Werden beide Seiten transformiert und werden dabei die Folgen durch ihre Transformierten ausgedrückt, so folgt

$$X_R(e^{j\Omega}) = F\{ j \, \text{sign}(n) \, F^{-1}\{ X_I(e^{j\Omega}) \} \} + x_R(0)$$

$$X_I(e^{j\Omega}) = F\{ -j \, \text{sign}(n) \, F^{-1}\{ X_R(e^{j\Omega}) \} \} + x_I(0) \quad . \qquad (1.125)$$

Gl.(1.125) gibt die Berechnungsmethode des einen aus dem jeweils anderen Teil an. Die Berechnung ist bis auf eine additive reelle Konstante eindeutig. Die Konstante entspricht dem Real- oder Imaginärteil des Folgengliedes $x(0)$.
Die Operationskette auf der rechten Seite in Gl.(1.125)

$$H\{ X(e^{j\Omega}) \} = F\{ j \, \text{sign}(n) \, F^{-1}\{ X(e^{j\Omega}) \} \} \qquad (1.126)$$

wird Hilbert-Transformation genannt. Für kausale Folgen ist also die Fourier-Transformierte durch ihren Real- oder Imaginärteil und eine additive Konstante bereits vollständig bestimmt. Ursächlich dafür ist die Voraussetzung der Kausalität.
   Unter gewissen Voraussetzungen kann ein ähnlicher Zusammenhang auch für Betrag und Phase von Spektren angegeben werden. Mit Hilfe der Abbildung

$$Y(z) = \ln X(z) \qquad (1.127)$$

folgt die Zerlegung

$$Y(e^{j\Omega}) = Y_R(e^{j\Omega}) + j \, Y_I(e^{j\Omega}) = \ln |X(e^{j\Omega})| + j \, \phi(e^{j\Omega}) \qquad (1.128)$$

47

eines Spektrums in Real- und Imaginärteil Y_R und Y_I, wobei der logarithmierte Betrag mit Y_R und die Phase mit Y_I bezeichnet worden ist.

Nun sind Real- und Imaginärteil von $Y(e^{j\Omega})$ dann gegenseitige Hilbert-Transformierte, wenn die zugehörige Rücktransformierte eine kausale Folge ist. Das ist gerade dann der Fall, wenn alle Polstellen von $Y(z)$ innerhalb des Einheitskreises liegen, wenn also $Y(z)$ für $|z| \geq 1$ konvergiert.

$Y(z)$ hat aber nun Pole in den Polstellen und in den Nullstellen von $X(z)$. Es genügt also nicht, kausales $x(n)$ mit Polstellen von $X(z)$ innerhalb des Einheitskreises zu verlangen, zusätzlich müssen auch alle Nullstellen von $X(z)$ innerhalb des Einheitskreises liegen. Nur unter dieser Voraussetzung sind Y_R und Y_I gegenseitige Hilberttransformierte :

$$\lg |X_{MP}(e^{j\Omega})| = H\{ \phi_{MP}(e^{j\Omega})\} + R \qquad (1.129)$$

$$\phi_{MP}(e^{j\Omega}) = H\{ \lg |X_{MP}(e^{j\Omega})| \} + \phi_0 \quad . \qquad (1.130)$$

Durch die genannten Voraussetzungen "alle Pole und alle Nullstellen von $X(z)$ innerhalb des Einheitskreises" wird eine bestimmte Auswahl aus allen Realisationen $x(n)$ mit ein und dem selben Leistungsspektrum $|X(e^{j\Omega})|^2$ getroffen, denn natürlich kann man Pole und Nullstellen am Einheitskreis spiegeln, ohne damit Veränderungen im Leistungsspektrum zu bewirken. Diese spezielle kausale Realisation $x_{MP}(n)$, bei der auch alle Nullstellen der z-Transformierten $X_{MP}(z)$ innerhalb des Einheitskreises liegen, wird "Minimalphasige Realisation" genannt. Sie ist diejenige Realisation $x(n)$ eines Leistungsspektrums $|X(e^{j\Omega})|^2$ mit der "größten Energiekonzentration am Anfang". Faßt man die Folgen wieder als Impulsantwort eines Systems auf, so beschreibt $x_{MP}(n)$ das System mit der kleinsten Phasenverzögerung gegenüber der Impulsanregung von allen Systemen mit dem gleichen Frequenzgang $|X(e^{j\Omega})|^2$. Den Beweis dieser Behauptung erhält man, indem die Folgen

$$x(n) = Z^{-1}\{Q(z) (1 - z_0/z)\}$$

$$y(n) = Z^{-1}\{Q(z) (1 - z z_0^*)\} \qquad (1.131)$$

betrachtet werden. Wie man sieht enthält $X(z)$ die Nullstelle z_0, $Y(z)$ die dazu gespiegelte Nullstelle $1/z_0^*$, die Leistungsspektren von $x(n)$ und $y(n)$ sind gleich.

Bildet man nun die Differenz der bis zum m-ten Folgenglied aufgelaufenen Energien $E_x(m)$ und $E_y(m)$

$$E_x(m) = \sum_{n=0}^{m} |x(n)|^2$$

$$E_y(m) = \sum_{n=0}^{m} |y(n)|^2 \quad , \qquad (1.132)$$

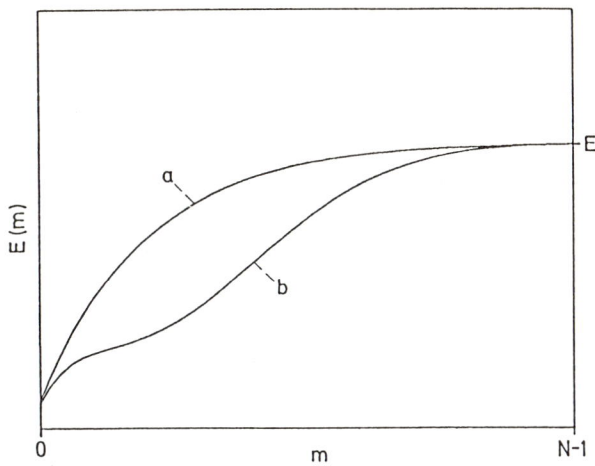

Bild 1.18   Beträge der Folgen (N=50) mit gleichem Leistungsspektrum
             a : alle Nullstellen innerhalb des Einheitskreises
             b : erste Nullstelle k=1 nach außen gespiegelt

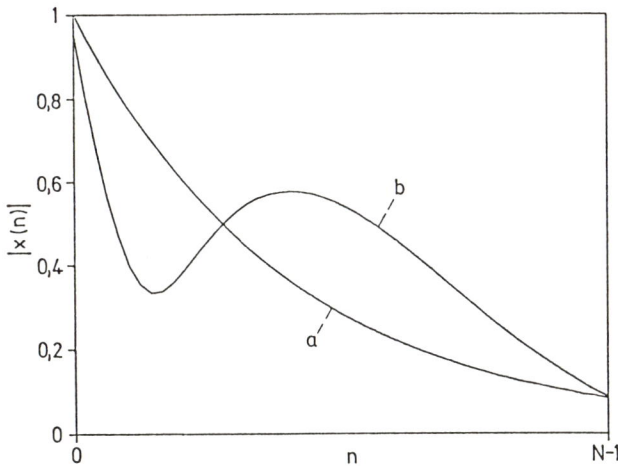

Bild 1.19   Bis zum m-ten Glied aufgelaufene Folgenenergie E(m)
             a : alle Nullstellen innerhalb des Einheitskreises
             b : erste Nullstelle k=1 nach außen gespiegelt

so folgt

$$E_x(m) - E_y(m) = \left(1 - |z_0|^2\right) |q(m)|^2 \quad , \tag{1.133}$$

worin $q(m) = Z^{-1}\{Q(z)\}$ ist. Liegt z_0 - die Nullstelle von $X(z)$ - mit $|z_0|<1$ innerhalb des Einheitskreises, so ist $E_x(m) \geq E_y(m)$ für jedes m. Die bis zum m-ten Folgenglied aufgelaufene Folgenenergie ist also für jedes m bei derjenigen Folge größer, deren z-Transformierte die betreffende Nullstelle innerhalb des Einheitskreises besitzt.

Diese Tatsache bedeutet auch, daß zur minimalphasigen Realisation eines Leistungsspektrums ein Energieverlauf $E_{MP}(m)$ gehört, der ganz oberhalb eines jeden Energieverlaufes $E(m)$ aller anderen Realisationen $x(n)$ des gleichen Leistungsspektrums $|X(e^{j\Omega})|^2$ liegt.

Als Beispiel für die genannten Zusammenhänge zwischen der Lage der Nullstellen in der z-Transformierten und der Energieverteilung auf die Folgenglieder ist für die Bilder 1.18 und 1.19 von der Folge

$$x(n) = a^n \qquad \text{für } 0 \leq n \leq N\text{-}1$$

$$= 0 \qquad \text{für } n < 0 \text{ und } n \geq N \tag{1.134}$$

(a<1) ausgegangen worden. Auf diese minimalphasige Folge, deren z-Transformierte die Nullstellen

$$z_k = a \; e^{j2\pi k/N} \qquad , \; k = 1, 2, \dots , \text{N-1} \tag{1.135}$$

besitzt, ist in den Kurven a) der Bilder Bezug genommen. Spiegelt man die Nullstelle $z_1 = a \; e^{j2\pi/N}$ aus dem Einheitskreis hinaus, so resultieren die Verläufe b) in den Bildern 1.18 und 1.19 bei unverändertem Leistungsspektrum $|X(e^{j\Omega})|^2$.

2 Erzeugung konstanter Leistungsspektren

Der Gegenstand des vorliegenden Kapitels besteht darin, Folgen x(n) so zu finden, daß der Verlauf des zugehörigen Leistungsspektrums möglichst konstant ist. Für praktische Anwendungen interessieren dabei entweder Folgen x(n) endlicher Länge N mit gleichmäßigem kontinuierlichem Spektrum $|X(e^{j\Omega})|^2$, oder periodische Folgen $x_P(n)$ mit konstantem diskretem Spektrum $|X_P(k)|^2$.

Endlich lange Folgen x(n) mit glattem Leistungsspektrum, die in den folgenden Abschnitten zuerst betrachtet werden, sind als Steuerfolge einer Kette von gleichabständigen Punktsendern von Interesse. Solche Sendezeilen besitzen in der Radar- und Sonar-Technik zum Zwecke ungerichteter Bestrahlung eine Bedeutung. In der technischen Akustik dienen mit einer Verstärkungsfolge gesteuerte Lautsprecherzeilen zur gleichmäßigen Beschallung, man spricht manchmal auch von "akustischem Ausleuchten". Ein Anwendungsbeispiel dafür wird im Anschluß an die Behandlung der endlich langen Folgen selbst gegeben.

Periodische Folgen mit konstantem Betragsspektrum interessieren unter anderem, wenn - im Vergleich zur Wellenlänge - sehr große Flächen mit einer regelmäßig wiederholten Struktur belegt werden sollen. In der Akustik beispielsweise ist es wünschenswert, die reflektierenden Eigenschaften von Wänden großer Räume so zu gestalten, daß eine gleichmäßige Verteilung des zurückgeworfenen Schalles auf die Reflexionsrichtungen auch dann erfolgt, wenn die auftreffende Welle nur einer Richtung entstammt. Eine solche diffuse Reflexion läßt sich durch eine bestimmte Oberflächengestalt der Wand erreichen, im Anschluß an einige Betrachtungen über periodische Folgen mit glattem Spektrum $|X_P(k)|^2$ wird darüber berichtet.

Darüber hinaus sind insbesondere periodisch wiederholte zeitliche Folgen mit konstantem Leistungsspektrum für Test- und Meßzwecke nützlich, denn sehr oft ist man an einem breitbandigen, "weißen" Testsignal interessiert. Wegen des dem Rauschen ähnlichen Spektrums, und weil die Folgen anders als Rauschvorgänge exakt reproduzierbar und periodisch sind, nennt man sie auch "pseudo-noise-sequences".

Nun besteht der Grund für das Interesse an der Ermittlung von Folgen mit gleichmäßigen Spektrum darin, daß die insgesamt enthaltene Energie auf die Elemente x(n) möglichst gleichmäßig verteilt werden soll. Andernfalls könnte man direkt mit der Folge x(n) = $\sqrt{E}\delta$(n) arbeiten. Die Verteilung der zu übertragenden Energie auf mehrere Ensemble-Mitglieder spielt immer dann eine Rolle, wenn ein - oder mehrere parallele - Übertrager mit begrenzter Leistungsabgabe eine möglichst große Energie hoher Bandbreite übermitteln soll. Bei gleichen Anforderungen an die Linearität kann man mit mehreren Quellen eine höhere Leistung erzeugen als mit einer einzelnen, und auch die Anforderungen an einen Übertrager sind geringer, wenn nicht die ganze Energie in einem - beliebig kurzen - Zeitintervall gespeichert sein muß.

Man hat also für die gesuchten Folgen neben der Forderung "möglichst konstantes Leistungsspektrum" die zweite gleichrangige Forderung "möglichst gleichmäßige Energieverteilung in der Folge" zu erfüllen.

2.1 Folgen endlicher Länge

Es ist nicht möglich, mit einer Folge endlicher Länge N (N≠1) ein völlig konstantes Leistungsspektrum $|X(e^{j\Omega})|^2$ zu erzielen. Da die z-Transformierte der Folge nur durch N-1 Nullstellen beschrieben wird, kann auf dem Einheitskreis kein wirklich konstanter Betrag eingestellt werden.

Für die Ermittlung von Folgen mit glattem Leistungsspektrum und gleichmäßiger Energieverteilung auf die Folgenglieder gibt es demnach zwei prinzipielle Lösungsstrategien :

1. Man geht von einer gleichmäßigen Energieverteilung aus, betrachtet also nur Folgen mit $|x(n)| = 1$, und ermittelt aus ihrer Menge die "besten" Folgen im Sinne glattesten Spektrums $|X(e^{j\Omega})|^2$.

2. Man geht vom gleichmäßigst-möglichen Spektrum aus und ermittelt die "besten" Folgen im Sinne gleichmäßigster Energieverteilung auf die Mitglieder x(n).

Die beiden prinzipiellen Wege sind - mit mehr oder minder großem Erfolg - beschritten worden, das heißt, sie führen nicht grundsätzlich zu sehr ähnlichen Folgen. Je nach Anwendungsfall wird der eine oder andere Weg zu bevorzugen sein. So kann man beispielsweise an rein binären Folgen $x(n) = \pm 1$ aus Gründen der Einfachheit interessiert sein.

Da nun ein völlig konstantes Leistungsspektrum nicht erreicht werden kann, muß ein Beurteilungskriterium für die spektrale Güte der Zahlenfolgen zur Vergleichbarkeit untereinander definiert werden. Dafür wird die mittlere quadratische Abweichung vom - nicht erreichbaren - Idealfall mit konstantem Spektrum $|X(e^{j\Omega})|^2 = E$

$$\frac{1}{F} = \frac{1}{2\pi} \int_0^{2\pi} \left\{ \frac{|X(e^{j\Omega})|^2}{E} - 1 \right\}^2 d\Omega \tag{2.1}$$

benutzt, worin E die Folgenenergie

$$E = \frac{1}{2\pi} \int_0^{2\pi} |X(e^{j\Omega})|^2 d\Omega = \sum_{n=0}^{N-1} |x(n)|^2 \tag{2.2}$$

bedeutet. Die meist als Merit-Faktor bezeichnete Größe F ist ein Maß für die "Konstantheit" von $|X(e^{j\Omega})|^2$, je größer F, desto höher ist die spektrale Güte.

Nun ist die Autokorrelierte eines Signales mit konstantem Spektrum $|X(e^{j\Omega})|^2$ eine Delta-Funktion, und die Autokorrelierte von Folgen mit etwa konstanter spektraler Leistung ist Impuls-ähnlich. Die spektrale Güte F muß also auch aus den Werten der Autokorrelierten a(k) durch deren Abweichungen von einer Delta-Funktion bestimmbar sein. Gl.(2.1) ist nun mit

$$\frac{1}{F} = \frac{1}{2\pi\,E^2} \int_0^{2\pi} |X(e^{j\Omega})|^4 \, d\Omega \quad - \quad 1 \tag{2.3}$$

gleichbedeutend. Da nun $|X(e^{j\Omega})|^2$ die Fourier-Transformierte der Autokorrelations-folge a(n) ist, bedeutet das Integral die zur Autokorrelierten a(n) gehörende Energie

$$\frac{1}{2\pi} \int_0^{2\pi} |X(e^{j\Omega})|^4 \, d\Omega \;=\; \sum_{n=-(N-1)}^{N-1} |a(n)|^2 \quad . \tag{2.4}$$

Damit ist, wegen a(0)=E und $|a(n)| = |a(-n)|$

$$\frac{1}{F} \;=\; \frac{2}{E^2} \sum_{n=1}^{N-1} |a(n)|^2 \quad . \tag{2.5}$$

Demnach ist die mittlere quadratische Abweichung vom ideal konstanten Spektrum gleich dem Verhältnis aus Nebenwert-Energie der Autokorrelationsfolge zu deren Hauptwert-Energie. Die Forderung "möglichst konstantes Leistungsspektrum" ist natürlich mit der Forderung "geringster Nebenkeulen-Energie der Autokorrelierten" (sidelobe energy) identisch.

Eine einfache Abschätzung über die Aussagekraft und praktische Bedeutung des Merit-Faktors F kann man an Hand von zwei exemplarischen Beispielen erhalten :

Fall a

Hier wird ein um den Mittelwert gleichmäßig schwankender Verlauf des Leistungs-spektrums wie in Bild 2.1 dargestellt angenommen. Da $|X(e^{j\Omega})|^2$ die Fourier-Transformierte der Autokorrelierten a(n)

$$|X(e^{j\Omega})|^2 \;=\; \sum_{n=-(N-1)}^{N-1} a(n)\, e^{-jn\Omega} \tag{2.6}$$

53

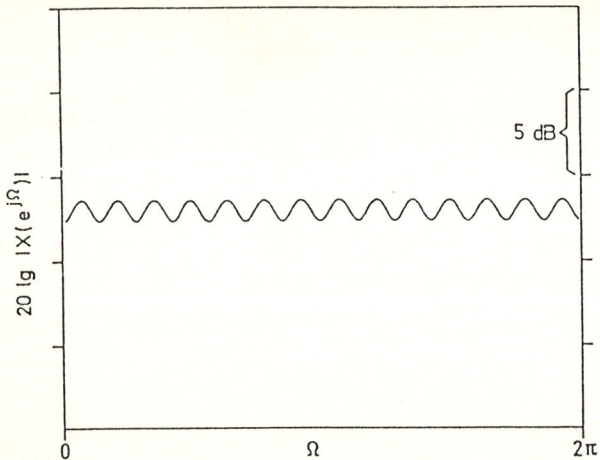

Bild 2.1   Gleichmäßig schwankendes Leistungsspektrum

ist, wird in diesem Fall ein Element $a(n_0)$ die anderen Nebenkeulen-Elemente weit überwiegen. Es gilt also

$$|X(e^{j\Omega})|^2_{MAX} \approx E + 2|a(n_0)| \tag{2.7}$$

$$|X(e^{j\Omega})|^2_{MIN} \approx E - 2|a(n_0)| . \tag{2.8}$$

Der Index MAX bezeichnet hier den Maximalwert des Leistungsspektrums, der Index MIN den Minimalwert. Da nach Gl.(2.5)

$$\frac{1}{F} = \frac{2|a(n_0)|^2}{E^2} \tag{2.9}$$

gilt, ist

$$D = \frac{|X(e^{j\Omega})|^2_{MAX}}{|X(e^{j\Omega})|^2_{MIN}} \approx \frac{\sqrt{F} + \sqrt{2}}{\sqrt{F} - \sqrt{2}} . \tag{2.10}$$

In diesem Fall ist F ein Maß für die Welligkeit des Leistungsspektrums. Beispielsweise entspricht F=10 Pegelschwankungen von $10 \lg D = 4{,}2$ dB im Spektrum.

54

Fall b

Hier wird ein mit Einbrüchen versehener und ansonsten etwa konstanter Verlauf des Spektrums wie in Bild 2.2 angenommen. Näherungsweise kann man sich $|X(e^{j\Omega})|^2$ durch den rechteckförmigen Verlauf $|X_T(e^{j\Omega})|^2$ ersetzt denken, wobei die Bedingung

$$\frac{1}{2\pi} \int_0^{2\pi} |X_T(e^{j\Omega})|^2 \, d\Omega = \frac{1}{2\pi} \int_0^{2\pi} |X(e^{j\Omega})|^2 \, d\Omega = E \qquad (2.12)$$

erfüllt sein soll. Demnach ist auch

$$\frac{1}{2\pi} \int_0^{2\pi} |X_T(e^{j\Omega})|^4 \, d\Omega \approx \frac{1}{2\pi} \int_0^{2\pi} |X(e^{j\Omega})|^4 \, d\Omega = E^2 + 2 \sum_{n=1}^{N-1} |a(n)|^2 \quad . \qquad (2.13)$$

Aus Bedingung (2.12) folgt für die Amplitude X_{T0}^2 von $|X_T(e^{j\Omega})|^2$

$$X_{T0}^2 = \frac{E}{1 - \Delta\Omega/2\pi} \quad , \qquad (2.14)$$

worin $\Delta\Omega$ die Summe der Intervalle darstellt, in denen $|X_T(e^{j\Omega})|^2$ verschwindet. Nach Gl. (2.13) gilt also

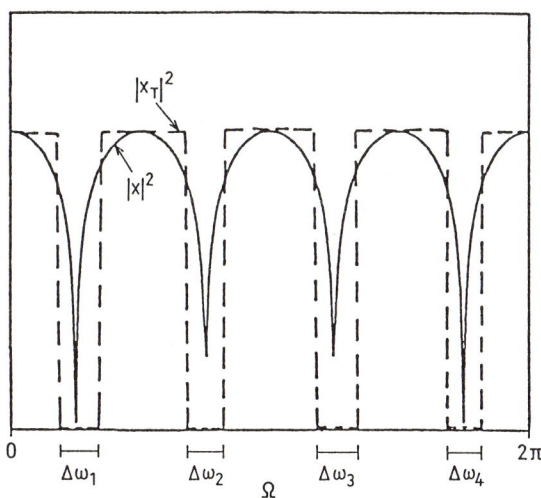

Bild 2.2   Leistungsspektrum mit Einbrüchen

$$X_{T0}^4 \, (1 - \Delta\Omega/2\pi) = \frac{E^2}{1 - \Delta\Omega/2\pi} \approx E^2 + 2\sum_{n=1}^{N-1} |a(n)|^2 \,, \qquad (2.15)$$

oder

$$\frac{\Delta\Omega}{2\pi} \approx \frac{1}{F+1} \,. \qquad (2.16)$$

In diesem Fall stellt F ein Maß für die Bandbreite des Leistungsspektrums dar, in dem die Leistungsanteile gegenüber denen anderer Frequenzen stark benachteiligt sind. Übertragen auf akustische Richtwirkungen gibt $\Delta\Omega/2\pi$ (und damit F) an, in welchem Richtungsanteil kein Schall ausgesendet wird. Für F = 10 erhält man $\Delta\Omega/2\pi = 0{,}09$, in 9% des Bandes ist eine Energielücke vorhanden.

Für Folgen mit vorausgesetzt konstanter Energieverteilung |x(n)| = 1 genügt die Angabe des Merit-Faktors F zur Charakterisierung ihrer Güte. Schlägt man hingegen die Lösungsstrategie ein, bei der vom gleichmäßigst-möglichen Spektrum ausgegangen wird, so erhält man Folgen, bei denen die Energieverteilung auf die Glieder nur ungefähr konstant ist. In diesem Fall tritt ein zweites Beurteilungskriterium, die Energieverteilungsgüte, hinzu. Weil im folgenden zunächst nur Folgen |x(n)| = 1 betrachtet werden, wird hierauf erst später bei den impulsäquivalenten Folgen eingegangen.

2.1.1   Vorzeichenfolgen

Für Anwendungen interessieren oft Folgen mit vorausgesetzt konstanter Energieverteilung, deren Elemente nur zwei Werte x(n) = ±1 annehmen können. Wenn x(n) beispielsweise als eine Amplitudenfolge sinusförmiger elektrischer Spannungen zum Betrieb mehrerer Sender verwendet wird, so bedeutet x(n) = -1 den zu x(n) = 1 verpolten Betrieb des betreffenden Sendeelementes. Solche Verpolungsmuster sind besonders einfach zu realisieren, es ist viel aufwendiger, definierte Phasendifferenzen zwischen zeitlichen Spannungsverläufen herzustellen, selbst wenn diese für alle Frequenzen gleich sind.

Die folgenden Betrachtungen beziehen sich deshalb fast ausschließlich auf Vorzeichen-Folgen, oft auch als Verpolungsmuster oder Vorzeichen-Codes bezeichnet, die so bestimmt werden sollen, daß ihr Merit-Faktor F so groß wie möglich ist.

Es ist ein schwieriges und für größere Längen N fast unlösbares Problem, binäre Folgen x(n) = ±1 mit optimaler Eigenschaft F zu bestimmen. Die in diesem Sinne beste denkbare Folge besitzt eine Autokorrelierte a(k), die dem Betrage nach nur die Werte a(k)=0 und |a(k)|=1 annimmt. In der Tat kann man mit Hilfe der für x = ±1 geltenden Identität

$$x = (-1)^{\frac{1-x}{2}} \qquad (2.17)$$

56

leicht zeigen, daß

$$\prod_{n=0}^{N-k-1} x(n)\, x(n+k) \;=\; (-1)^{(N-k-a(k))/2} \tag{2.18}$$

gilt. Es müssen also N und a(k)+k mit gleichem Rest durch 2 teilbar sein :

$$N_{\bmod 2} \;=\; \{a(k) + k\}_{\bmod 2} \;. \tag{2.19}$$

Bestenfalls kann also jeder zweite Werte von a(k) gleich Null, und jeder verbleibende Wert vom Betrage 1 sein.

Folgen, die die Eigenschaft $|a(k)| \le 1$ besitzen, werden nach ihrem Entdecker Barker-Codes /2.1/ genannt. Nur für einige wenige, kurze Längen $N = 2, 3, 4, 5, 7, 11$ und 13 sind Barker-Codes bekannt (sie sind in der Tabelle 2.1. enthalten). Es ist nachgewiesen worden, daß es - mit Ausnahme der genannten Längen - Barker-Codes für N<6084 nicht gibt. So gelang Turyn und Storer in /2.2/ der Beweis , daß Barker-Codes für N>13 und ungeradzahlige Längen $N = 2m+1$ nicht existieren. Für geradzahlige Längen $N = 2m$ kann man leicht zeigen, daß Barker-Codes nur für Längen $N = (2n)^2$ vorkommen könnten, die gerade Quadratzahlen sind (Luenberger /4.3/). Nach Angaben von Turyn /4.4/ sind alle verbleibenden Möglichkeiten im Intervall 13<N<6084 betrachtet und ausgeschlossen worden : für 13<N<6084 existieren keine Barker-Codes.

Barker-Codes mit den genannten Längen sind die einzigen binären Folgen mit bekanntermaßen maximaler Güte F, die mit Hilfe einer Konstruktionsvorschrift berechenbar sind. Für alle anderen Längen N bleibt nur die Methode des Durchprobierens aller Kombinationsmöglichkeiten zum Auffinden einer Kette mit maximalem F übrig. Dabei kann man sich zwar noch zunutze machen, daß die Folgen

$$y(n) = (-1)^n\, x(n) \tag{2.20}$$

und

$$y(n) = -\,x(n) \tag{2.21}$$

den gleichen Merit-Faktor wie x(n) besitzen, denn auf Grund dieser Tatsache kann man die ersten beiden Elemente der Folge - etwa zu x(0)=x(1)=1 - fest vorgeben und so die Anzahl der zu untersuchenden Möglichkeiten auf 2^{N-2} reduzieren.

Folgen mit maximalem Merit-Faktor F sind in der Tabelle 2.1. aufgelistet. Sie sind mit der Methode des Durchprobierens gefunden worden. Angegeben ist jeweils nur eine Vorzeichenkette, es können durchaus - auch abgesehen von den Transformationen (2.20) und (2.21) und Umkehrungen der Reihenfolge - mehrere Codes mit gleicher Güte F existieren.

Lindner hat in /2.5/ die Vermutung geäußert, daß ein Code dann auch maximales F besitzt, wenn die größte Seitenkeule in der Autokorrelierten ein Minimum ist. Dies trifft nicht in allen Fällen zu. So erreicht man beispielsweise für N=15 ein maximales

Tabelle 2.1. Binäre Folgen mit maximalem Merit-Faktor F

N	Merit-Faktor F	Binäre Folge
5	6,25	+++-+
6	2,57	++++- +
7	8,17	+++-- +-
8	4,0	++++- -+-
9	3,38	++++- -+-+
10	3,85	+++++ --+-+
11	12,1	+++-- -+--+ -
12	7,2	+++++ --++- +-
13	14,08	+++++ --++- +-+
14	5,16	+++++ +--++ -+-+
15	7,5	+++++ --++- -+-+-
16	5,33	+++++ +---+ +--+- +
17	4,52	++++- -++-+ +-+-+ --
18	6,48	++--+ +---- -+-++ -+-
19	5,47	+++-- ---+- --+-+ --+-

F = 7,5, wobei die größte Seitenkeule der Autokorrelierten a(4)=3 ist. Es gibt durchaus Folgen mit |a(k)|≤2, ihr höchster F-Wert beträgt jedoch nur F = 4,9. Auch für die Folgenlängen N=16 und N=19 sind die Codes mit maximalem F nicht zugleich auch Folgen mit der kleinsten maximalen Seitenkeulenhöhe in ihrer Autokorrelierten.

Im Hinblick auf die überaus große Anzahl von Kombinationsmöglichkeiten ist die Methode des Durchprobierens für nur etwas größere Folgenlängen schon praktisch undurchführbar. Für N=52 beispielsweise sind etwa 10^{15} Kombinationen zu überprüfen. Selbst wenn 10^6 Autokorrelierte pro Sekunde bewältigt werden können, würde die Überprüfung aller Möglichkeiten 36 Jahre in Anspruch nehmen. Man bedenke, daß der Übergang zu einer Folge mit nur einer Stelle mehr die Rechenzeit verdoppelt.

Es ist also mit großen Schwierigkeiten verknüpft, Vorzeichen-Ketten mit maximaler spektraler Güte F zu ermitteln. Zudem lehren die Ergebnisse optimaler Folgen, daß Merit-Faktoren 3≤F≤10 mit wenigen Ausnahmen überhaupt erreichbar sind. Hierzu gehören die Pegelschwankungen 10 lg D im Leistungsspektrum, die in der Tabelle 2.2. angegeben sind.

Bei einer Verbesserung um 3 von F=3 auf F=6 wird eine Verminderung der Pegelschwankungen von 4,3 dB , von F=6 auf F=9 dagegen nur noch um 1,2 dB erzielt. Während im ersten Fall sicherlich noch eine signifikante Veränderung erreicht wird, ist es im zweiten Fall fraglich, ob bei den hier in Frage kommenden Anwendungen eine Verbesserung meßtechnisch überhaupt noch nachgewiesen werden kann.

Tabelle 2.2. Pegeldifferenz im Leistungsspektrum

Merit-Faktor F	3	4	5	6	7	8	9
10 lg D	10	7,7	6,5	5,7	5,2	4,8	4,5

Die Verwendung von Codes, bei denen nicht geklärt ist, ob sie über den maximal möglichen Merit-Faktor verfügen, bleibt stets etwas unbefriedigend. Gleichwohl kann man sich bei den meisten Anwendungen mit Codes von $F \approx 6$ durchaus zufrieden geben.

Aus diesen Gründen ist versucht worden, Konstruktionstechniken zu finden, mit denen im allgemeinen zwar keine optimalen Codes gefunden werden, aus denen aber doch relativ große Werte von F resultieren. Diese Konstruktionstechniken haben den Vorteil wesentlich verkürzter Rechenzeiten.

So hat Schroeder in /4.6/ eine sehr einfache und zugleich recht wirkungsvolle Methode zur Ermittlung von Vorzeichenketten mit großem F vorgeschlagen. Die Schroedersche Konstruktionsvorschrift lautet :

$$x(n) = 1 - 2\left\{\frac{n^2}{2N}\right\}_{\mathrm{mod}\,2} \quad , \quad 1 \leq n \leq N \quad . \tag{2.22}$$

Dabei bedeutet { } abrunden des Argumentes auf die größte ganze Zahl, die nicht größer als das Argument ist :

$$\{x\} = m, \quad m \in Z, \quad m \leq x, \quad m = \text{maximal} \quad . \tag{2.23}$$

Die so ermittelte ganze Zahl m ist noch modulo 2 zu nehmen, so daß auf diese Weie nur Zahlen $x(n) = \pm 1$ erzeugt werden.

Die Grundüberlegungen, die Schroeder zu diesem Vorschlag geführt haben, beruhen auf der Tatsache, daß ein Frequenz- (oder Phasen-) moduliertes Signal der Form

$$f(t) = \begin{cases} \sin(\omega_0 t^2/2T_0 + \Phi_0) & , 0 < t \leq T \\ 0 & , t \leq 0, \ t > T \end{cases} \tag{2.24}$$

innerhalb des Bandes $|\omega| < \omega_0 T/T_0$ ein etwa konstantes Leistungsspektrum besitzt. Wenn f(t) unter Beachtung des Abtasttheorems $\omega_0 T/T_0 = \omega_{\mathrm{tast}}/2$ diskretisiert wird, so folgt zunächst die mehrwertige Abtastfolge

$$f(n\Delta t) = \sin(\pi\frac{n^2}{2N} + \Phi_0) \quad , n = 1,2,...,N \quad . \tag{2.25}$$

Wird weiter f(n Δt) mit Hilfe der Beschneidung

$$x(n) = \text{sign}\{f(n\Delta t)\} = \text{sign}\{\sin(\pi\frac{n^2}{2N} + \Phi_0)\} \tag{2.26}$$

noch in die zweiwertige Folge x(n) umgewandelt, so erhält man wegen

$$\text{sign}\{\sin(\pi\frac{n^2}{2N} + \Phi_0)\} = \quad 1 \qquad , \quad \{\frac{n^2}{2N}\}_{\text{mod } 2} = 0$$

$$= \quad 0 \qquad , \quad \{\frac{n^2}{2N}\}_{\text{mod } 2} = 1 \tag{2.27}$$

die Schroedersche Konstruktionsvorschrift Gl.(2.22). Dabei ist ϕ_0 ein kleiner Korrekturterm, der dazu dient, verschwindende Folgenglieder x(n)=0 auszuschließen.

Die so konstruierte Vorzeichenfolge x(n) mit allmählich anwachsender Vorzeichen-Wechsel-Frequenz ist also durch ein Frequenz-moduliertes Signal erzeugt, dessen Momentanfrequenz linear bis zur halben Abtastfrequenz gesteigert wird, und von dem nur das Vorzeichen als Information genommen wird. Vom Frequenz-modulierten Signal ist die gewünschte Eigenschaft etwa konstanten Leistungs-spektrums bekannt. In der Hoffnung, daß sich die Beschneidung der Beträge als nicht zu gravierende Veränderung des Leistungsspektrums erweisen möge, wird man auch für die zweiwertige Folge x(n) ein annähernd konstantes Leistungsspektrum erwarten. Diese Annahme ist auch deswegen berechtigt, weil die in der Tabelle 2.1. aufgeführten Folgen tatsächlich ebenfalls die Eigenschaft sich immer schneller vollziehenden Vorzeichenwechsels entlang n besitzen.

Das Schroeder-Verfahren führt auf recht gute Codes im Sinne großen Merit-Faktors F. Die entsprechenden Werte sind in der Tabelle 2.3. mit aufgelistet.

Einen zum Schroeder-Verfahren sehr ähnlichen Vorschlag hat Golay in /4.5/ gemacht. Die Rechenvorschrift zur Ermittlung von Golay-Codes $x_G(n)$ lautet

$$x_G(n) = \text{sign}\{\sin(\pi z)\}$$

$$z \quad = (N - \sqrt{N^2-1})\,(n - 0,5)^2 \tag{2.28}$$

$$1 \le n \le N \quad .$$

Da die Wurzel aus einer Quadratzahl minus 1, $\sqrt{N^2-1}$, irrational ist, kann z nicht ganzzahlig sein.

Die Ähnlichkeit zu den Schroeder-Codes ist augenfällig, und man kann annehmen, daß Golay auf Grund ähnlicher Überlegungen zu seinem Vorschlag gekommen ist. Wie man zeigen kann (siehe /4.8/), sind die Bestimmungsvorschriften für Schroeder-Codes (2.22) und für Golay-Codes (2.28) bis auf einen Linear-Term identisch :

$$x_G(n) = 1 - 2 \left\{ \frac{n(n-1)}{2N} \right\}_{\mod 2} \quad . \tag{2.29}$$

Für ungerade Längen N sind die zu den Golay-Codes gehörenden Merit-Faktoren in der Tabelle 2.3. mit enthalten.

Wie gesagt werden Golay-Codes und Schroeder-Codes bis auf einen Term n gleich erzeugt. In Wirklichkeit ist die Ähnlichkeit weitergehend, denn Schroeder hat in seiner Herleitung den Linear-Term vernachlässigt. Wie man nun der Tabelle 2.3. entnehmen kann, sind Golay-Codes den Schroeder-Codes häufig überlegen. Die Vernachlässigung des linearen Anteils n führt also häufig zu schlechteren Folgen. Weiter hat schon Schroeder in seiner Arbeit /2.6/ festgestellt, daß es zu verbesserten Folgen führen kann, wenn eine additive Konstante mit berücksichtigt wird. Es ist deshalb naheliegend, allgemeiner Berechnungsvorschriften der Form

$$x(n) = 1 - 2 \left\{ \frac{n^2 + an + \varphi}{2N} \right\}_{\mod 2} \tag{2.30}$$

auf die Erzeugung guter Codes hin zu untersuchen. Weil gebrochene Anteile $\Delta\varphi$ von

$$\varphi = \varphi_G + \Delta\varphi \quad , \quad 0 \le \Delta\varphi < 1, \quad \varphi_G \, \varepsilon \, Z \tag{2.31}$$

die Folge nicht verändern genügt es, φ als ganze Zahl mit dem Variationsbereich

$$0 \le \varphi \le 2N-1 \tag{2.32}$$

anzusehen.

Der Parameter a wird innerhalb enger Grenzen verändert. Wird a zu groß, so steigt der Verlauf $(y^2+ay+\varphi)/2N$ für einen guten Code zu schnell an, die Länge des ersten, aus gleichen Vorzeichen bestehenden Teiles der Folge wird zu klein; wird |a| mit a<0 zu groß, so wird dieser Anfangsteil zu lang. Auch weil der numerische Aufwand nicht zu groß werden soll, spricht also manches dafür, für a nur die Werte a=0, a=1 und a=-1 wie im folgenden zuzulassen. Im ungünstigsten Fall trifft ein Suchprogramm, dessen Resultate nun vorgestellt werden sollen, eine Auswahl unter dem Golay-Code und dem Schroeder-Code.

Der Aufwand des Programms ist vergleichsweise gering, es werden für jede Länge N insgesammt 6N Autokorrelierte berechnet. Wenn man sich der Methode der Schnellen Fourier-Transformation (FFT) bedient, so wird es auch bei größeren Längen zu keinen unbewältigbar ausgedehnten Rechenzeiten kommen.

In der Tabelle 2.3. sind die Ergebnisse des Suchprogrammes - mit F(φ) bezeichnet - aufgetragen. Der zugehörige Code läßt sich aus den angegebenen Werten von a und

Tabelle 2.3. Suboptimale binäre Folgen und ihre Merit-Faktoren

N	F-Schroeder	F-Golay	F(φ)	a	φ
5	6,25	6,25	6,25	-1	0 - 3
7	8,17	2,23	8,17	-1	2 - 7
9	1,69	3,38	3,38	-1	0 - 11
11	4,65	4,65	12,1	-1	10 - 13
13	2,22	14,08	14,08	-1	0 - 5
15	3,21	2,88	7,5	-1	4 - 9
17	3,01	3,01	4,01	1	32 - 33
19	2,77	2,78	4,4	-1	8 - 17
21	3,15	5,25	5,25	-1	0 - 11
23	3,95	5,19	5,19	-1	0 - 1
25	1,63	4,11	6,01	-1	10 - 17
27	3,47	4,29	5,98	-1	18 - 23
29	4,12	2,96	4,47	-1	26 - 27
31	3,18	2,52	6,08	0	11
33	2,96	2,52	5,67	0	63 - 64
35	2,88	3,62	4,47	-1	14 - 27
37	2,36	3,03	5,11	1	2 - 11
39	4,35	1,85	5,47	-1	10 - 21
41	2,73	5,68	5,68	-1	0 - 5
43	2,92	3,54	7,90	-1	30 - 37
45	2,45	5,56	6,41	-1	34 - 47
47	3,46	3,74	5,55	-1	12 - 31
49	2,89	3,66	4,69	-1	96 - 97
51	3,60	2,08	3,77	0	8
53	2,83	3,43	4,71	-1	56 - 63
55	3,16	3,54	6,44	0	19 - 20
57	3,05	2,84	4,67	-1	18 - 23
59	4,21	4,77	4,77	-1	0 - 5
61	2,74	2,48	5,20	-1	10 - 11
63	2,94	2,73	4,60	-1	16 - 19
65	2,67	4,55	4,55	-1	0 - 9
67	2,57	3,30	4,20	-1	20 - 21
69	2,63	3,09	4,86	-1	94 - 95
71	4,61	3,45	5,01	1	32 - 39
73	2,70	3,22	5,37	1	82 - 89
75	2,67	2,87	4,31	-1	18 - 27
77	2,95	3,95	5,24	-1	68 - 81
79	3,10	3,07	5,50	1	48 - 49
81	2,27	3,45	5,54	-1	30 - 35
83	3,74	3,84	5,37	-1	40 - 55
85	2,73	3,17	4,53	1	14 - 27

87	2,52	3,21	4,53	1	76 - 83
89	2,74	4,07	4,93	-1	10 - 11
91	2,64	3,30	4,40	1	58 - 71
93	3,38	2,85	4,93	-1	70 - 75
95	3,77	2,35	5,00	-1	38 - 57
97	2,34	3,65	4,86	-1	12 - 19
99	2,62	2,77	4,07	1	34 - 35

N	F-Schroeder	$F(\varphi)$	a	φ
6	2,57	2,57	-1	0 - 11
8	4,00	4,00	0	0 - 6
10	3,85	3,85	0	0 - 14
12	7,20	7,20	0	0 - 7
14	5,16	5,16	0	0 - 11
16	4,00	4,57	1	0 - 1
18	2,84	3,95	0	11 - 19
20	2,04	4,76	0	4 - 14
22	5,15	5,15	0	0 - 6
24	4,00	6,00	0	0 - 3
26	3,35	4,90	0	4 - 11
28	3,02	4,36	0	12 - 19
30	2,90	3,91	-1	40 - 47
32	3,76	6,10	1	4 - 5
34	2,57	4,48	1	0 - 3
36	2,87	4,70	0	8 - 19
38	5,35	5,35	0	0 - 2
40	5,56	5,56	0	0 - 14
42	1,98	5,62	0	35 - 46
44	3,75	7,45	0	24 -27
46	4,66	5,91	0	28 - 39
48	4,36	4,65	0	15 - 22
50	2,83	4,72	0	96 - 98
52	3,36	3,95	0	64 - 67
54	2,85	4,94	1	18 - 23
56	2,65	4,17	0	55 - 62
58	2,61	4,71	0	7 - 15
60	2,49	4,07	0	20 - 23
62	4,68	5,29	1	122-123
64	3,05	4,41	0	7 - 14
66	2,89	3,88	0	51 - 62
68	3,27	5,48	0	132-134

70	3,53	4,58	0	40 - 54
72	3,27	4,56	0	44 - 46
74	3,74	5,22	0	71 - 74
76	3,16	5,62	0	12 - 14
78	3,45	5,11	0	56 - 67
80	3,57	5,00	0	39 - 54
82	2,64	5,18	0	59 - 63
84	3,37	4,89	0	24 - 46
86	3,45	4,37	0	88 - 90
88	2,56	4,07	0	7 - 27
90	2,55	4,13	0	71 - 79
92	3,64	4,51	0	44 - 55
94	3,80	5,05	0	52 - 59
96	2,95	4,92	0	23 - 38
98	3,22	4,16	0	48 - 51
100	3,34	4,00	0	4 - 5
110	3,97	4,78	0	116-119
120	2,98	3,81	0	44 - 59
130	2,44	4,14	-1	20 - 23
140	3,15	4,29	0	220-223
150	2,60	3,84	0	111-115
128	3,26	3,93	-1	4 - 5
256	3,20	4,49	0	168-174

Tabelle 2.4. Erweiterter Wertebereich von a

N	$F(\varphi)$	a	φ
26	5,54	-5	16 - 27
52	4,10	-5	56 - 57
66	4,53	5	28 - 29

φ rekonstruieren. Die angegebenen Werte gehören jeweils mit zum Intervall, in dem die besten Ergebnisse auftraten.

Wie man sieht sind die durch Variation von a und φ erzielbaren Merit-Faktoren teilweise erheblich größer als die der Codes von Schroeder und Golay. Die Verbesserung reicht von einer Verdopplung bis zu eher seltenen Fällen, bei denen Schroeder- oder Golay-Code bereits den besten gefundenen Fall darstellen.

Eine Erweiterung des Wertebereiches von a führt nur in seltenen Ausnahmefällen zu einer geringfügigen Verbesserung der Codes. Als Beispiele seien die Werte in Tabelle 2.4. genannt.

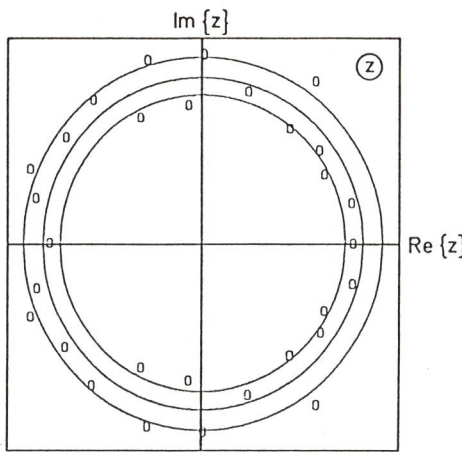

Bild 2.3   Nullstellenkonfiguration in der z-Transformierten der
            ermittelten suboptimalen Folge für N = 31

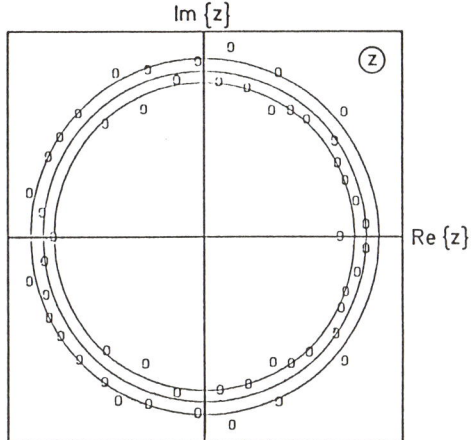

Bild 2.4   Nullstellenkonfiguration in der z-Transformierten der
            ermittelten suboptimalen Folge für N = 55

Auch zu Vergleichszwecken mit den im nächsten Abschnitt geschilderten impuls-
äquivalenten Folgen ist es interessant, das Nullstellen-Diagramm der z-Transformierten einiger ermittelter binärer Folgen zu betrachten. In Bild 2.3 und 2.4 sind
die Nullstellen der z-Transformierten für die Längen N=31 und N=55 wiedergegeben.
Der mittlere eingezeichnete Kreis stellt den Einheitskreis dar, die beiden anderen
Kreise sind die Nullstellen-Kreise für impuls-äquivalente Folgen (vergleiche den
nächsten Abschnitt). Wie man sieht liegen etwa die Hälfte der Nullstellen innerhalb
des Einheitskreises und etwa die Hälfte außerhalb. Die Lage der Nullstellen streut bei
- in grober Näherung - äquidistanten Winkeln mit der reellen Achse um die Radien,
auf denen bei impuls-äquivalenten Folgen die Nullstellen liegen.

Tabelle 2.5. Weiter verbesserte Folgen durch Änderung einzelner Elemente

N	F	N	F	N	F
28	5,03	64	5,28	84	6,86
30	6,00	65	4,89	85	6,47
31	7,17	66	5,13	86	4,63
32	6,4	67	4,59	87	5,04
39	5,81	72	4,8	88	4,79
48	5,33	75	5,61	90	5,03
51	4,21	78	5,33	91	5,53
52	5,08	79	5,92	92	5,61
55	6,78	82	6,08	98	4,92
63	5,79	83	7,16	99	4,64

In vielen Fällen gibt es noch eine erwähnenswerte und einfache Möglichkeit, eine bekannte Vorzeichenfolge mit hohem Merit-Faktor F weiter zu verbessern. Der Grundgedanke besteht darin, bei einem gegebenen Ausgangscode x(n) alle N Codes y(n) zu betrachten, bei denen sich nur jeweils ein Element von der Ausgangsfolge x(n) unterscheidet. Falls sich unter diesen, nur an einer Stelle geänderten Codes y(n) eine Folge mit größerem F als das der Ausgangsfolge x(n) befindet, so beginnt man mit diesem neuen Code wieder von vorne. Die Iteration wird durchgeführt, solange eine Verbesserung eintritt.

Diese an sich sehr einfache Methode führt zu noch weiter verbesserten Folgen mit höheren Merit-Faktoren. In der Tabelle 2.5. sind einige Ergebnisse aufgelistet. Dabei ist von den in Tabelle 2.3. geschilderten Folgen F(φ) als Startfolgen ausgegangen worden. Wiedergegeben sind nur diejenigen Fälle, bei denen tatsächlich eine Verbesserung eingetreten ist. Für N≤16 resultieren deshalb keine erhöhten Merit-Faktoren, weil die Startfolgen ohnedies bereits optimal sind.

2.1.2   Mehrphasige Folgen

Bei einer gegenüber den Vorzeichenketten größeren Wahlfreiheit für die Phasen der Folgenelemente x(n)

$$x(n) = e^{j\varphi(n)} \tag{2.33}$$

lassen sich höhere Merit-Faktoren erzielen. Mehrphasige Folgen mit maximaler Güte F sind nicht bekannt. Es gibt jedoch einige Beispiele, die vergleichsweise hohe Faktoren F besitzen, selbst ohne daß ein Optimalitätsnachweis erbracht werden kann.

Eine Klasse solcher Folgen sind die sogenannten Frank-Codes. Sie besitzen quadratische Länge

$$N = m^2 \qquad (2.34)$$

und sie sind so definiert, daß nur m verschiedene Phasen in der Folge vorkommen. Die ersten m Glieder der Frank-Codes sind konstant

$$x(n) = 1 \qquad \text{für} \quad n = 0, 1, 2, ..., m\text{-}1 \qquad (2.35)$$

und alle weiteren Elemente sind durch die Rekursiongleichung

$$x(n + qm) = x(n)\, e^{j2\pi qn/m}$$

$$q = 0, 1, 2, ..., m\text{-}1$$

$$n = 0, 1, 2, ..., m\text{-}1 \qquad (2.36)$$

gegeben. Die Folgenglieder nehmen für q=1 nur die m Zahlenwerte x(n)=z mit

$$z = 1, \ e^{j2\pi/m}, \ e^{j2\pi 2/m}, \ ... \ , e^{j2\pi(m\text{-}1)/m} \qquad (2.37)$$

an. Diese Werte von z unterteilen den Einheitskreis in der komplexen Ebene in m gleiche Winkel. Jede Potenz z^q ist ebenso ein Element der Folge z wie das Produkt zweier Elemente. Die Folge x(n) wird also aus den nur m unterschiedlichen Werten von z aufgebaut. Für praktische Anwendungen müssen nur m-1 Phasendifferenzen hergestellt werden, ein ziemlich reduzierter Aufwand gegenüber dem allgemeineren Fall mit N-1 Phasengliedern.

Die Autokorrelierte der Frankschen Folge kann mit Hilfe der Zerlegung

$$k = qm + r$$

$$q = 0, 1, 2, ..., m\text{-}1$$

$$r = 0, 1, 2, ..., m\text{-}1 \qquad (2.38)$$

für die Verschiebung k geschlossen berechnet werden. Sie ist

$$a(k) = a(qm + r) = g(q+1) - g(q) \qquad \text{für } r\neq 0$$

$$a(qm) = 0 \qquad \text{für } q\neq 0 \qquad (2.39)$$

mit

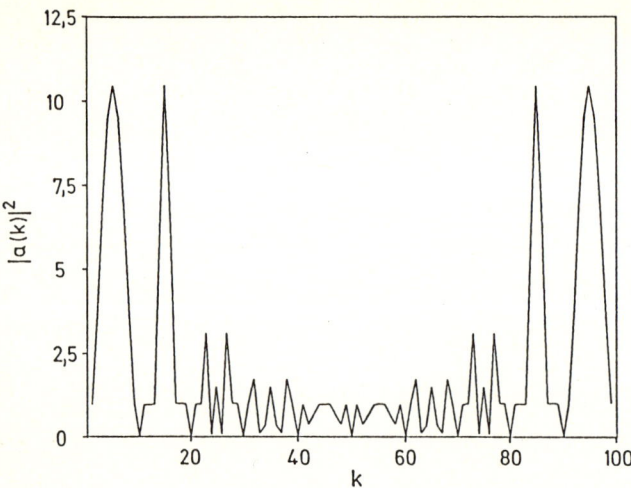

Bild 2.5   Autokorrelierte des Frank-Codes N=100. Der Wert $a(0) = 10^4$
ist nicht eingezeichnet.

$$g(q) = \frac{|1 - e^{j2\pi rq/m}|^2}{(1 - e^{-j2\pi r/m})(1 - e^{-j2\pi q/m})} \qquad \text{für } q \neq 0$$

$$g(0) = 0 \quad . \tag{2.40}$$

Das Beispiel mit N=100 für eine Autokorrelierte der Frank-Codes ist in Bild 2.5
dargestellt. Man beachte, daß der besseren Deutlichkeit halber der Wert von $a(0) = 10^4$ nicht mit abgebildet worden ist. Die durch die Gleichungen (2.39) und (2.40)
beschriebene Autokorrelierte besitzt die Symmetrien

$$a(k) = -a*(N-k) \tag{2.41}$$

und

$$a((q+1)m - r) = -e^{-j2\pi r/m}\, a*(qm + r) \quad . \tag{2.42}$$

Wie man sieht fallen die Nebenkeulen der Autokorrelierten entlang der Verschiebung k
rasch ab. Man kann daher die Nebenkeulen-Energie in der Autokorrelierten, die ja den
Merit-Faktor F bestimmt, durch das erste Maximum und dessen Breite abschätzen.
Nach den Gleichungen (2.39) und (2.40) ist die Autokorrelierte im ersten Maximum
für nicht zu kleine m etwa durch

68

$$a_{max} \approx -j \frac{m}{\pi} \qquad\qquad (2.43)$$

gegeben. Demzufolge ist

$$\sum_{k=1}^{N-1} |a(k)|^2 \approx 2m\, |a_{max}|^2 = \frac{2m^3}{\pi^2} \qquad\qquad (2.44)$$

und für den Merit-Faktor gilt näherungsweise

$$F \approx \frac{\pi^2}{4} m \quad . \qquad\qquad (2.45)$$

Wie die Erfahrung lehrt stimmt die genannte Abschätzung sehr gut mit den tatsächlichen Werten überein, letztere sind etwa um 1 niedriger als durch die Näherung in Gl.(2.45) angegeben. Für $N=100$ beträgt der exakte Wert $F=23,1$ (gegenüber der Abschätzung $F=24,7$).

Der Vergleich mit den Merit-Faktoren von Vorzeichen-Folgen zeigt, daß in der Tat bei mehrphasigen Folgen erheblich größere Werte erreichbar sind. Es ist bemerkenswert, daß die Merit-Faktoren der Frank-Codes mit der Wurzel aus der Folgenlänge anwachsen. Aus den Resultaten für Vorzeichenketten entsteht eher der Eindruck, daß mit wachsender Länge keine prinzipielle Erhöhung des spektralen Glattheitsmaßes F erfolgt.

2.1.3 Impuls-äquivalente Folgen

Bislang wurden Zahlenfolgen betrachtet, deren Elemente $x(n)$ dem Betrage nach wegen der vorausgesetzten konstanten Energieverteilung vorgegeben waren, wobei die Phasen - teils nur durch Vorzeichen ausgedrückt - so bestimmt wurden, daß das zugehörige Leistungsspektrum möglichst konstant ist.

Wie schon angedeutet ist auch der umgekehrte Weg möglich. Ein vorgegebenes "optimal glattes" Leistungsspektrum mit großem Merit-Faktor wird auf Realisierungsmöglichkeiten hin betrachtet, und diejenige mit der gleichmäßigsten Energieverteilung auf die Folgenmitglieder $x(n)$ wird ausgewählt. Dabei ist natürlich eine Einschränkung der Zahlenwerte für die Elemente der Folgen $x(n)$ - etwa eine Begrenzung auf binäre Werte - nicht mehr zulässig. Die hier geschilderten Überlegungen beruhen auf den Ausführungen von Huffmann /2.9/.

Bei den Betrachtungen werden Folgen zu Grunde gelegt, deren Länge N nicht reduzierbar ist, d. h. , für welche

$$|x(0)\, x(N-1)| = 1 \qquad\qquad (2.46)$$

ohne Einschränkung der Allgemeinheit gelten möge. Anfangs- und Endelement sollen also voraussetzungsgemäß "nicht überflüssig" sein.

Die im Sinne großen F best-mögliche Wahl der Autokorrelierten einer Folge mit nicht-reduzierbarer Länge N besteht darin, alle Werte der Autokorrelierten gleich Null zu setzen, mit Ausnahme der Randwerte $a(N-1) = a^*(1-N)$ und des die Signalenergie repräsentierenden Gliedes $a(0) = E$:

$$a(k) \quad = \quad 0 \qquad\qquad , \, k \neq 0, \, N-1, \, 1-N$$

$$|a(N-1)| = |a(1-N)| = 1 \qquad\qquad\qquad (2.47)$$

$$a(0) \quad = \quad E \quad .$$

Folgen, deren Autokorrelierte Gl.(2.47) erfüllen, werden "impuls-äquivalent" genannt. Für sie ist die Beurteilungsgröße F für die Glattheit des Spektrums durch

$$F = \frac{E^2}{2} \qquad\qquad\qquad (2.48)$$

gegeben. Wie man sieht kann durch eine entsprechend große Vorgabe der Signalenergie E - die im Prinzip frei wählbar ist - ein beliebig großer Wert des Merit-Faktors F erzielt werden.

Es ist allerdings nicht sinnvoll, sehr große Signalenergien E anzunehmen. Das Augenmerk bei der Realisierung einer zu der oben definierten Autokorrelierten gehörenden Originalfolge liegt ja auch in der Absicht, die Energie möglichst gleichmäßig auf die Elemente der Folge x(n) zu verteilen, d. h. , die Beurteilungsgröße U mit

$$\frac{1}{U} = \frac{N}{E^2} \sum_{n=0}^{N-1} \left(|x(n)|^2 - \frac{E}{N} \right)^2 \qquad\qquad (2.49)$$

soll maximal werden. Bei einer gleichmäßigen Energieverteilung muß

$$|x(0)| \approx |x(N-1)| \approx |x(n)| \approx 1 \qquad\qquad\qquad (2.50)$$

gelten. Demnach besteht eine sinnvolle Wahl der Signalenergie in $E \approx N$. Nun bedeutet aber $E \approx N$ selbst für kleinere Längen N bereits große F-Werte, so daß hierdurch keine praktisch relevante Beschränkung eintritt.

Die Beurteilungsgröße U, die die Güte der Energieverteilung auf die Ensemble-Mitglieder x(n) darstellt, besitzt eine ähnliche anschauliche Interpretation wie das früher eingeführte Glattheitsmaß F des Spektrums, das - unter anderem - die Breite der im Spektrum enthaltenen "Lücken" angibt.

Durch Ausmultiplizieren erhält man

$$\frac{1}{U} = \frac{N}{E^2} \sum_{n=0}^{N-1} |x(n)|^4 - 1 \quad . \tag{2.51}$$

Wenn man annimmt, daß M der N Elemente "überzählig" sind, also mit $x(n) \approx 0$ keine Energie tragen, und die Energie ansonsten gleichmäßig auf die verbleibenden N-M Folgenglieder verteilt ist

$$|x(n)|^2 \approx \frac{E}{N-M} \quad , \tag{2.52}$$

so folgt

$$\frac{1}{U} = \frac{N}{E^2} \frac{E^2}{(N-M)^2} (N-M) - 1 = \frac{M}{N-M} \quad , \tag{2.53}$$

oder

$$\frac{M}{N} = \frac{1}{1+U} \quad . \tag{2.54}$$

Aus U läßt sich also unmittelbar der Prozentsatz M/N der "überflüssigen" Folgenglieder ermitteln. Wählt man sinnvoll E=N, so bedeutet U den reziproken Wert der mittleren quadratischen Abweichung der Folgenglieder-Betragsquadrate vom Soll-Wert 1.

Die Autokorrelierte nach Gl.(2.47), die bei vorgegebener Energie zum größt-möglichen das Spektrum beurteilenden Wert F führt, hat eine einfache und nützliche Eigenschaft : die z-Transformierte der Autokorrelierten besteht in dem Polynom

$$A(z) = \sum_{n=1-N}^{N-1} a(n) z^{-n} = a*(N-1) z^{N-1} + E + a(N-1) z^{-(N-1)} \quad . \tag{2.55}$$

Da der Betrag von a(N-1) nach Gl.(2.47) gleich 1 ist,

$$a(N-1) = e^{-j\varphi} \quad , \tag{2.56}$$

gilt für die Nullstellen der z-Transformierten A(z)

$$e^{j2\varphi} z^{2(N-1)} + E e^{j\varphi} z^{N-1} + 1 = 0 \quad . \tag{2.57}$$

Mit Hilfe der Substitution

$$w = e^{j\varphi} z^{N-1} \tag{2.58}$$

lassen sich die Nullstellen von A(z) leicht ermiteln :

$$z_{1i} = R_1 \, e^{j\frac{\pi-\varphi}{N-1}} \, e^{j\frac{2\pi i}{N-1}} \qquad , i = 0, 1, 2, ...,N-1 \tag{2.59}$$

$$z_{2i} = R_2 \, e^{j\frac{\pi-\varphi}{N-1}} \, e^{j\frac{2\pi i}{N-1}} \qquad , i = 0, 1, 2, ...,N-1 \qquad , \tag{2.60}$$

worin

$$R_1 = \sqrt[N-1]{\frac{E}{2} - \sqrt{\frac{E^2}{4} - 1}} \tag{2.61}$$

$$R_2 = \sqrt[N-1]{\frac{E}{2} + \sqrt{\frac{E^2}{4} - 1}} \tag{2.62}$$

ist. Wie bei der z-Transformierten einer jeden Autokorrelierten müssen je zwei Nullstellen ein Spiegelpaar am Einheitskreis bilden, d. h. , es gilt

$$R_1 R_2 = 1 \qquad , \tag{2.63}$$

wovon man sich durch Einsetzen leicht überzeugen kann.

In Bild 2.6 ist am Beispiel N = E = 15 für a(N-1)=1 das Nullstellendiagramm der
Autokorrelierten aufgetragen. Man erkennt die bezüglich des Einheitskreises
zueinander gespiegelte Lage der Nullstellen auf den Kreisen mit den Radien R_1 und R_2.
Wie schon in einem früheren Kapitel erläutert kann man bei jedem der N-1
Nullstellenpaare eine der beiden zueinander gespiegelten Nullstellen beliebig
auswählen und darauf eine Realisation x(n) aufbauen. Ein Beispiel für eine solche
Wahl ist in Bild 2.7 enthalten. Gleichviel, wie die Wahl "liegt die Nullstelle auf dem
Kreis mit dem Radius R_1 oder auf dem Kreis mit dem Radius R_2" getroffen wird, jede
Realisation besitzt die gleiche Autokorrelierte. Man kann also 2^{N-1} "Innen-Außen-
Muster" für alle Realisationen x(n) mit ein und der selben Autokorrelierten festlegen.

Wenn man das Nullstellen-Muster einer Realisation umkehrt, wenn man also die
zur Realisation x(n) gehörenden Nullstellen sämtlich am Einheitskreis spiegelt und so
die komplementäre Realisation y(n) erzeugt, dann bedeutet dies lediglich eine
Umkehrung der Reihenfolge von x(n). Es genügt demnach, 2^{N-2} Realisierungsmöglichkeiten zu betrachten, eine Nullstelle kann als unveränderlich fest angesehen
werden.

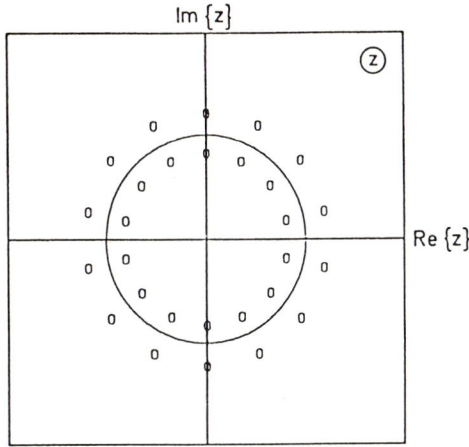

Bild 2.6   Nullstellenkonfiguration der impuls-äquivalenten
            Autokorrelierten für a(N-1)=1 und N=E=15

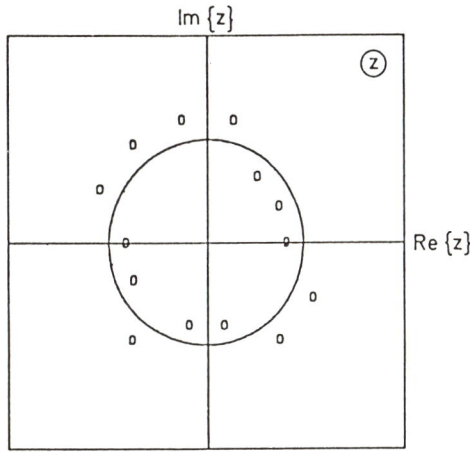

Bild 2.7   Wahl eines Nullstellenmusters aus dem Nullstellendiagramm
            der impuls-äquivalenten Autokorrelierten (a(N-1)=-1, N=E=15)
            MF(n) = 0 0 0 1 1 1 1 0 0 1 0 0 1 1

Für reelle Folgen x(n) bilden die Nullstellen der z-Transformierten konjugierte
Paare. Bei der Wahl eines Nullstellen-Musters für eine reellwertige Realisation x(n)
aus dem Nullstellen-Diagramm der impuls-äquivalenten Autokorrelierten bedingt also
die Wahl der Lage einer Nullstelle zugleich die Festlegung einer zweiten Nullstelle.
Die Anzahl der Möglichkeiten ist also gleich $2^{N/2 \, -1}$ (für gerade N). Für geradzahlige
N und reelles x(n) genügt übrigens die Festlegung a(N-1)=-1, der Fall a(N-1)=1 kann
durch $(-1)^n$ x(n) gewonnen werden.

73

Tabelle 2.6. Maximal erreichbare U reeller Folgen

N	E=N/3	E=N/2	E=N	E=3N/2	E=2N
4	-	1	0,4	0,36	0,35
6	0,5	1,49	2,97	2,47	2,21
8	0,68	1,46	2,1	2,13	2,11
10	0,87	1,77	1,6	1,58	1,56
12	1	1,8	1,61	1,52	1,51
14	1,03	1,73	2,4	2,67	3,25

Liste der Nullstellen-Muster mit maximaler Güte U

N	E	MF(n)
4	N/2	000
6	N	00110
8	3N/2	00111 10
10	3N/4	01100 0011
12	N/2	01001 11100 1
14	4N	00010 11110 100

Zur Beschreibung eines Nullstellen-Musters, für das ja nur N-1 zweiwertige Entscheidungen getroffen werden, wird im folgenden eine Musterfolge MF(n), n= 0, 1, ...,N-1 benutzt. Ein Beispiel ist in Bild 2.7 wiedergegeben. Dabei werden die Nullstellen der Größe ihres Winkels mit der positiven reellen Achse nach geordnet, MF(0) beschreibt also die Nullstelle mit dem kleinsten Winkel. Die Bedeutung von MF(n)=0 und MF(n)=1 kann man frei wählen, eine Umkehr der Bedeutung bewirkt lediglich eine Umkehr der Reihenfolge in x(n).

Um einen Einblick in die erzielbaren Werte von U zu geben sind mit einem Rechenprogramm alle Möglichkeiten für einige Längen durchgespielt worden. Es sind dabei stets reellwertige Folgen und a(N-1)=-1 vorausgesetzt worden. Wie man der Tabelle 2.6. entnehmen kann, hängt die erreichbare Güte U noch von der Vorgabe von a(0)=E ab, so daß alle Kombinationsmöglichkeiten noch für einige Werte von E in der Größenordnung von E≈N jeweils untersucht werden müssen. Für die Längen N = 10, 12 und 14 sind die besten erhaltenen Folgen mit maximalem U in den Bildern 2.8, 2.9 und 2.10 dargestellt.

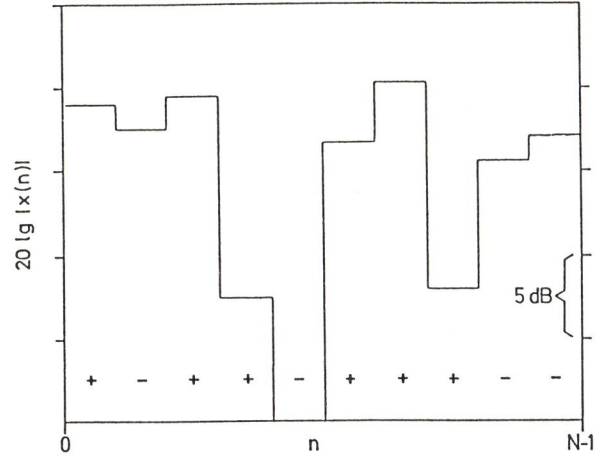

Bild 2.8
Impuls-äquivalente Folge mit
maximaler Güte U für N = 10

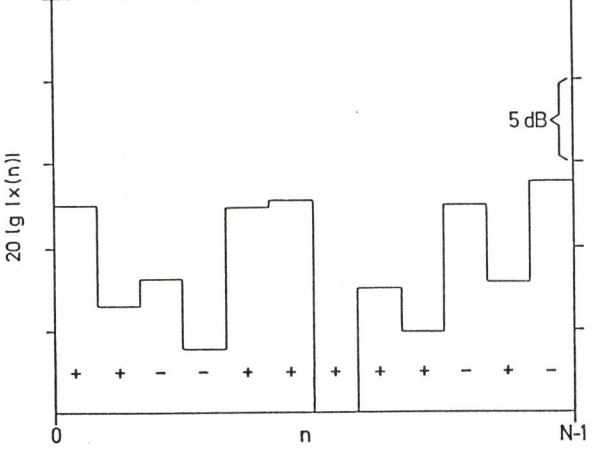

Bild 2.9
Impuls-äquivalente Folge mit
maximaler Güte U für N = 12

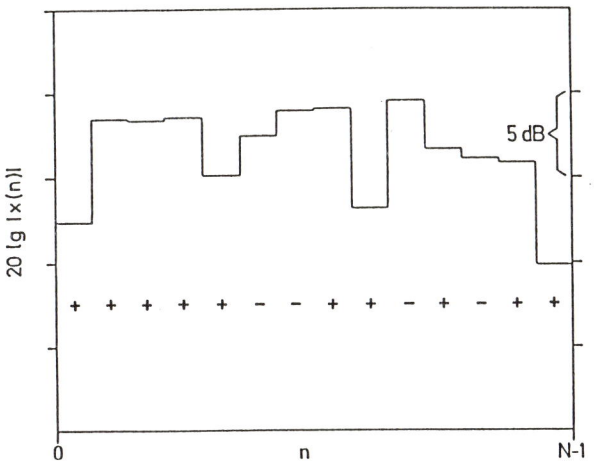

Bild 2.10
Impuls-äquivalente Folge mit
maximaler Güte U für N = 14

Durch Vergleich erkennt man, daß die Vorzeichenkette sign($x(n)$) der impuls-äquivalenten Folge für den Fall N=14 durch die Transformation $x(n) = -(-1)^n x(N-n)$ - das entspricht dem Fall a(N-1)=1 und einer Umkehrung der Reihenfolge von $x(n)$ - auf die entsprechende Vorzeichenkette $x(n) = \pm 1$ im vorigen Abschnitt mit maximalem Merit-Faktor zurückgeführt werden kann. Ebenso ist die Vorzeichenfolge sign($x(n)$) der im nächsten Abschnitt vorkommenden Folge mit N=15 gleich dem entsprechenden Vorzeichen-Code im vorigen Abschnitt.

In der Tat sollten ja binäre Folgen $x(n) = \pm 1$ mit maximalem Merit-Faktor und impuls-äquivalente Folgen mit großer Güte U gewisse Ähnlichkeiten besitzen: sie sollen beide sowohl in der Folge als auch im Spektrum konstante Energieverteilung aufweisen. Deshalb liegt der Gedanke nahe, von Folgen $x(n) = \pm 1$ mit maximalem - oder wenigstens doch großem - Merit-Faktor ausgehend, ihnen ähnelnde impuls-äquivalente Folgen zu erzeugen. Damit ließe sich wieder ein - für größere Längen un-durchführbares - Durchspielen aller Kombinationen MF(n) vermeiden, wieder um den Preis, daß nicht sichergestellt werden kann, ob die erreichte Qualität optimal ist.

Eine Methode besteht darin, daß z-Nullstellen-Diagramm des bekannten binären Codes $x(n) = \pm 1$ zu bestimmen. Hieraus wird lediglich das Nullstellen-Muster entnommen, das heißt, für jede Nullstelle wird in Reihenfolge der Winkel mit der positiven reellen Achse nur die Information entnommen, ob diese innerhalb oder außerhalb des Einheitskreises liegt. Dieses Muster kann nun zur Ermittlung der neuen, impuls-äquivalenten Folge benutzt werden. Dabei muß die Vorzeichenkette sign($x(n)$) des resultierenden impuls-äquivalenten Codes nicht notwendigerweise mit der binären Originalfolge übereinstimmen. Natürlich kommt es auf dieses Kriterium auch letztlich nicht an, denn es interessiert nur die resultierende Güte U. Es ist allerdings zu vermuten, daß nur dann große Werte von U vorliegen, wenn die genannte Koinzidenz eintritt.

Im Fall N=12 führte die geschilderte Methode zum bereits in der Tabelle 2.6. angegebenen Nullstellen-Muster. Damit resultiert für N=12, 14 und 15 jeweils eine Folge mit maximalem U. Auch für N=12 stellt die Vorzeichenkette sign($x(n)$) einen binären Code mit maximalem F dar (er ist in der Tabelle 2.1 nicht enthalten). Für N=16 erhält man mit E = 2N den Wert U = 1,8, für N=22 wird U = 2,42 mit E = 4N erreicht, beides vergleichsweise günstige Ergebnisse.

Diese hier vorgeschlagene Methode zur Ermittlung einer suboptimalen impuls-äquivalenten Folge kann natürlich durch andere denkbare Verfahren ersetzt oder ergänzt werden. So hat Huffmann in /2.9/ angeregt, den Index der außerhalb des Einheitskreises liegenden Nullstellen durch quadratische Residuen (vergleiche den Abschnitt über Diffusoren) zu ermitteln. Untersuchungen des Verfassers zeigen, daß dieses Verfahren durchaus in Betracht gezogen werden kann, die erreichten Werte von U sind allerdings vergleichsweise niedriger als im oben vorgeschlagenen Verfahren.

Weiter könnte man aus den nicht-periodischen Folgen $x(n)$ oder den periodischen Pseudo-Zufallsfolgen $x_P(n)$ auch direkt MF(n) = {$x(n)$ + 1}/2 unregelmäßige Nullstellen-Muster für impuls-äquivalente Folgen erzeugen, wobei natürlich etwa im Interesse reeller Resultate auch Ausgangsfolgen mit kürzerer Länge als die des Resultates in Betracht gezogen werden können.

2.1.4 Lautsprecherzeilen mit gleichmäßiger Richtwirkung

In diesem Abschnitt soll an Hand einer verhältnismäßig einfach zu realisierenden Anordnung eine praktische Anwendung geschildert werden, bei der ein möglichst gleichmäßiger Verlauf eines Wellenzahl-Leistungsspektrums im Mittelpunkt steht. Es handelt sich dabei um einen aus mehreren parallelen und gleichartigen Elementen zusammengesetzten Schallsender von dem gefordert wird, daß er eine möglichst gleichmäßige Richtwirkung aufweisen soll, also alle Richtungen des freien Raumes gleichmäßig mit Schall versorgt.

Solche Senderanordnungen können bei der Beschallung im Freien oder in Sälen für Fälle , bei denen eine gleichmäßige Schallabstrahlung zumindest innerhalb einer Ebene oder Halbebene bei gleichzeitiger hoher Energieabgabe wünschenswert ist, von Bedeutung sein. Eine andere Einsatzmöglichkeit besteht auch in der Modelltechnik, wenn bei den im Ultraschallbereich vorgenommenen Messungen eine möglichst große Schallenergie ungebündelt erzeugt werden soll. Daher sind von H. Kuttruff und H. P. Quadt in /2.10/ und /2.11/ Lautsprecherzeilen mit ungebündelter Schallabstrahlung und von H. Kuttruff und K. M. Sung in /2.12/ entsprechende Ultraschallsender behandelt worden, wobei jeweils Barker-Codes zur Verpolung der Elemente gegeneinander benutzt worden sind.

Das zusammengesetzt Sendergebilde bestehe nun aus N gleichartigen Einzelelementen, deren örtlicher Schnelleverlauf $v_e(x,y)$ als bekannt vorausgesetzt wird. Wie man noch sehen wird genügt die Kenntnis der Richtwirkung $R_e(\omega,\vartheta,\varphi)$ des Einzelelementes und seiner angegebenen Schalleistung bzw. seines Abstrahlgrades.

Zur besseren Übersicht ist in Bild 2.11 die Lage der Sendezeile in dem im folgenden verwendeten Koordinatensystem eingezeichnet. In ähnlicher Weise wie im zweidimensionalen Fall (siehe Kapitel 1) geht die Richtwirkung

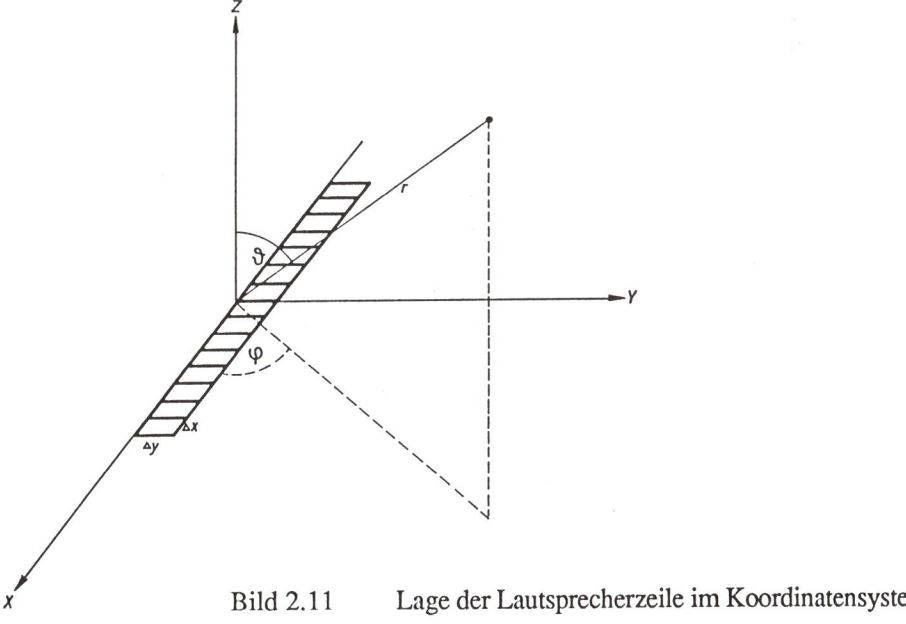

Bild 2.11   Lage der Lautsprecherzeile im Koordinatensystem

$$R(\omega,\vartheta,\varphi) = \frac{\omega\rho k_0}{8\pi^2} \mid V(k_1 = -k_0 \sin\vartheta\cos\varphi \, , \, k_2 = -k_0 \sin\vartheta\sin\varphi) \mid^2 \qquad (2.64)$$

im allgemeinen räumlichen System aus der zweifachen Fourier-Transformierten der Strahlerschnelle

$$V(k_1,k_2) = \int\limits_{-\infty}^{\infty}\int\limits_{-\infty}^{\infty} v(x,y) \; e^{-jk_1 x} \; e^{-jk_2 y} \; dx \, dy \qquad (2.65)$$

hervor. Die Bedeutung der Winkel ϑ und φ kann dem Bild 2.11 entnommen werden. Hier ist die Richtwirkung wieder als "abstandsbereinigte" Intensität so definiert worden, daß sich die abgestrahlte Leistung durch Integration über die Raumwinkel

$$P = \int\limits_{0}^{2\pi}\int\limits_{0}^{\pi/2} R(\omega,\vartheta,\varphi) \sin\vartheta \; d\vartheta \; d\varphi \qquad (2.66)$$

ergibt.

Der örtliche Schnelleverlauf der Sendezeile ist durch

$$v(x,y) = \sum_{n=-N_U}^{N_o} x(n+N_U) \; V_e(x - n\Delta x,y) \; \mathrm{rect}(x,n\Delta x,(n+1)\Delta x) \; \mathrm{rect}(y,0,\Delta y)$$

$$(2.67)$$

gegeben. Dabei beschreibt die Folge x(n) dimensionslose, elektrisch zu realisierende komplexe Verstärkungsfaktoren der einzelnen Sender. Unter $\mathrm{rect}(x,x_1,x_2)$ wird die Rechteckfunktion

$$\mathrm{rect}(x,x_1,x_2) = 1 \qquad , \; x_1 \leq x \leq x_2$$
$$= 0 \qquad , \; x < x_1 \; , \; x > x_2 \qquad (2.68)$$

verstanden. Δx und Δy bezeichnen die Abmessungen der Einzelelemente. Die Zahlen N_U und N_o sind nur eingeführt worden, um eine - anschaulichere - etwa symmetrische Lage der Sendezeile zum Kooridnatensystem zu erreichen. $-N_U\Delta x \leq x \leq -(N_U-1)\Delta x$ bezeichnet die Lage des ersten Senderelementes mit dem Verstärkungsfaktor x(0). Die Anzahl der Elemente ist $N = N_U+N_o$.

Die zweifache Fourier-Transformierte $V(k_1,k_2)$ von v(x,y) ist durch

$$V(k_1,k_2) = e^{jk_1 N_U \Delta x} \sum_{n=-N_U}^{N_O} x(n+N_U) \, e^{-jk_1(n+N_U)\Delta x} \int_0^{\Delta x} \int_0^{\Delta y} v_e(x,y) \, e^{-jk_1 x} \, e^{-jk_2 y} \, dx \, dy$$

(2.69)

gegeben. Wird hierin die Fourier-Transformierte der Schnelle des Einzelelementes

$$V_e(k_1,k_2) = \int_0^{\Delta x} \int_0^{\Delta y} v_e(x,y) \, e^{-jk_1 x} \, e^{-jk_2 y} \, dx \, dy$$

(2.70)

eliminiert, so erhält man für die Richtwirkung R

$$R(\omega,\vartheta,\varphi) = R_e(\omega,\vartheta,\varphi) \; \left| \sum_{n=0}^{N-1} x(n) \, e^{-jn\Omega} \right|^2$$

$$\Omega = -k_0 \, \Delta x \sin \vartheta \cos \varphi \qquad .$$

(2.71)

Die Richtwirkung der Strahlerzeile ist also durch das Produkt aus der Richtwirkung R_e des einzelnen Elementes und dem Betragsquadrat der Fourier-Transformierten der Steuerfolge x(n)

$$X(e^{j\Omega}) = \sum_{n=0}^{N-1} x(n) \, e^{jn\Omega}$$

(2.72)

gegeben.

Im Einklang mit der Anschauung kann nach Gl.(2.71) nur die Horizontal-charakterisitik - bei liegend gedachter Lautsprecherzeile - $\varphi = 0,\pi$ durch die Folge x(n) in ihrem Verlauf beeinflußt werden, nicht aber die durch das Einzelelement gegebene Vertikalcharakterisitik. Der Arbeit /2.11/ entnommen ist das anschauliche Bild, nach dem man sich die Richtwirkung im Falle gleichmäßiger Horizontalwirkung wie einen im Raume ausgebreiteten Fächer vorstellen kann.

Mit Hilfe der in den vorigen Abschnitten beschriebenen Folgen kann man - je nach verwendeter Folge - mehr oder minder glatte Leistungsspektren einstellen. Wenn man Einzelstrahler zur Verfügung hätte, die auch noch bei sehr hohen Frequenzen kugelförmige Richtwirkung aufweisen, so wäre die gleichmäßige horizontale Richtwirkung bezüglich der Frequenz nach oben hin nicht begrenzt. Es können durch Variation des Winkels ϑ bei gegebener hoher Frequenz mehrere Perioden des Spektrums $X(e^{j\Omega})$ überdeckt werden, so daß eine Art periodisches Richtungsmuster entsteht. Die gleichmäßige Horizontalcharakteristik wird lediglich durch die Richt-wirkung der einzelnen Elemente begrenzt. Wenn man die Einzelstrahler als

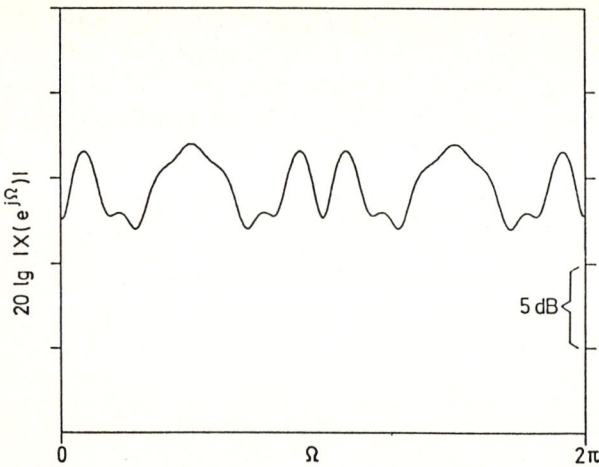

Bild 2.12   Leistungsspektrum der Folge N=15 mit maximalem Merit-
Faktor F

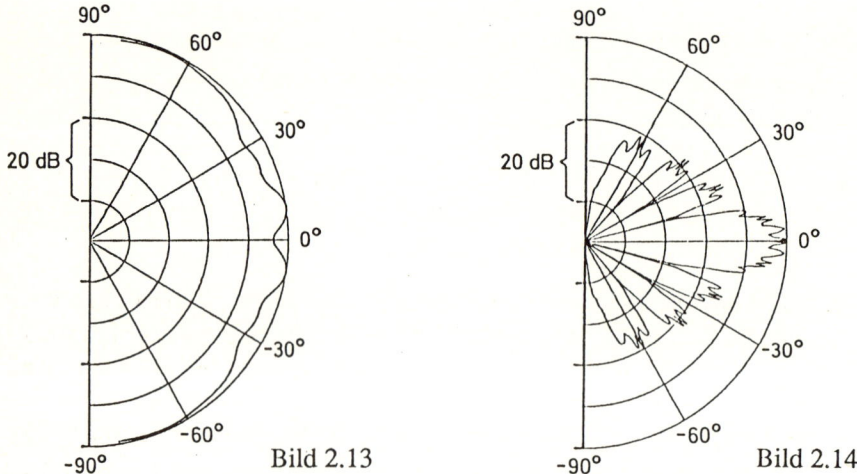

Bild 2.13

Bild 2.14

Bild 2.13   Vorausberechnetes Richtungsmaß der binär verpolten
Lautsprecherzeile für $l/\lambda = 4$

Bild 2.14   Vorausberechnetes Richtungsmaß der binär verpolten
Lautsprecherzeile für $l/\lambda = 60$

Kolbenschwinger ansieht, so ist die Frequenzgrenze, ab welcher nicht mehr mit einer
allseitig gleichmäßigen Abstrahlung in der Horizontalen gerechnet werden kann, etwa
durch $\Delta x/\lambda = 0,5$ gegeben.

    In Bild 2.12 ist der Verlauf des Leistungsspektrums der binären Folge mit
maximalem Merit-Faktor für die Folgenlänge N = 15 dargestellt. Ihm kann man die zu

erwartende Richtwirkung entnehmen, wenn diese Folge als Steuerfolge verwendet wird. Wie man sieht sind Schwankungen von etwa 5 dB im Richtungsmaß zu erwarten, solange für die Einzelelemente Abweichungen vom Fall allseitiger Gleichverteilung noch nicht merklich sind. Bild 2.13 stellt die berechnete Richtwirkung für $N\Delta x = 1/\lambda = 4$ dar. Für die einzelnen Elemente wurden - wie auch im folgenden Bild 2.14 - Kolbenmembrane angenommen.

Zur Illustration des Einflusses der Richtwirkung der Einzelelemente ist in Bild 2.14 die berechnete Charakteristik für $1/\lambda = 60$, entsprechend $\Delta x/\lambda = 4$, aufgetragen. Man erkennt die bei gleichzeitiger Abschwächung periodische Struktur. Der Verlauf besteht aus dem Produkt eines mehrere Perioden umfassenden Intervalls des Leistungsspektrums der binären Folge mit der Richtwirkung des Einzelelementes.

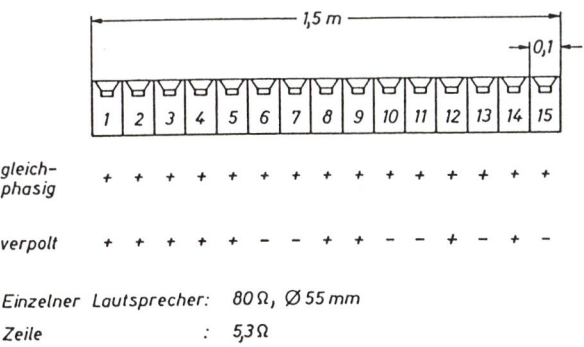

Einzelner Lautsprecher: $80\,\Omega$, $\varnothing\,55\,mm$
Zeile   : $5,3\,\Omega$

Bild 2.15   Für die Messung des Richtungsmaßes verwendete Lautsprecherzeile

An Hand von Messungen ist überprüft worden, ob sich durch Verwendung von Folgen mit großem Merit-Faktor auch praktisch - je nach Frequenz mehr oder minder wesentliche - Verbreiterungen der Horizontalcharakteristik gegenüber dem Fall des gleichphasigen Betriebes ergeben können. Der schematische Aufbau der Sendezeile und die Abmessungen sind in Bild 2.15 dargestellt. Um eine Ansteuerung aller Elemente durch einen Generator zu ermöglichen, sind Lautsprecher mit relativ großer Eingangsimpedanz gewählt worden. Jeder Einzelsender ist mit einem Schalter zum Polaritätswechsel und einem Potentiometer versehen worden. Letzteres diente einerseits dazu, Toleranzen zwischen den Einzelelementen auszugleichen, und andererseits sollte auch eine impuls-äquivalente Folge eingestellt werden können.

In den Bilder 2.16, 2.17, 2.18 und 2.19 findet man eine Gegenüberstellung der gemessenen Richtungsmaße für gleichphasigen und für - entsprechend der Folge mit maximalem Merit-Faktor - binär verpolten Betrieb. Der besserer Übersicht halber sind die Kurven für gleichphasige Ansteuerung gegenüber der anderen um 10 dB abgeschwächt dargestellt worden. Wie man erkennt, werden die theoretisch vorhergesagten Charakteristika recht gut erreicht. Insbesondere wird tatsächlich breitbandig bei Verwendung der binären Folge eine weitaus glattere Richtwirkung erzielt. Der Einfluß der einzelnen Elemente dürfte hier, ihren Abmessungen zu Folge, etwa ab 2000 Hz merklich sein.

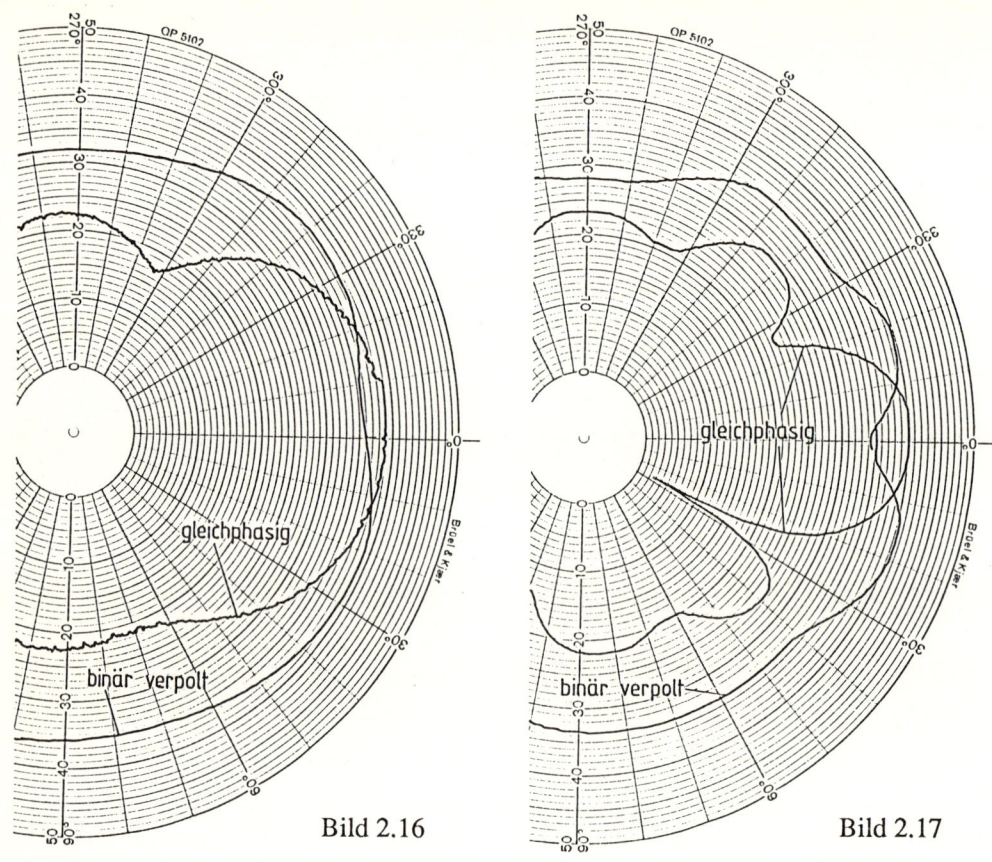

Bild 2.16   Bild 2.17

Bild 2.16   Gemessene Horizontalcharakteristika für f = 250 Hz
             Kurve für gleichphasigen Betrieb um 10 dB abgeschwächt

Bild 2.17   Gemessene Horizontalcharakteristika für f = 500 Hz
             Kurve für gleichphasigen Betrieb um 10 dB abgeschwächt

Es fragt sich nun, ob die mit dem binären Code erzielte, an sich schon bedeutende Glättung der Richtwirkung nicht noch weiter verbessert werden kann, wenn statt der zweiwertigen Folge die im Sinne optimaler Auslastung der Einzelelemente beste impuls-äquivalente Folge verwendet wird. Wie man den vorigen Abschnitten entnehmen kann, müßten wegen des erhöhten Merit-Faktors bei der impuls-äquivalenten Folge noch glattere Spektren und damit gleichmäßigere Richtwirkungen herstellbar sein.

Mit Hilfe eines Suchprogrammes, das alle möglichen Nullstellen-Muster reeller impuls-äquivalenter Folgen auf die Folge mit der größten Güte U hin untersuchte, wurde für N = 15 der beste Wert mit U=3,24 für a(0) = E = 13,5 erzielt. Die zugehörige Folge ist in der Tabelle 2.7. noch so skaliert worden, daß sich eine Energie von

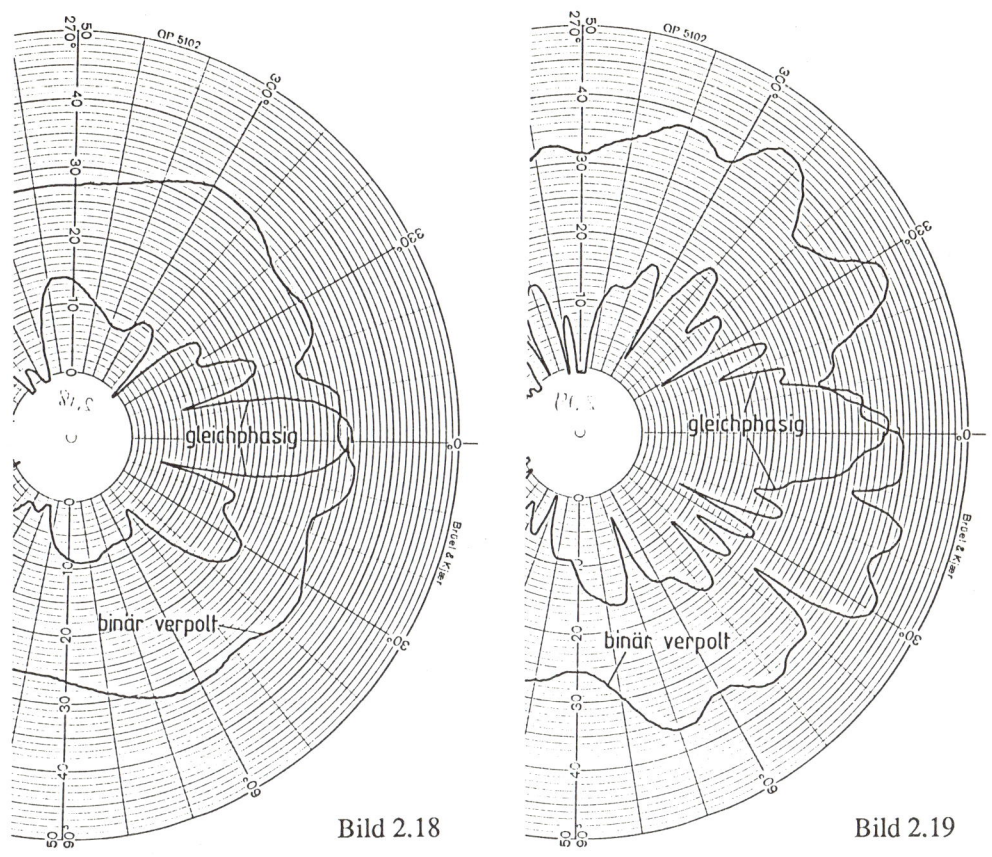

Bild 2.18

Bild 2.19

Bild 2.18   Gemessene Horizontalcharakteristika für f = 1000 Hz
            Kurve für gleichphasigen Betrieb um 10 dB abgeschwächt

Bild 2.19   Gemessene Horizontalcharakteristika für f = 2000 Hz
            Kurve für gleichphasigen Betrieb um 10 dB abgeschwächt

E = 15 wie bei der Folge mit maximalem Merit-Faktor ergibt. Bild 2.20 gibt eine graphische Darstellung der Folgen-Pegelwerte unter Angabe der Polaritäten wieder. Die Vorzeichenfolge sign(x(n)) ist mit dem binären Code maximalen Merit-Faktors identisch. Der Merit-Faktor der impuls-äquivalenten Folge beträgt F = 91,13, gebenüber F = 7,5 für die binäre Folge. Das entspricht Pegelschwankungen von 5 dB im Leistungsspektrum des zweiwertigen Codes und von 1,3 dB im Leistungsspektrum der impuls-äquivalenten Folge (Bild 2.21).

Eine Gegenüberstellung der gemesenen Charakteristika bei Betrieb mit den beiden optimierten Steuerfolgen findet man in den Bildern 2.22 bis 2.25. Ein Teil der zusätzlichen Glättung wird möglicherweise deshalb nicht erreicht, weil die an den Einzelelementen einzustellenden Pegeldifferenzen nur auf etwa ein halbes dB genau tatsächlich hergestellt werden können.

83

Tabelle 2.7. Impuls-äquivalente Folge mit maximaler Güte U für N=15

n	x(n)	$10 \lg |x(n)|^2$	n	x(n)	$10 \lg |x(n)|^2$
0	1,05	0,4	7	0,65	-3,7
1	1,42	3,0	8	1,29	2,2
2	0,95	-0,4	9	-0,75	-2,5
3	0,79	-2,0	10	-0,63	-4,0
4	0,63	-4,0	11	0,79	-2,0
5	-0,75	-2,5	12	-0,95	-0,4
6	-1,29	2,2	13	1,42	3,0
			14	-1,05	0,4

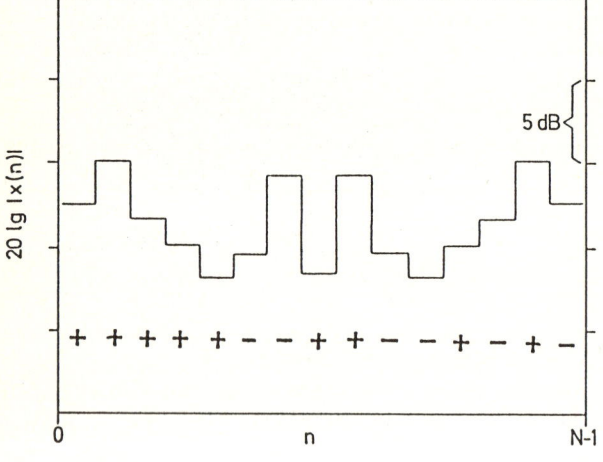

Bild 2.20
Impuls-äquivalente Folge mit
maximaler Güte U für N = 15

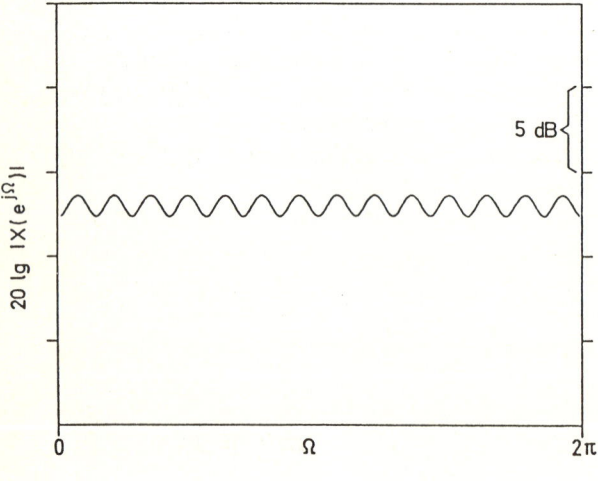

Bild 2.21
Leistungsspektrum der
impuls-äquivalenten Folge mit
maximaler Güte U für N = 15

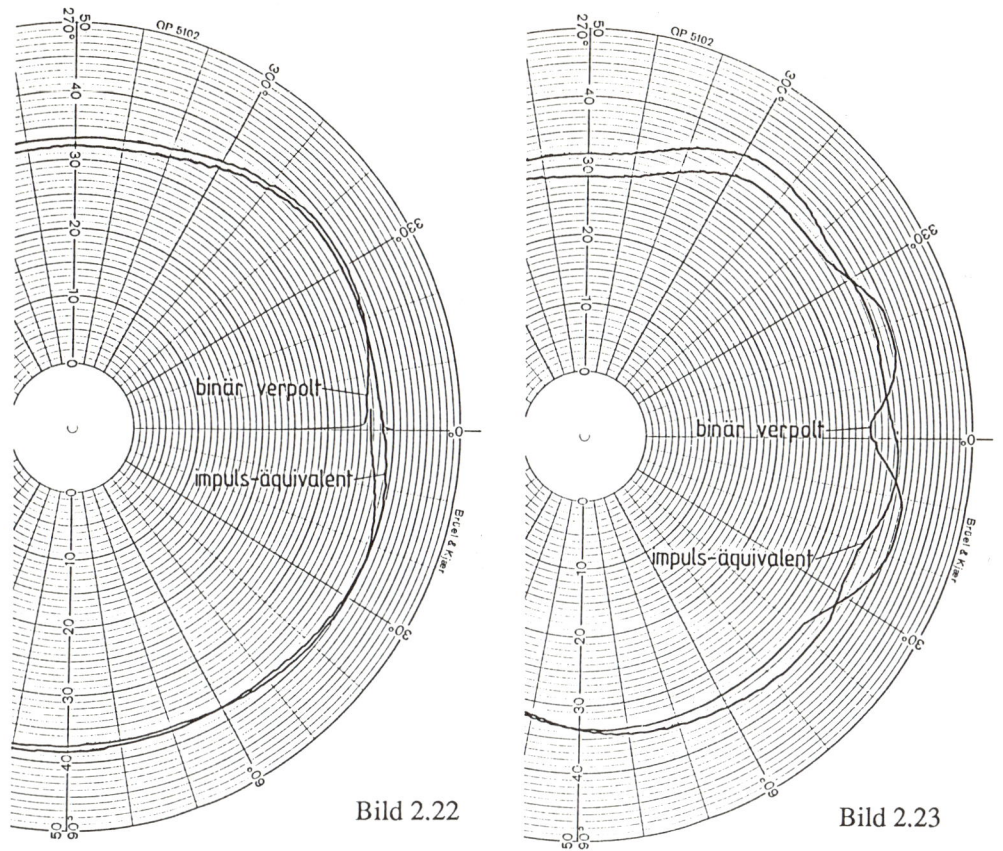

Bild 2.22

Bild 2.23

Bild 2.22   Gemessene Horizontalcharakteristika für f = 250 Hz

Bild 2.23   Gemessene Horizontalcharakteristika für f = 500 Hz

Nun besteht der Zweck einer Sendezeile darin, einen Raum mit einer größeren Schallenergie zu versorgen, als dies mit einem einzelnen Element möglich wäre. Es fragt sich also, ob dieses Ziel in jedem Fall der Wahl einer Steuerfolge x(n) bei unveränderter Steuerfolgen-Energie gleichermaßen erreicht wird.

Die abgestrahlte Schalleistung ergibt sich wie gesagt durch Integration über alle Richtungen zu

$$P_W = \int_0^{2\pi} \int_0^{\pi/2} R(\omega,\vartheta,\varphi) \sin\vartheta \; d\vartheta \; d\varphi$$

$$= \int_0^{2\pi} \int_0^{\pi/2} R_e(\omega,\vartheta,\varphi) \left| \sum_{n=0}^{N-1} x(n) \, e^{jnk\,\Delta x \sin\vartheta \cos\varphi} \right|^2 \sin\vartheta \; d\vartheta \; d\varphi \quad . \quad (2.73)$$

85

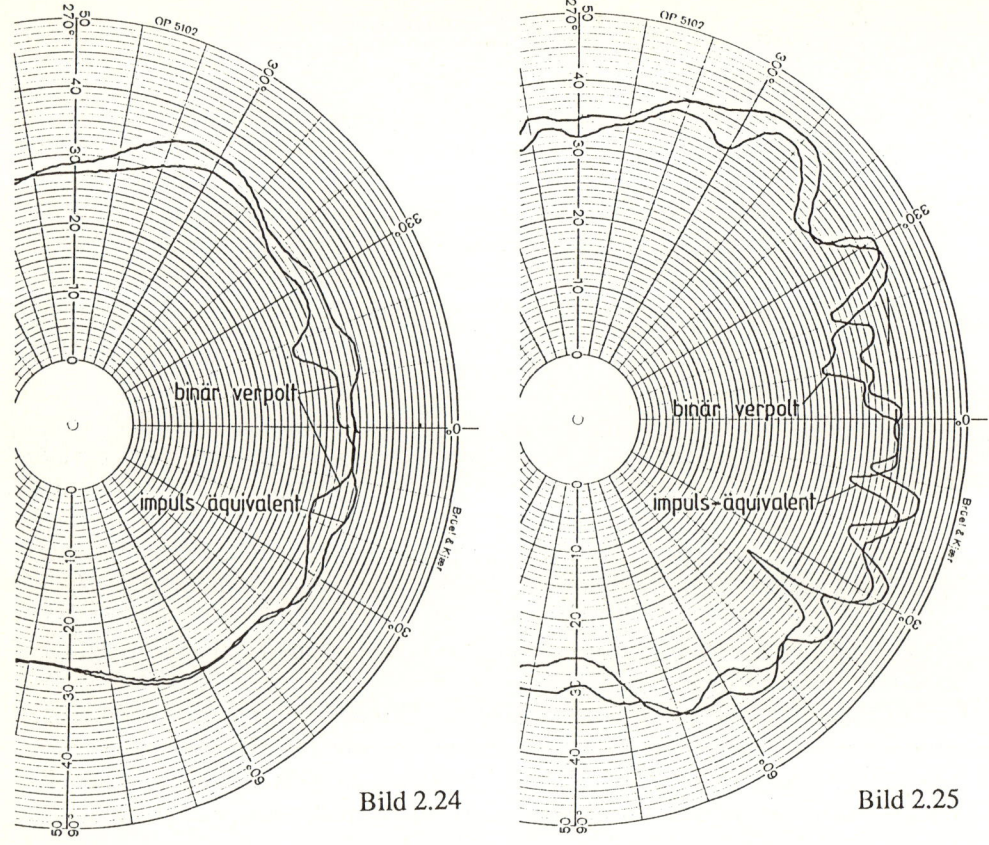

Bild 2.24

Bild 2.25

Bild 2.24   Gemessene Horizontalcharakteristika für f = 1000 Hz

Bild 2.25   Gemessene Horizontalcharakteristika für f = 2000 Hz

Wenn man eine allseitig gleichmäßige Abstrahlung des einzelnen Lautsprechers R_o unabhängig von den Winkeln voraussetzt, und wenn man berücksichtigt, daß das Leistungsspektrum $|X(e^{j\Omega})|^2$ gleich der Fourier-Transformierten der Autokorrelierten $a(n)$ der Folge ist, so erhält man

$$P_W = R_e \sum_{n=-(N-1)}^{N-1} a(n) \int_{0}^{2\pi} \int_{0}^{\pi/2} e^{jnk\,\Delta x\,\sin\vartheta\,\cos\varphi}\,\sin\vartheta\;d\vartheta\,d\varphi \qquad . \qquad (2.74)$$

Die auftretenden Teilintegrale können mit Hilfe der einschlägigen Tabellenwerke geschlossen ausgedrückt werden. Man erhält

86

$$\frac{P_W}{P_e} = a(0) + 2\,\mathrm{Re}\left\{ \sum_{n=1}^{N-1} a(n)\,\frac{\sin nk\,\Delta x}{nk\,\Delta x} \right\} \qquad , \tag{2.75}$$

wobei P_e die von einem Einzelelement abgegebene Leistung darstellt. Wegen der unterschiedlichen Autokorrelierten können die abgestrahlten Leistungen in den hier relevanten drei Fällen vor allem bei den tieferen Frequenzen voneinander abweichen.

Bei tiefen Frequenzen erhält man aus Gl.(2.73) die einfache Abschätzung

$$\frac{P_W}{P_e} = \left| \sum_{n=0}^{N-1} x(n) \right|^2 \quad . \tag{2.76}$$

Im Falle der Kolbenmembran $x(n)=1$ ist also $P_W/P_e = 15^2$, im Falle des binären Codes ist wegen der 9 positiven und 6 negativen Folgenglieder $P_W/P_e = 3^2$, und schließlich ist für die impuls-äquivalente Folge $P_W/P_e \approx 15$ (unter der Annahme jeweils gleicher eingespeister Leistung $E = 15$). Der Frequenzgang ist für die drei Fälle im Bild 2.26 wiedergegeben. Bei der impuls-äquivalenten Folge ist das Verhältnis P_W/P_e nahezu konstant. Dies geht auch schon aus ihrer Definition hervor, denn in ihrer Autokorrelierten besitzt nur der letzte Wert eine - relativ zum Maximum - kleine, von Null verschiedene Größe.

Auch für den binären Code liegt (von etwa 3 dB betragenden, mit der Frequenz abnehmenden Schwankungen abgesehen) ein etwa konstanter Verlauf vor. Die bei tiefen Frequenzen vorhandenen Unterschiede zwischen binärem Code und impuls-äquivalenter Folge gleichen sich aus, wenn man statt der bisher angenommenen

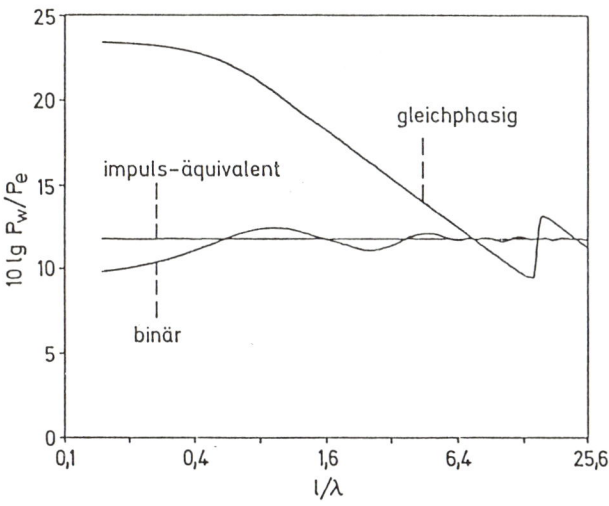

Bild 2.26   Schalleistungspegel bei Verwendung der verschiedenen
Steuerfolgen, aufgetragen über dem Verhältnis l/λ aus Zeilen-
länge l und Luftschallwellenlänge λ

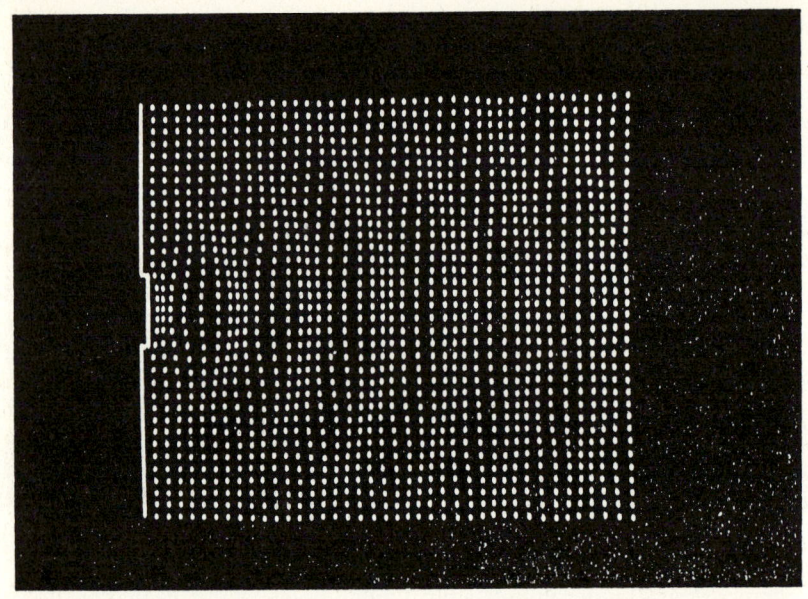

Bild 2.27   Teilchenbewegungen im umgebenden Medium bei
             gleichphasigem Betrieb für l/λ = 1

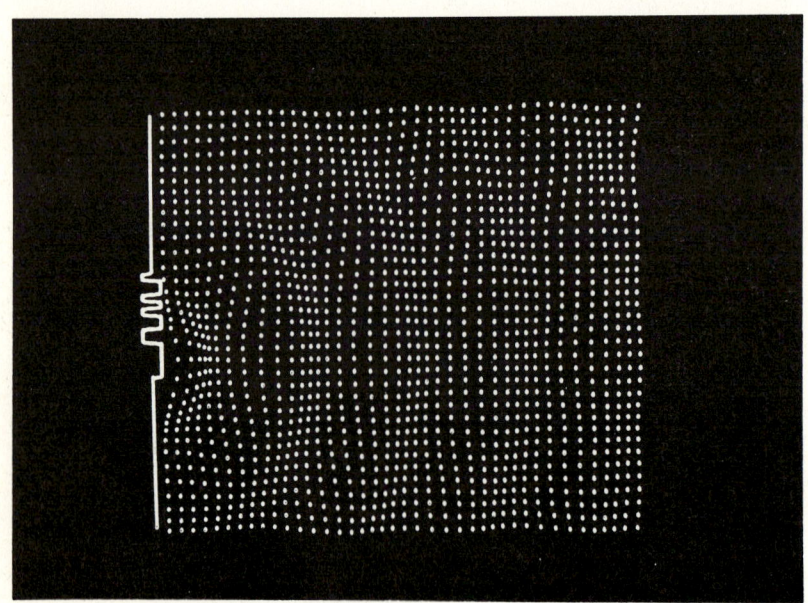

Bild 2.28   Teilchenbewegungen im umgebenden Medium bei
             binär verpoltem Betrieb für l/λ = 1

gleichen eingespeisten Leistung E = const. gleiche größte Belastbarkeit Max(|x(n)|)=1 für alle drei Folgen annimmt. In diesem Fall ist die Leistungskurve der impuls-äquivalenten Folge um etwa 3 dB nach unten zu verschieben. Man hat also die glattere Richtwirkung der impuls-äquivalenten Folge im Frequenzmittel mit einer etwas reduzierten Belastbarkeit zu bezahlen.

Weiter sieht man, daß die gleichphasig angesteuerte Lautsprecherzeile eine wesentlich größere Schalleistung abgibt, solange sie noch selbst eine etwa gleichmäßige Richtwirkung besitzt. Die bei höheren Frequenzen erzielbare Gleichmäßigkeit in der Richtwirkung wird generell durch verschlechterte Leistungsabgabe bei tiefen Frequenzen erkauft.

An Hand von Bildern, in denen wieder die Teilchenbewegungen im umgebenden Medium dargestellt sind, lassen sich die Unterschiede zwischen gleichphasigem und verpoltem Betrieb anschaulich darstellen. Während im Fall der gleichphasigen Ansteurung (Bild 2.27) alle Strahlerelemente etwa gleichmäßig zum Schallgeschehen beitragen, bleibt für die nach dem binären Code betriebene Sendezeile (Bild 2.28) nur eine wesentlich kleinere Anzahl strahlender Elemente übrig. Benachbarte Elemente entgegengesetzten Vorzeichens - zusammen in der Wirkung einem Dipol gleich - heben sich in diesem Frequenzbereich, in dem Interferenzen noch keine Rolle spielen, gegeneinander auf. Aus diesem Grund stammt der in größerer Entfernung merkliche Schall im Fall des verpolten Betriebes nur vom größeren Strahlergebiet mit konstantem Vorzeichen her; der Strahlerteil mit rasch wechselndem Vorzeichen trägt zur Abstrahlung fast nicht bei, hier heben sich die relativ zur Wellenlänge nah benachbarten gegenphasigen Teilquellen gegenseitig weg. Weil sich der Schalldruck aus der Summe der Einzeldrücke ergibt, ist er hier der Summe der Amplituden x(n) proportional.

Erst bei höheren Frequenzen entscheidet das Interferenzmuster über die Richtwirkung des Stahlers, dargestellt in den Bildern 2.29 und 2.30. Hier ist die Gesamtleistung gleich der Summe der Leistungen der als voneinander unabhängig gedachten Einzelelemente.

Eine Abschätzung des sich am Einwirkungsort einstellenden Schalldruckpegels bezüglich dessen Frequenzgang läßt sich für die Fälle mit etwa gleichmäßiger Richtwirkung angeben. Es ist

$$P_W = \frac{P_W}{P_e} P_e = \frac{P_W}{P_e} \rho c \, |v_e|^2 \, S \, s_e \qquad , \qquad (2.77)$$

worin s_e der Abstrahlgrad des Einzelelementes (und S dessen Fläche) ist. Wenn man wieder den Aufbau aus einzelnen Kolbenmembranen annimmt, so kann man für hinreichend tiefe Frequenzen, bei denen die Abmessungen der Einzellautsprecher kleiner als eine halbe Wellenlänge sind,

$$s_e \approx 2\pi \frac{S}{\lambda^2} \qquad (2.78)$$

abschätzen. Weil im Falle allseitig gleichmäßiger Abstrahlung die Frequenzgänge von

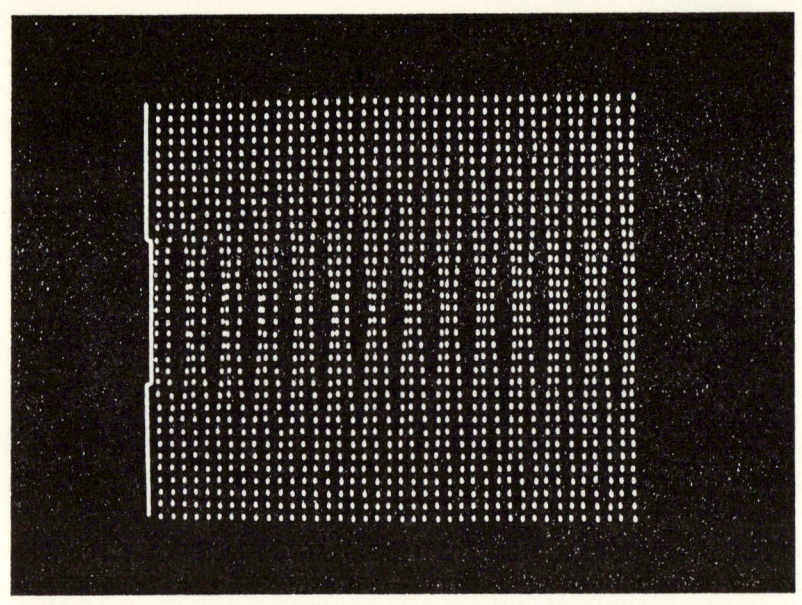

Bild 2.29   Teilchenbewegungen im umgebenden Medium bei
gleichphasigem Betrieb für $l/\lambda = 4$

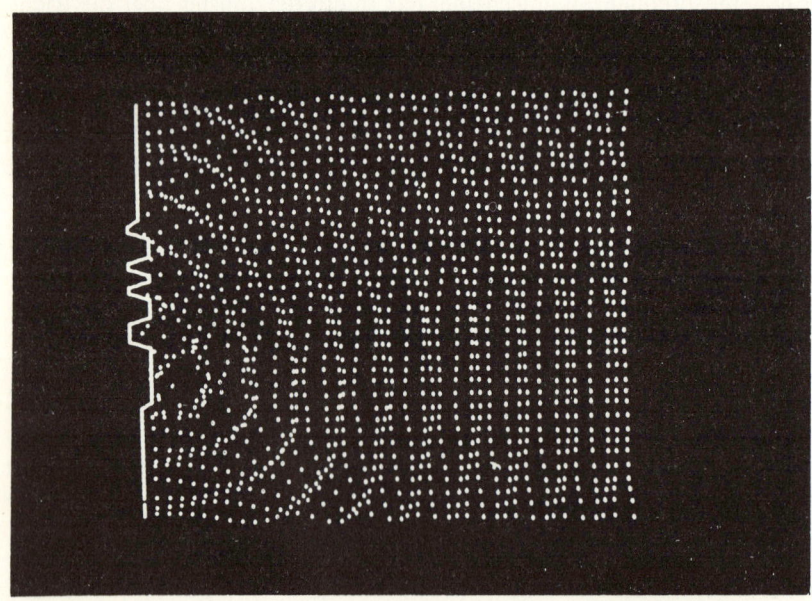

Bild 2.30   Teilchenbewegungen im umgebenden Medium bei
binär verpoltem Betrieb für $l/\lambda = 4$

Schalldruckquadrat $|p|^2$ und von abgestrahlter Leistung ihrem Verlaufe nach gleich sind, folgt die Proportionalität $|p|^2 \sim \omega^2 \, |v_e|^2$. Da Lautsprecher meist in einem Frequenzbereich oberhalb ihrer Resonanzfrequenz betrieben werden, in dem das Verhältnis aus Membranschnelle v_e und Eingangsspannung u mit der Frequenz nach $|v_e/u|^2 \sim 1/\omega^2$ fällt, folgt hieraus ein etwa konstanter Frequenzgang des Schalldrucks am Einwirkungsort. Man hätte also bei der nach dem binären Code und bei der mit der impuls-äquivalenten Folge betriebenen Zeile neben der erwünschten breiten Richtwirkung gleichzeitig einen nahezu konstanten Frequenzgang des Schalldruckes erreicht.

2.2 Folgen unendlicher Länge

In den vorigen Abschnitten sind nur Folgen x(n) betrachtet oder angewendet worden, deren antizyklische Autokorrelierte durch

$$a(k) = \sum_{n=0}^{N-k-1} x(n)\, x(n+k) \qquad\qquad (2.79)$$

gegeben ist. Dies geschah, weil bei den meisten Anwendungen eine endliche Anzahl von Elementen - wie bei der Lautsprecherzeile - vorhanden ist.

Bei manchen anderen Anwendungen - zum Beispiel bei der Schallreflexion an einer periodischen Wandstruktur - kommt eine periodische Wiederholung eines Grundmusters in Betracht. In diesem Fall ist die Autokorrelierte durch

$$a_z(k) = \sum_{n=0}^{N-1} x(n)\, x(n+k) \qquad\qquad (2.80)$$

gegeben. Man bezeichnet die durch Gl.(2.80) gegebene Autokorrelierte auch als zyklisch. Zyklische und antizyklische Autokorrelierte hängen über das Gesetz

$$a_z(k) = a(k) + a(N-k) \qquad\qquad (2.81)$$

miteinander zusammen. Man sieht, daß die zyklische Autokorrelierte $a_z(k)$ vollständig aus der antizyklischen Autokorrelierten a(k) gewonnen werden kann, nicht aber umgekehrt. Hieraus folgt, daß eine im Sinne großen F gute Folge x(n) stets auch in der periodischen Fortsetzung einen hohen Merit-Faktor besitzt, wenn die antizyklische Autokorrelierte kleine Seitenkeulen aufweist. Der umgekehrte Schluß ist nicht notwendigerweise zulässig.

91

2.2.1 Folgen maximaler Länge

Für gewisse Längen $N = 2^m - 1$ sind periodische Folgen $x(n) = \pm 1$ mit maximalem Merit-Faktor bekannt. Sie werden in der Literatur mit verschiedenen Namen bezeichnet:

- Folgen maximaler Länge
- m-sequences
- Shift-Register-Sequences
- Pseudo-Random oder Pseudo-Noise (PN-) Sequences

Über sie gibt es eine reiche Literatur, der interessierte Leser sei insbesondere auf die Übersichtsarbeit von F. J. MacWilliams und N. J. A. Sloane /2.13/ verwiesen, in der weitere 78 Literaturstellen aufgeführt sind. Es genügt daher, hier nur das Wesentliche zu schildern.

Für Längen $N = 2^m - 1$ folgt aus

$$(N - a_z(k))_{\bmod 4} = 0 \qquad (2.82)$$

(den Beweis dieser Gleichung erhält man auf gleichem Wege wie den Beweis von Gl.(2.19)), daß die im Sinne großen Merit-Faktors bestmögliche Wahl für $a_z(k)$ in

$$a_z(k) = -1 \quad , \; k \neq 0, \pm N, \pm 2N, \pm 3N, \ldots \qquad (2.83)$$

besteht. Tatsächlich weisen die m-Folgen - wie noch gezeigt wird - diese Eigenschaft auf. PN-Folgen sind also in diesem Sinne "periodische Barker-Folgen".

Am einfachsten läßt sich die Erzeugung von Folgen maximaler Länge an Hand eines aus m Speicherelementen bestehenden Schieberegisters mit Rückkopplungen erläutern. Die Kästen in Bild 2.31 repräsentieren Speicherelemente, die nur die Zahlenwerte 0 und 1 enthalten können, die Kreise an den Rückführungen bedeuten eine Addition modulo 2. Das Schieberegister soll nun so konstruiert werden, daß es - einmal angestoßen - *alle* möglichen Zustände durchläuft: die Folge der Schieberegister-Zustände soll eine maximal lange Periode besitzen. Da nun kein Register vom Ausgangszustand "0" aus, in welchem alle Speicher den Wert 0 enthalten, in einen anderen Zustand übergehen kann, ist der Zustand "0" verboten. Die maximale Länge einer Periode beträgt also

$$N = 2^m - 1 \quad , \qquad (2.84)$$

wobei m die Anzahl der Speicherelemente bedeutet.

Das Schieberegister wird durch ein Polynom h(x) m-ter Ordnung beschrieben. Die Koeffizienten des Polynoms bezeichnen die Rückführungen und können deshalb nur die Werte 0 und 1 annehmen. Für jede Register-Länge m existiert ein Polynom h(x)

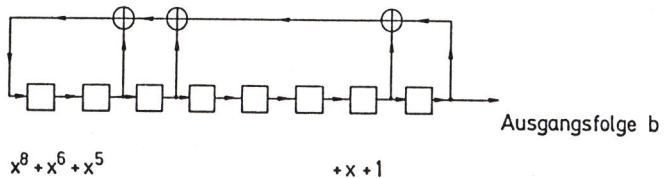

$x^8 + x^6 + x^5$ $+ x + 1$

Bild 2.31   Schieberegister zur Erzeugung der m-Folge N = 255

so, daß das dadurch definierte Register innerhalb einer Periode alle Zustände ohne Wiederholungen durchläuft. Die Polynome h(x) sind nicht-reduzierbare primitive Polynome, welche durch kein anderes Polynom niedrigerer Ordnung ohne Rest teilbar sind, dessen Koeffizienten gleichfalls nur die Werte 0 oder 1 annehmen können. Die Herleitung solcher primitver Polynome h(x) erfolgt mit zahlentheoretischen Mitteln, auf die hier schon des Umfanges wegen nicht eingegangen werden kann. Eine sehr ausführliche Schilderung des mathematischen Hintergrundes enthält die Arbeit /2.14/ (Kapitel 3, 4 und 14) von F. J. MacWilliams und N. J. A. Sloane. Einige primitive Polynome, welche ein Register maximaler Länge definieren, sind in der Tabelle 2.8. aufgeführt.

Im folgenden wird gezeigt, daß die aus der Ausgangsfolge b(n) des Schieberegisters durch

$$x(n) = - (-1)^{b(n)} \tag{2.85}$$

Tabelle 2.8.   Primitive Polynome

Ordnung m	h(x)
3	$x^3 + x + 1$
4	$x^4 + x + 1$
5	$x^5 + x^2 + 1$
6	$x^6 + x + 1$
7	$x^7 + x + 1$
8	$x^8 + x^5 + x + 1$
9	$x^9 + x^4 + 1$
10	$x^{10} + x^3 + 1$
11	$x^{11} + x^2 + 1$
12	$x^{12} + x^7 + x^4 + x^3 + 1$
13	$x^{13} + x^4 + x^3 + x + 1$
14	$x^{14} + x^{12} + x^{11} + x + 1$
15	$x^{15} + x + 1$

gewonnene binäre periodische Folge x(n) gerade dann eine "periodische Barker-Folge" ist und ihre Autokorrelierte Gl.(2.83) erfüllt, wenn die Zustandsfolge des Schieberegisters maximale Länge besitzt.

Durch das Register und dessen erzeugendes Polynom h(x) wird eine Rekursionsgleichung für die Ausgangsfolge b(n) definiert. Jeder Zustand des Registers kann nur auf den m vorangegangen Zuständen beruhen. Wenn allgemein das erzeugende Polynom h(x) die Form

$$h(x) = \sum_{i=0}^{m} h_i x^i \qquad (2.86)$$

besitzt, dann lautet die Rekursionsgleichung

$$b(i+m) = h_{m-1} b(i+m-1) + h_{m-2} b(i+m-2) + ... + h_1 b(i+1) + b(i) \ .$$

$$(2.87)$$

Im Beispiel des Bildes 2.31 ist

$$b(i+8) = b(i+6) + b(i+5) + b(i+1) + b(i) \qquad , \qquad (2.88)$$

wobei in allen aufgeführten Gleichungen die Additionen modulo 2 ausgeführt werden sollen.

Wie man sieht genügt es zur Definition von Ausgangs- und Zustandsfolge, m Anfangsbedingungen festzulegen. Dabei kann jeder beliebige Zustand - mit Ausnahme des verbotenen Zustandes "0" - Ausgangszustand sein. Da alle möglichen Zustände ohne Wiederholungen durchlaufen werden, bedeutet die Veränderung der Anfangsbedingungen lediglich eine zyklische Verschiebung von Zustands- und Ausgangsfolge b(n):

Eigenschaft 1 : Die Menge PN aller möglicher Ausgangsfolgen enthält nur alle
zyklischen Verschiebungen eines jeden Elementes b(i) von PN. Ist b(i)
ein Element von PN, so ist auch jede Verschiebung Element von PN.

Aus der das Schieberegister definierenden Rekursionsgleichung folgt nun, daß die Summe (modulo 2) zweier nicht-identischer Elemente von PN ebenfalls Element von PN ist :

Eigenschaft 2 : Seien $b_1(i)$ und $b_2(i)$ Elemente von PN und $b_1 \neq b_2$. Dann ist auch
$b(i) = b_1(i) + b_2(i)$ Element von PN.

94

Zum Beweis durch Einsetzen in die Rekursiongleichung muß lediglich die Identität

$$(h\,b_1 + h\,b_2)_{\text{mod}\,2} = h\,(b_1 + b_2)_{\text{mod}\,2} \quad \text{für h=0 oder h=1} \quad (2.89)$$

beachtet werden. Der Fall $b_1=b_2$ führt auf den verbotenen Nullzustand und muß deswegen ausgeschlossen werden.

Es wird nun noch eine Aussage über die Anzahlen N_0 und N_1 der in jeder Ausgangsfolge enthaltenen Nullen und Einsen benötigt. Jede Zustandsfolge ist vollständig, alle Zustände des Registers werden ohne Wiederholungen pro Periode gerade einmal durchlaufen. Wäre der Zustand "0" ebenfalls zugelassen, dann gäbe es 2^m statt $2^m - 1$ Zustände, und es würden jeweils 2^{m-1} Zustände auf Null und auf Eins enden. Da nun der Zustand "0" auf Null endet, gilt

Eigenschaft 3 : Jede Ausgangfolge b(i) enthält

$$N_0 = 2^{m-1} - 1 \quad \text{Nullen und}$$
$$N_1 = 2^{m-1} \quad \text{Einsen.}$$

Für die zyklische Autokorrelierte der hier interessierenden Folge x(n) gilt also

$$a_z(k) = \sum_{n=0}^{N-1} x(n)\,x(n+k) = \sum_{n=0}^{N-1} (-1)^{b(n)\,+\,b(n+k)} \quad , \quad (2.90)$$

wobei es keinen Unterschied macht, ob die Addition im Exponenten modulo 2 ausgeführt wird oder nicht. Nach Eigenschaft 1 ist b(n+k) ebenfalls ein Element aus PN. Eigenschaft 2 zeigt, daß für $k \neq 0$ auch $b(n) + b(n+k) = b'(n)$ ebenfalls zu PN gehört. Es ist also

$$a_z(k) = \sum_{n=0}^{N-1} (-1)^{b'(n)} \quad . \quad (2.91)$$

Die rechte Seite stellt die Differenz aus den Anzahlen der in b'(n) enthaltenen Nullen und Einsen dar. Weil b'(n) ebenfalls ein Element aus PN ist, folgt

$$a_z(k) = N_0 - N_1 = -1 \quad \text{für } k \neq 0, \pm N, \pm 2N, \dots \quad . \quad (2.92)$$

Die Folge x(n) erfüllt also in der Tat die genannte Bedingung für ihre Autokorrelierte.

Der zugehörige Merit-Faktor soll hier mit F_z bezeichnet werden, um ausdrücklich auf den Fall zyklischer Vorgänge hinzuweisen. Er beträgt

95

$$F_z = \frac{N^2}{2(N-1)} \quad . \qquad\qquad (2.93)$$

Für PN-Folgen ist der Merit-Faktor, verglichen mit den Werten für einmalige Folgen, relativ groß. Für N = 31 beträgt F_z = 16,02.

Wie man sieht ist es - wenigstens für die hier zugelassenen Längen - vergleichsweise einfach, periodische Folgen mit optimal glattem Spektrum zu finden. Es sei daran erinnert, daß periodische Folgen kein kontinuierliches, sondern ein diskretes Spektrum besitzen. Für endlich lange, nicht-periodische Folgen ist das Problem wesentlich komplizierter, es ist nicht einmal bekannt, welche maximalen Merit-Faktoren erreicht werden können.

Die Bedingung N = 2^m - 1 für die Folgenlängen stellt eine scharfe Restriktion bezüglich der Folgenlängen dar. Durch Verwendung nicht-linearer Schieberegister können auch Folgenlängen N = 2^m benutzt werden. Die entsprechenden Ausgangsfolgen werden de Bruijn-Folgen genannt /2.15/.

Andere Längen als die genannten werden mit mehrwertigen Schieberegistern und damit auch mehrwertigen Ausgangsfolgen erreicht. Aus ihnen können entsprechend mehrphasige Folgen x(n) = $e^{jq(n)}$ gebildet werden (siehe dazu auch die schon zitierte Arbeit /2.13/).

2.2.2 Ebene Streukörper

Mit den in der vorliegenden Arbeit verwendeten Methoden der gezielten Erzeugung von Interferenz-Mustern durch Phasenverzögerungen von Wellenanteilen, die sich mathematisch durch Fourier-Transformationen beschreiben lassen, kann auch eine bestimmte Klasse von Reflektoren behandelt werden. Diese Reflektoren bestehen im zweidimensionalen Fall aus einzelnen, gleich breiten Schlitzen der Breite Δx mit dünner, schallharter Berandung. Alle Schlitze enden nach oben hin in der gleichen Referenzebene z=0 (Bild 2.32). Jeder der Schlitze ist in einer gewissen Tiefe d_n durch eine Impedanz z abgeschlossen, wobei der Einfachheit halber vorausgesetzt werden soll, daß die Abschlußimpedanz für alle Schlitze gleich sei. Häufig wird ein Schlitz-Abschluß mit vollständiger Reflexion z=∞ notwendig sein, etwa zum Zwecke der Nachhallerhaltung in der Raumakustik.

Im dreidimensionalen Fall hat man sich die Anordnung aus "Rohrstücken" quadratischen Querschnittes zusammengesetzt vorzustellen, die ebenfalls alle in einer Referenzebene münden und nach unten in einer Tiefe d_{mn} abgeschlossen sind. Hier wird zunächst der zweidimensionale Fall behandelt, an dem sich alle Prinzipien ablesen lassen, und die entsprechenden Konstruktionsvorschriften für den drei-

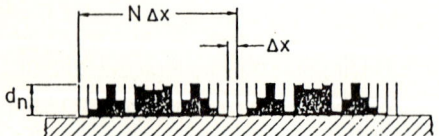

Bild 2.32   Schlitzreflektor

dimensionalen Fall - der für Anwendungen natürlich interessanter ist - werden im Anschluß angegeben.

Im folgenden sei angenommen, daß sich der Streukörper im freien ungestörten Raum befindet. Beugungserscheinungen auf Grund endlicher Reflektor-Abmessungen interessieren nicht, zumal für die Praxis vor allem Anordnungen in Frage kommen, die aus einer periodischen Aneinander-Reihung von Reflektoren bestehen.

Wenn man weiter davon ausgeht, daß die Schlitz-Breite im interessierenden Frequenzbereich stets klein gegenüber der Wellenlänge ist, wenn also auch Beugungs-erscheinungen "im Kleinen" an den Kanten der offenen Schlitze unberücksichtigt bleiben, so kann man ein sehr einfaches Modell zur Beschreibung der Reflektor-Eigenschaften benutzen. Unter den getroffenen Voraussetzungen kann man an-nehmen, daß ein Schlitz mit dem Index n aus einer auftreffenden Schallwelle einen Schallfluß-Anteil "herausschneidet". Dieser Flußanteil wandert im Schlitz als ebene Welle zum Boden, wird an der dort befindlichen Impedanz reflektiert und läuft danach zurück zur Schlitz-Öffnung. Die aus dem n-ten Schlitz austretende Schnelle v_{rn} läßt sich demnach durch

$$v_{rn} = v_a(x_n)\, r\, e^{-j2kd_n} \tag{2.94}$$

beschreiben. Hierin bedeutet $v_a(x_n)$ die auftreffende Schnelle im Mittelpunkt der Schlitz-Oberfläche. Der Reflexionsfaktor r stellt den Schnelle-Reflexionsfaktor der Impedanz z dar. Er ist zum Druckreflexionsfaktor negativ gleich groß. Da dieses Vorzeichen - ebenso wie die Zählrichtung der Schnelle - bedeutungslos ist, kann man r auch als Druckreflexionsfaktor

$$r = \frac{\dfrac{z}{\rho c} - 1}{\dfrac{z}{\rho c} + 1} \tag{2.95}$$

deuten.

Wie in den Arbeiten von Cremer und Müller /2.16/ und von Levine und Schwinger /2.17/ dargelegt worden ist, erfolgt die Abstrahlung aus Rohren mit kleinem Querschnitt in die freie Umgebung etwa ungerichtet. Die Schallabstrahlung aus einem Schlitz kann daher als durch eine Linien-Monopolquelle hervorgerufen gedacht werden, wobei man natürlich beachten muß, daß diese Vorstellung nur in größeren Entfernungen Gültigkeit besitzt. Für den Druckanteil eines Monopols im Aufpunkt erhält man demnach

$$p_n(R,\vartheta) \approx \frac{\omega\rho}{2}\, \Delta x\, v_{rn}\, e^{j\pi/4}\, \frac{e^{-jkR_n}}{\sqrt{k\,R_n}} \quad , \tag{2.96}$$

wobei R_n den Abstand zwischen aktueller Schlitzoberfläche und Aufpunkt bedeutet. Man beachte, daß die Entfernungsabnahme im Zweidimensionalen durch die Wurzel aus dem Abstand gegeben ist.

Nun ist ja das reflektierte Gesamtfeld durch eine Superposition der von den Schlitzen herstammenden Teilschalle gegeben :

$$p_r(R,\vartheta) = \sum_n p_n(R,\vartheta) \qquad . \qquad (2.97)$$

Während für größere Entfernungen R des Aufpunktes die Amplituden-Abnahmen mit $1/\sqrt{R_n}$ untereinander etwa gleichmäßig sind und kleinere relative Abweichungen vom Wert $1/\sqrt{R}$ im örtlichen Schwingungsbild fast keine Wirkung zeigen, sind die abstandsbedingten Phasenunterschiede zwischen den Anteilen für das Gesamtfeld von großer Bedeutung, denn durch sie wird das für ein Wellenfeld charakteristische Interferenzmuster erzeugt. Die Phasenunterschiede sind in der Exponentialfunktion mit imaginärem Argument $-jk\,R_n = -j2\pi R_n/\lambda$ in der Gl.(2.96) enthalten. Man sieht leicht ein, daß es hier gar nicht auf den *Wert* der Division R_n/λ ankommt, sondern nur auf den *Rest*, der bei dieser Division anfällt : bei Änderung des Aufpunktabstandes um eine Wellenlänge wird gerade wieder der gleiche Phasenzustand erreicht. Für die Interferenzerscheinungen zählen also Strecken, die nur Bruchteile von Wellenlängen betragen, und deshalb müssen die Entfernungen bezüglich der durch sie bewirkten Phasenänderung sorgfältiger genähert werden.

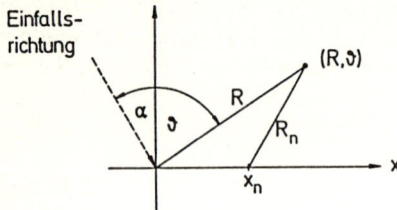

Bild 2.33   Koordinatensystem und geometrische Größen zur Berechnung des reflektierten Schallfeldes

Aus der im Bild 2.33 dargestellten Geometrie folgt

$$R_n = R \sqrt{1 + \frac{x_n^2}{R^2} - 2\frac{x_n}{R} \sin\vartheta} \qquad , \qquad (2.98)$$

und wenn man hierin Glieder quadratischer und höherer Ordnung vernachlässigt,

$$R_n \approx R - x_n \sin\vartheta \qquad , \qquad (2.99)$$

98

so folgt

$$p_r(R,\vartheta) \approx \sqrt{\frac{\pi}{2}}\, \rho c\, r\, \frac{\Delta x}{\sqrt{R\lambda}} \sum_n v_a(x_n)\, e^{-j2\pi\, d_n/\lambda}\, e^{j2\pi\, n\, \Delta x\, \sin\vartheta/\lambda} \qquad (2.100)$$

Insgesamt ergibt sich das reflektierte Wellenfeld als Superposition von phasenverzögerten Zylinderwellen, deren Quellen in den Schlitz-Schallflüssen bestehen.

Die Phasenunterschiede beruhen einmal auf den unterschiedlichen Abständen zwischen Schlitzen und Aufpunkt, und auf der Gestalt des auftreffenden Feldes

$$v_a(x_n) = v_0\, e^{-j2\pi\, n\, \Delta x\, \sin\alpha/\lambda} \qquad , \qquad (2.101)$$

die die Phasenverzögerungen der Schlitzanregungen beinhaltet. Es sind örtliche Punktquellen, die das Schallgeschehen insgesamt bestimmen, wobei die Phasenbeziehungen der Quellen untereinander noch von der Anregung - der auftreffenden Schallwelle - bestimmt werden.

Zusätzlich kann man aber noch die Phasendifferenzen zwischen den Quellen-Schallflüssen selbst manipulieren, indem die Verzögerungen gegeneinander durch unterschiedliche Schlitztiefen eingestellt werden. Damit kann auch eine bestimmte, erwünschte Verteilung des Schalldruckquadrates auf die Reflexionsrichtungen erzielt werden. Der Sinn eines solchen Reflektor-Gebildes besteht denn auch darin, ein in gewisser Hinsicht vorteilhaftes Reflexionsverhalten bezüglich der Verteilung auf die Rückwurfrichtungen zu erreichen.

Nun ist ja - wie schon früher in Kapitel 1 ausgeführt - die Richtwirkung von Strahlern mit dem Wellenzahlspektrum des örtlichen Schnelleverlaufes des Senders identisch. Diese Tatsache findet man auch hier in der Beschreibung des reflektierten Druckfeldes

$$|p_r(R,\vartheta)|^2 = \frac{\pi}{2}\, |\rho c r\, v_0|^2\, |X(e^{j2\pi\, \Delta x\, (\sin\alpha - \sin\vartheta)/\lambda})|^2 \qquad (2.102)$$

wieder. Dabei ist $X(e^{j\Omega})$ die Fourier-Transformierte

$$X(e^{j\Omega}) = \sum_n x(n)\, e^{-jn\Omega} \qquad (2.103)$$

der durch die Schlitze bewirkten Phasenverzögerungen

$$x(n) = e^{-j2\pi\, 2d_n/\lambda} \qquad . \qquad (2.104)$$

Wie schon früher bei der Betrachtung der Lautsprecherzeile mit ungerichteter Abstrahlung besteht hier die Richtwirkung im "sichtbaren Ausschnitt"

$$-2\pi \frac{\Delta x}{\lambda} (1 - \sin \alpha) \leq \Omega \leq 2\pi \frac{\Delta x}{\lambda} (1 + \sin \alpha) \tag{2.105}$$

aus dem Leistungsspektrum $|X(e^{j\Omega})|^2$, der durch Variation des Rückwurfwinkels $90^{\circ} \geq \vartheta \geq -90^{\circ}$ überdeckt wird. Theoretisch kann dabei wieder eine Periode des Spektrums mehrfach in Erscheinung treten. Dabei muß man allerdings bedenken, daß die Annahme ungerichteter Abstrahlung aus einem Schlitz sicher nicht mehr zutrifft, wenn die Wellenlänge mit wachsender Frequenz einmal kleiner als die doppelte Schlitzbreite geworden ist. Natürlich ergibt sich auch hier wieder die Gesamtrichtwirkung durch die Multiplikation der Richtwirkungen der Steuerfolge und der Einzelelemente.

Mit den Gl.(2.102) bis (2.104) ist das Problem der Konstruktion eines Reflektors mit einer gewissen, erwünschten Richtwirkung wieder auf die Frage zurückgeführt worden, wie eine Folge mit einem geforderten Leistungsspektrum bestimmt werden kann. Die Motivation zur Konstruktion eines dadurch beschriebenen Reflektors besteht in dem Wunsch, diesen so zu entwickeln, daß eine auftreffende Schallwelle auf möglichst alle Raumwinkel gleichmäßig verteilt zurückgeworfen wird und dabei - anders als bei glatten Oberflächen - eine Richtungsselektivität vermieden wird. Es liegt auf der Hand, daß ein solcher Diffusor vor allem bei raumakustischen Fragen, etwa bei der Gestaltung von Konzertsälen, eine wünschenswerte Einrichtung darstellt, weil sie eine gleichmäßigere Durchmischung des Raumes mit Schallenergie gewährleistet.

Arbeiten zu diesem Thema findet man vor allem von Schroeder /2.18/ und /2.19/, von dem auch die beiden im folgenden genannten Konstruktionsvorschläge stammen.

Im Wesen handelt es sich also beim Entwurf eines guten oder gar optimalen Diffusors um ein ganz ähnliches Problem wie bei der Erzeugung von Richtwirkungen von Sendezeilen : der Ermittlung von Folgen mit konstantem Lesitungsspektrum. Dabei gibt es allerdings zwei wesentliche Unterschiede :

1. Die Wandstruktur ist periodisch

Während die Steuerfolge für eine Lautsprecherzeile endliche Länge besitzt und für die Auswahl der Steuerfolge gerade das einmalige Vorkommen eines Grundmusters von Bedeutung war, ist bei den Diffusoren eher an eine periodisch-häufige Wiederholung der Diffusor-Grundperiode zu denken. Man wird bei der praktischen Anwendung viel mehr an der Ausgestaltung ganzer Wandflächen mit vielen, gleichartigen nebeneinander angebrachten Diffusoren interessiert sein als am einzelnen Grundbaustein alleine. Deswegen sind hier vor allem die Beträge des diskreten Linienspektrums der periodischen Reflektorfolge

$$x(n) = e^{-j2\pi \, 2d_n/\lambda}$$

$$x(n+N) = x(n) \tag{2.106}$$

in Betracht zu ziehen, und die spektralen Eigenschaften des einmaligen Reflektors mit $x(n)=0$, $n<0$, $n \geq N$, interessieren hier weniger.

Bei den im folgenden noch gegebenen Beispielen wird trotzdem immer von einer Anordnung ausgegangen, die aus zwei nebeneinander liegenden Grundperioden des Reflektors besteht, wobei die Umgebung des Gesamtgebildes absorbierend gedacht ist. Dies geschieht lediglich, um einen Vergleich mit Messungen zu ermöglichen, die ebenfalls auf der einfachen Wiederholung des Grundelementes basieren.

2. Die Steuerfolge ist frequenzabhängig

Während man bei der Steuerfolge für die Lautsprecherzeile aus Gründen einfacher Realisation an frequenzunabhängigen Faktoren interessiert ist, sind hier die Phasenglieder $x(n)$ auf Grund des physikalischen Prinzips frequenzabhängig: wie alle Abmessungen sind die Schlitztiefen an der Wellenlänge zu messen. Es ändert sich also nicht nur von Frequenz zu Frequenz der sichtbare Bereich des Leistungsspektrums, sondern auch dessen Gestalt erfährt Verformungen über der Frequenz.

So ist bei tiefen Frequenzen $\lambda \gg d_n$ mit $x(n) \approx 1$ kein Unterschied zur Reflexion an der glatten Wand merklich, und erst bei einer gewissen Frequenz, bei der die Schlitze in der Größenordnung bis zu einer halben Wellenlänge tief sind, können sich die streuenden Eigenschaften entfalten. Der Diffusor-Entwurf ist also an eine Design-Frequenz f_d gebunden, womit die tiefste Frequenz bezeichnet sei, bei der die angestrebte Streuwirkung voll eintritt. Die Schlitztiefen müssen an der zugehörigen Wellenlänge λ_d orientiert werden. Der genaue Zusammenhang zwischen Entwurfs-frequenz und größter Schlitztiefe - ein Maß für den räumlichen Aufwand - hängt von der Wahl des Schlitztiefenmusters ab, wird also auch vom Zusammenspiel aller Schlitze beeinflußt. Dabei liegt es auf der Hand, daß alle Schlitztiefen nicht mehr als eine halbe Wellenlänge der Entwurfsfrequenz betragen müssen.

Auch die Schlitzbreiten Δx müssen an der Entwurfswellenlänge orientiert werden. Einerseits wäre man an sehr kleinen Breiten Δx interessiert, denn dann setzt die sich mit wachsender Frequenz einstellende Richtungsbevorzugung nach vorne durch die Richtwirkung der Einzelschlitze erst bei hohen Frequenzen ein. Andererseits können die Abstände Δx nicht zu klein gewählt werden. Mit bezüglich der Wellenlänge sehr dicht benachbarten Quellen können keine erwünschten Interferenzmuster erzeugt werden, der für die Abstrahlung sichtbare Ausschnitt der Breite $\Delta\Omega = 4\pi \Delta x/\lambda$ wird so schmal, daß auf ihn nur sehr wenige Spektrallinien des diskreten Spektrums entfallen. Für $\Delta x/\lambda_d = 1/N$ - das entspräche dem Fall, bei dem die Periodenlänge gleich der Entwurfswellenlänge ist - bliebe in der Entwurfsfrequenz nur eine einzige Spektrallinie übrig, was die beabsichtigte Streuwirkung zunichte macht. Man muß also einen Kompromiß eingehen und (etwa mit $N\Delta x/\lambda_d$ mit Werten zwischen 2 und 3) in Kauf nehmen, daß die Richtwirkung des einzelnen Schlitzes schon etwas früher in der Frequenz merklich wird.

Als erstes Beispiel einer Konstruktionsvorschrift für einen ebenen Diffusor sei der von Schroeder /2.18/ ursprünglich vorgeschlagene, auf Folgen maximaler Länge beruhende Diffusor genannt. Es ist ein naheliegender Gedanke, die Elementtiefen so zu wählen, daß sich für senkrechten Schalleinfall und in der Entwurfsfrequenz eine zweiwertige Folge ergibt . Unter Beachtung der Zuordnungen

$$x(n) = +1 \qquad : \quad d_n = 0$$

$$x(n) = -1 \qquad : \quad d_n = \lambda_d/4 \tag{2.107}$$

erhält man für $x(n)$ eine PN-Folge bei entsprechendem Aufbau des Diffusors, und das Leistungsspektrum - und damit die Richtwirkung - verfügt über optimale Eigenschaften. Im folgenden Beispiel ist die aus dem vorigen Abschnitt hervorgehende Vorzeichenfolge für N=15 (---+- -++-+ -++++) verwendet worden. Durch zyklisches Verschieben, Umkehrung der Reihenfolge und Multiplikation mit $(-1)^n$ können weitere Folgen mit der gleichen spektralen Eigenschaft gewonnen werden. In Bild 2.34, gerechnet für $N\Delta x/\lambda_d = 2{,}05$, ist das Reflektogramm für senkrechten Schalleinfall in der Entwurfsfrequenz wiedergegeben. Wenn man bedenkt, daß ein glatter Reflektor mit gleichen Abmessungen eine scharfe Bündelung aufweist, ist das Ziel breiter Streuung schon gut erreicht.

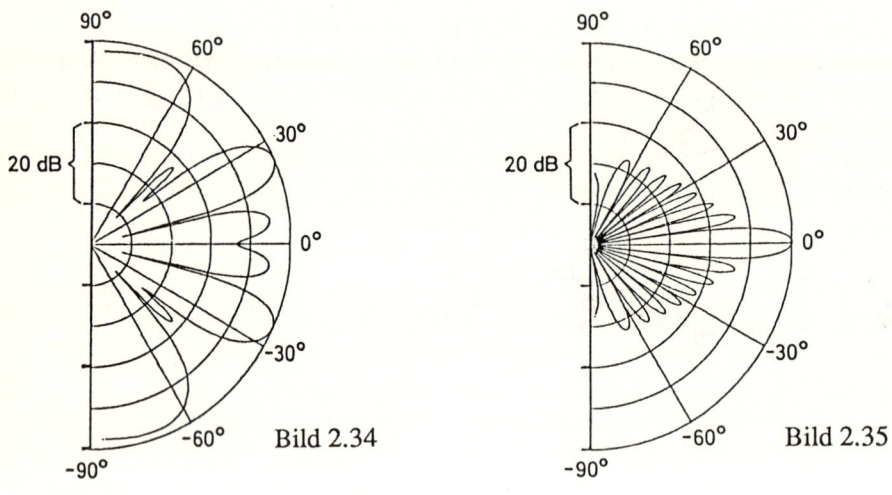

Bild 2.34   Reflektogramm des PN-Diffusors in der Entwurfsfrequenz $\lambda_d/\lambda = 1$, senkrechter Schalleinfall

Bild 2.35   Reflektogramm des PN-Diffusors für $\lambda_d/\lambda = 2$ senkrechter Schalleinfall

Diese günstigen Eigenschaften des zweiwertigen Diffusores finden sich jedoch nicht für alle Frequenzen. Für diejenigen Schlitztiefen, die nicht ohnedies gleich Null sind, gilt nach Gl.(2.107)

$$x(n) = e^{-j2\pi\, 2d_n/\lambda_d\, \lambda_d/\lambda} = e^{-j\pi\, f/f_d} \tag{2.108}$$

Ist $f = 2m \, f_d$ ein geradzahliges Vielfaches der Entwurfsfrequenz, so ist $x(n)=1$, und der Diffusor wirkt wie ein glatter Spiegel. Die Nebenkeulenstruktur in Bild 2.35 rührt nur von der endlichen Spiegelbreite her. Für ungeradzahlige Vielfache der Entwurfsfrequenz $f = (2m+1)f_d$ nimmt die Richtwirkung des reflektierten Feldes wieder einen ähnlichen Verlauf wie für $f = f_d$ an, wobei nur die Anzahl der sichtbaren Spektrallinien - hier als etwa gleiche hohe Keulen erkennbar - entsprechend wächst. Wie man der Arbeit von Gerlach und Schroeder /2.20/ entnehmen kann, lassen sich die geschilderten Ergebnisse in guter Übereinstimmung experimentell nachweisen.

Da nun die "Frequenzselektivität" des auf einer Folge maximaler Länge beruhenden Diffusors einen gewissen Nachteil bildet, wird man versuchen, eine noch bessere Wahl des Schlitztiefen-Musters so zu treffen, daß die Streueigenschaften auch in den geraden Vielfachen der Entwurfsfrequenz erreicht werden. Es ist hier ja ohne größeren Aufwand möglich, mehr als nur zwei Werte für die Folgenglieder $x(n)$ zuzulassen, und man wird vermuten, daß diese größere Freiheit auch zu einem verbesserten Diffusor führt.

Der folgende Konstruktionsvorschlag ist wieder Schroeder /2.19/ zu verdanken. Vermutlich ist er dabei vom Prinzip der Frequenzmodulation, das schon in einem früheren Abschnitt erwähnt worden ist, ausgegangen. Die Verwandschaft mit einem Signal kontinuierlich anwachsender Momentan-(Orts-)Frequenz geht aus der Konstruktionsvorschrift

$$d_n = \frac{n^2}{N} \frac{\lambda_d}{2} \qquad\qquad\qquad (2.109)$$

mit der Reflektorfolge

$$x(n) = e^{-j2\pi \, n^2/N \; \lambda_d/\lambda} \qquad\qquad\qquad (2.110)$$

unmittelbar hervor. Man kann leicht mit Hilfe der Summenformel für die geometrische Reihe zeigen, daß die Folge $x(n)$ für $\lambda = \lambda_d$ die zyklische Autokorrelierte (auf die es hier ja ankommt)

$$a_p(\nu) = \sum_{n=0}^{N-1} e^{j2\pi \, n^2/N} \; e^{-j2\pi \, (n+\nu)^2/N}$$

$$= N \qquad\qquad\qquad , \; \nu = 0, \pm N, \pm 2N, \ldots$$

$$= e^{-j2\pi \, \nu^2/N} \, \frac{e^{-j2\pi \, 2\nu} - 1}{e^{-j2\pi \, 2\nu/N} - 1} \qquad , \; \nu \neq 0, \pm N, \pm 2N, \ldots \qquad (2.111)$$

besitzt. Falls N eine ungerade Zahl ist, nimmt der Nenner des letzten Ausdruckes mit $v\neq 0$ im Intervall $1 \leq v \leq N-1$ an keiner Stelle den Wert Null an. In diesem Fall besitzt die zyklische Autokorrelierte nur an der Stelle $v = 0$ einen von Null verschiedenen Wert, wobei $a_p(v)$ als Autokorrelierte einer periodischen Folge selbst mit $a_p(v) = a_p(N+v)$ periodisch ist. Das diskrete Leistungsspektrum der Folge $x(n)$ ist konstant, das entspricht gerade der gewünschten Eigenschaft.

Wenn nur die Entwurfsfrequenz und ganze Vielfache von ihr hauptsächlich in Betracht kommen, dann kann man Anteile an den Schlitztiefen, die ganze Vielfache der halben Entwurfswellenlänge sind, weglassen. Mit der Vorschrift

$$d_n = \frac{\lambda_d}{2} \frac{(n^2)_{mod\ N}}{N} \tag{2.112}$$

erreicht man, daß die größte Schlitztiefe kleiner als die Hälfte der Entwurfswellenlänge ist. Beim Quotienten n^2/N wird nur der Rest benötigt, der bei der Divison anfällt, der ganzzahlige Anteil in n^2/N entfällt. In den genannten Frequenzen bleibt die Reflektorfolge $x(n)$ dadurch unverändert.

Wie man sieht basiert die Konstruktion des Diffusors auf den Restgliedern, die bei der Division der Quadratzahlen durch die ungeradzahlige Länge N anfallen.

Auch hier muß noch die Betrachtung über das Reflexionsverhalten für Vielfache der Entwurfsfrequenz anschließen. Für $\lambda_d/\lambda = f/f_d = m$ ist

$$x(n) = e^{-j2\pi\ mn^2/N} \tag{2.113}$$

und die zyklische Autokorrelierte dieser Folge ist

$$a_p^{(m)}(v) = N \qquad\qquad , v = 0,\ \pm N,\ \pm 2N, \ldots$$

$$= e^{-j2\pi\ mv^2/N}\ \frac{e^{-j2\pi\ 2mv} - 1}{e^{-j2\pi\ 2mv/N} - 1} \qquad , v \neq 0,\ \pm N,\ \pm 2N, \ldots \tag{2.114}$$

Diesmal nimmt der Nenner des Ausdruckes für die Autokorrelierte mit $v\neq 0$ im Intervall $1\leq v\leq N-1$ an keiner Stelle den Wert Null an, wenn es für alle m im Intervall $1\leq m\leq N-1$ und alle v im Intervall $1\leq v\leq N-1$ kein Produkt $2mv$ gibt, das ein ganzzahliges Vielfaches von N ist. In diesem Fall besitzt die zyklische Autokorrelierte wiederum nur (innerhalb einer Periode) an einer Stelle einen von Null verschiedenen Wert, und wieder ist das Leistungsspektrum glatt. Es besteht also noch die Aufgabe, Zahlen N so zu finden, daß für alle natürliche Zahlen k

$$\frac{2mv}{N} \neq k \qquad ; m, v = 1, 2, \ldots, N-1 \tag{2.115}$$

gilt. Jeder Wert $2m\nu$ soll mit N teilerfremd sein.

Diese Aufgabe ist leicht zu lösen. Offensichtlich darf N keine Zahl sein, die durch ein Produkt anderer natürlicher Zahlen darstellbar ist. Wäre N eine solche zusammengesetzte Zahl $N = N_1 N_2$, so gäbe es stets die Kombination $m = N_1$, $\nu = N_2$ (und umgekehrt), für die die Bedingung (2.115) nicht zutreffen würde. N muß eine Primzahl (größer als 2) sein.

Umgekehrt kann man zeigen, daß die Bedingung (2.115) stets erfüllt ist, wenn N eine Primzahl ist. Haupteigenschaft der Primzahlen ist es, daß jede natürliche Zahl durch ein Produkt von Primzahlen - den Faktoren - darstellbar ist. Wenn also $2m\nu /N$ kürzbar sein soll, dann muß entweder m oder ν die Zahl N als Faktor bereits enthalten, und dieser Fall ist wegen $m<N$ und $\nu <N$ ausgeschlossen.

Die Restglieder $(n)_{\text{mod N}}$, die beispielsweise für $N = 11$ die Zahlenfolge 0, 1, 4, 9, 5, 3, 3, 5, 9, 4, 1, 0, ... bilden, werden quadratische Residuen genannt. Ein "Residuen-Diffusor" ist dann durch die Entwurfsvorschrift (2.106) mit N=Primzahl gegeben. Für den Frequenzbereich bis (fast) zum N-fachen der Entwurfsfrequenz hat man bei periodischer Reflektoranordnung ein konstantes Leistungsspektrum und damit eine vollkommen gleichmäßige Energieverteilung auf die diskreten Raumrichtungen erzielt. Hier macht sich ein erhöhter Aufwand durch vergrößerte Elementanzahlen N nicht nur durch eine höhere Anzahl von Spektrallinien im sichtbaren Bereich, sondern auch noch durch ein breiteres nutzbares Frequenzband bezahlt.

Es sollen wieder einige numerisch berechnete Beispiele vorgestellt werden. Um einen Vergleich mit Messungen möglich zu machen, wurde dabei eine Schlitzzahl N=17 gewählt. Wieder wird angenommen, daß zwei Reflektor-Perioden, je Periode mit 17 Schlitzen, den Gesamt-Reflektor bilden. Die Schlitzbreite beträgt ebenfalls wieder $\Delta x = 0,137\ \lambda_d$. Die jeweils aufgeführten Messergebnisse von einer Anordnung mit gleichen Parametern entstammen der Arbeit von Strube /2.21/. Die in die gemessenen Richtwirkungen eingetragenen gepunkteten Linien bezeichnen die von Strube an Hand einer sehr komplizierten Theorie berechnete Richtwirkung.

Wie man aus den vorangegangen Betrachtungen erwartet, wird diesmal eine gleichmäßige Verteilung des reflektierten Schalles auf die Raumrichtungen auch dann erreicht, wenn die Frequenz ein geradzahliges Vielfaches der Entwurfsfrequenz ist, und auch bei Zwischenfrequenzen bleibt die verteilende Wirkung des Diffusors erhalten (Bilder 2.36, 2.37 und 2.38). Auch für den schrägen Schalleinfall ändert sich die streuende Wirkung nur unwesentlich. Ein Beispiel dafür ist in Bild 2.39 wiedergegeben, gerechnet für einen Einfallswinkel von 57,3° und $\lambda_d/\lambda=2$.

Bisher sind alle Betrachtungen, die mehr auf das Prinzipielle eingerichtet waren, für den zweidimensionalen Fall durchgeführt worden. In vielen Fällen dürfte es durchaus auch genügen, Reflektoren aus parallelen Schlitzen zu benutzen, etwa, wenn sich die Schallquellen und die mit Schall zu versorgenden Gebiete in einer Ebene befinden. Soll hingegen eine räumliche Diffusität erreicht werden, so kann ein quadratisches Muster von Vertiefungen mit dem Bildungsgesetz

$$d_{nm} = \frac{\lambda_d}{2}\ \frac{(n^2 + m^2)_{\text{mod N}}}{N} \qquad (2.116)$$

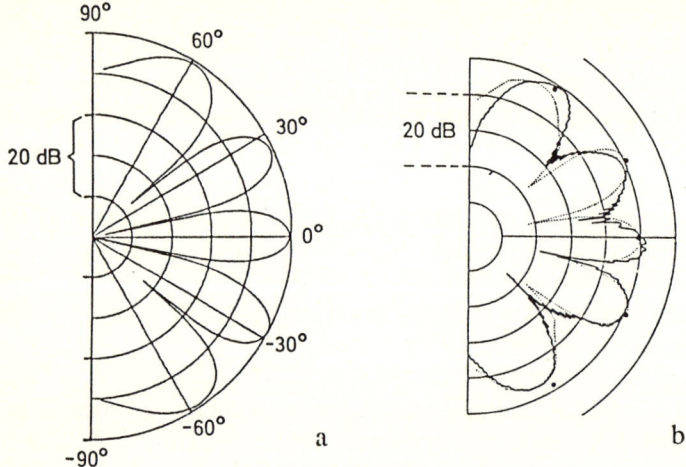

Bild 2.36   Reflektogramm des QR-Diffusors in der Entwurfsfrequenz
$\lambda_d/\lambda = 1$, senkrechter Schalleinfall
rechts : Messung und Rechnung von Strube aus /2.21/

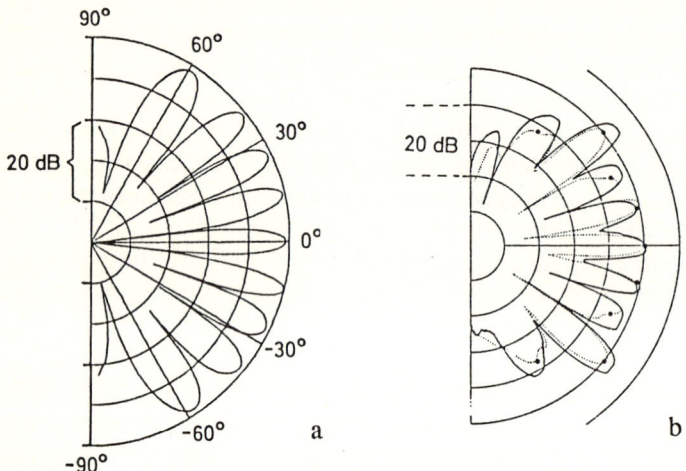

Bild 2.37   Reflektogramm des QR-Diffusors
$\lambda_d/\lambda = 2$, senkrechter Schalleinfall
rechts : Messung und Rechnung von Strube aus /2.21/

verwendet werden. Dabei weisen n und m auf die Diskretisierung längs zweier
zueinander senkrechter gerader Achsen. In diesem Fall sind Horizontal- und Vertikal-
Charakteristika des reflektierten Schallfeldes mit der des linienförmigen Diffusors
identisch. Der auf den quadratischen Restgliedern basierende Diffusor hat - als
zweidimensionale Realisierung - bereits beim Bau einer Konzerthalle praktische
Verwendung gefunden /2.22/.

106

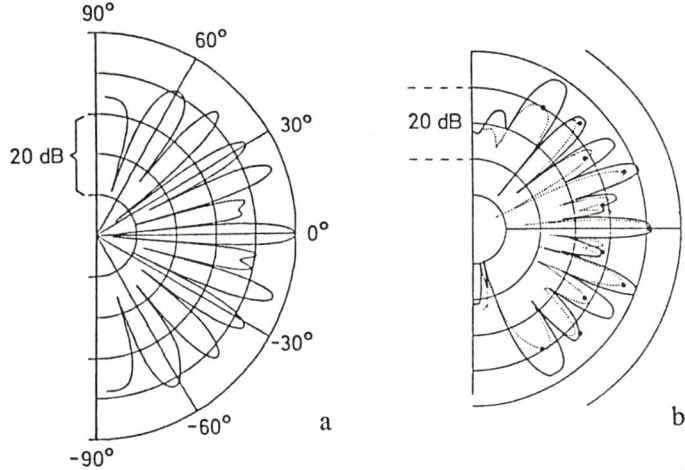

Bild 2.38   Reflektogramm des QR-Diffusors
$\lambda_d/\lambda = 2{,}5$, senkrechter Schalleinfall
rechts : Messung und Rechnung von Strube aus /2.21/

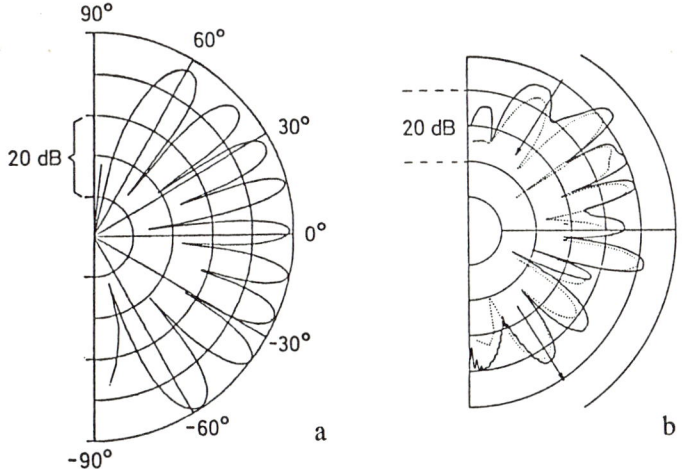

Bild 2.39   Reflektogramm des QR-Diffusors
$\lambda_d/\lambda = 2$, Schalleinfall unter $57{,}3^0$
rechts : Messung und Rechnung von Strube aus /2.21/

3 Fenster und Gewichtung

Grundsätzlich stehen kontinuierliche Signale, deren spektrale Eigenschaften durch Abtasten in äquidistanten, diskreten Stützstellen ermittelt werden sollen, nur für eine endliche Beobachtungslänge zur Verfügung : es kann nur eine gewisse Anzahl N von Punkten beobachtet werden. Dabei richtet sich die Abtastlänge N fast immer nach Aufwandserwägungen. So sind bei modernen FFT-Analysatoren der Speicherbedarf und die Prozessorgeschwindigkeit ausschlaggebend für die benutzte Fensterlänge N, die praktische häufigste Länge beträgt zur Zeit N = 512 (wobei meist nur 400 der 512 ermittelten Spektrallinien aus Filter-Gründen tatsächlich zur Auswertung genutzt werden). Auch für andere Abtastprobleme, etwa der Erfassung örtlicher Vorgänge durch mehrere parallele Sensoren, wird die Anzahl der Stützstellen vom noch vertretbaren Aufwand bestimmt. Hierbei sind N parallele Übertragungskanäle erforderlich, und dies enthält natürlich auch eine Kostenfrage.

Nun kann andererseits einer Zahlenfolge $x(n)$ erst dann ein Spektrum zugewiesen werden, wenn ihre Elemente für alle n in $-\infty < n < \infty$ bekannt sind. Für die Berechnung eines Spektrums ist es deshalb unabdingbare Voraussetzung, über den Signalverlauf außerhalb des Beobachtungsfensters Annahmen zu machen. Dies läuft auf die Betrachtung eines Modelles für das Signal an Stelle des Signales selbst hinaus. Im einfachsten Fall wird etwa das Signalmodell

$$
\begin{aligned}
x_M(n) \quad &= \quad x(n) \qquad \text{für } 0 \le n \le N\text{-}1 \\
&= \quad 0 \qquad \text{für } n < 0 \text{ und } n \ge N
\end{aligned}
\tag{3.1}
$$

verwendet. Es beruht auf der simplen Annahme, daß alle unbekannten Werte gleich Null sein mögen. Natürlich kann man statt dessen auch die mit der Fensterlänge periodisierte Folge

$$
\begin{aligned}
x_p(n) \quad &= \quad x(n) \qquad \text{für } 0 \le n \le N\text{-}1 \\
x_p(n\text{+}N) &= \quad x_p(n) \qquad \text{für } -\infty < n < \infty
\end{aligned}
\tag{3.2}
$$

benutzen. Im Kapitel 1 ist bereits geschildert worden, daß das diskrete Spektrum $X_P(k)$ der periodisierten Folge einfach aus diskreten Werten des Spektrums der einmaligen Folge besteht :

$$
X_p(k) \quad = \quad X_M(e^{j2\pi k/N}) \quad ,
\tag{3.3}
$$

108

so daß sich die Annahmen (3.1) und (3.2) qualitativ nicht unterscheiden, außer daß der endlich langen Folge ein kontinuierlicher spektraler Verlauf zugewiesen werden kann, was lediglich eine Interpolation zwischen den diskreten Werten $X_P(k)$ bedeutet. Da die Spektren einmaliger Vorgänge anschaulicher sind - zum Beispiel können die Maxima zwischen den diskreten Stellen $\Omega = 2\pi k/N$ liegen - und weil die diskreten Spektren der periodisierten Folgen aus ihnen unmittelbar hervorgehen, beschränkt sich dieses Kapitel ausschließlich auf einmalige Signalmodelle, für welche die unbekannten Abtastwerte zu Null angenommen werden.

Verallgemeinernd kann für dieses Signalmodell der Zusammenhang zwischen diesem und dem Signal selbst durch

$$x_M(n) = g(n) \, x(n) \tag{3.4}$$

dargestellt werden. Dabei ist $g(n)$ eine Gewichtsfolge, die stets außerhalb der Beobachtung verschwinden soll : $g(n) = 0$ für $n<0$ und $n \geq N$. Für den einfachsten Fall des sogenannten Rechteckfensters Gl.(3.1) ist $g(n) = 1$ innerhalb des Fensters $0 \leq n \leq N-1$. Wie die folgenden Betrachtungen zeigen, ist es aber durchaus wünschenswert, andere - "rundere" - Verläufe für Fensterfolgen zu verwenden. Gl.(3.4) lehrt nämlich unmittelbar (siehe den Faltungssatz Gl.(1.42)), daß für die beteiligten Spektren der Zusammenhang

$$X_M(e^{j\Omega}) = \frac{1}{2\pi} \int_{-\pi}^{\pi} X(e^{jv}) \; G(e^{j(\Omega-v)}) \; dv \tag{3.5}$$

gilt : das Signalspektrum $X(e^{j\Omega})$ ist nur bis auf eine Faltung mit dem Spektrum $G(e^{j\Omega})$ der Gewichtsfolge beobachtbar.

Bild 3.1 zeigt zum Beispiel den Verlauf des Rechteckfenster-Spektrums. Das beobachtete Spektrum $X_M(e^{j\Omega})$ einer Welle ist mit dem dargestellten Fenster-Spektrum

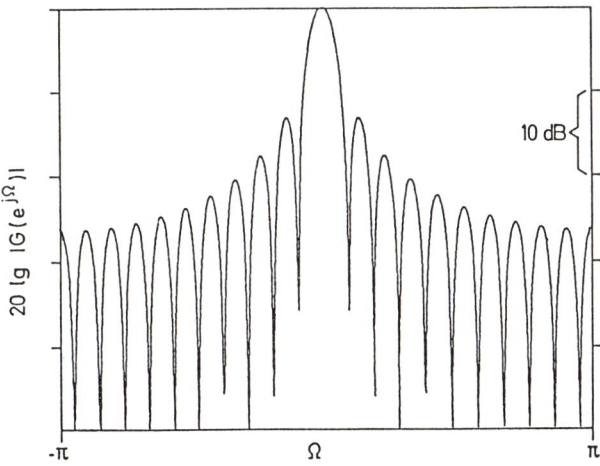

Bild 3.1   Leistungsspektrum des Rechteckfensters für N = 21

- nur entsprechend verschoben - identisch. Bilden mehrere Wellenanteile das Signal, so besteht das Spektrum aus einer (phasenrichtigen) Superposition einzelner, in ihrem Verlauf entsprechend verschobener Fensterspektren.

Natürlich kann man das Fensterspektrum als eine - mehr oder weniger gelungene - Approximation einer spektralen Delta-Funktion begreifen (denn dann wären "wahres" und "beobachtetes" Spektrum gleich). Von dieser erwünschten Gestalt gibt es nicht unerhebliche Abweichungen. Sie drücken sich einmal dadurch aus, daß das Maximum - oft als "Hauptkeule" bezeichnet - eine gewisse endliche Breite besitzt. Diese Breite soll so gering wie möglich sein, denn nah benachbarte Signalanteile werden als ein einziger spektraler Gipfel sichtbar, wenn ihr Abstand kleiner als die Hauptkeulenbreite ist. Letztere ist also ein Maß für die Trennbarkeit dichterer Signalkomponenten. Aber auch die Höhe der Seitenmaxima - der sogenannten "Nebenkeulen" - ist unerwünscht : schwächere Signalkomponenten lassen sich nicht sicher identifizieren, wenn ihre Stärke unter die entsprechende Nebenkeulenhöhe des enthaltenen größeren Signalanteiles absinkt.

Wie man an diesen Bemerkungen erkennen kann, ist die spektrale Gestalt der "unscharfen Brille Gewichtsfunktion" selbst Ausdruck der Güte der mit ihr gewonnenen spektralen Verläufe hinsichtlich Trennschärfe und Beobachtbarkeit relativ kleiner Größen. Dabei ist beim Rechteckfenster, deren z-Transformierte (und damit auch das Spektrum selbst) die Nullstellen $z = e^{j2\pi i/N}$, $i = 1,2,..N-1$ mit einer "Lücke" in i=0 besitzt (vergleiche auch Kapitel 1), die Hauptkeulenbreite durch $\Delta\Omega = 4\pi/N$ (= Abstand der begrenzenden spektralen Nullstellen) gegeben.

Es ist nun recht naheliegend, die spektrale Gestalt der erhaltenen Spektren $X_M(e^{j\Omega})$ durch Manipulation der Gewichtsfolgen innerhalb des Fensters $0 \leq n \leq N-1$ zu beeinflussen. Es gibt eine ganze Reihe solcher Gewichtsfolgen g(n) (siehe zum Beispiel die Übersichtsarbeit /3.1/). Die bekanntesten von ihnen sind wohl die Hanning-Folge

$$g(n) = \sin^2(\pi\frac{n+1}{N+1}) \qquad \text{für } 0 \leq n \leq N-1 \tag{3.6}$$

und die Hamming-Folge (die Summe einer Sinus-Halbwelle und einer Konstanten). Ein Beispiel für die oft auch "squared cosine" genannte Hanning-Folge ist in Bild 3.2, ein Beispiel für die manchmal auch als "raised cosine" bezeichnete Hamming-Folge ist in Bild 3.3 enthalten. Sie beruhen beide - wie einige andere Gewichtsfolgen - auf mehr anschaulichen Überlegungen. So werden die Nebenkeulen durch stetige Übergänge an den Fenster-Rändern stark reduziert. Da für die Hanning-Folge (in kontinuierlichen Funktionen gedacht) auch noch die erste Ableitung an den Rändern stetig ist, kommt dieser Effekt hier sehr stark zum Tragen. Beim Hamming-Fenster wird der freie Paramter so eingestellt, daß die ersten der Hauptkeule folgenden Nebenkeulen (fast) verschwinden.

Wie man den Betrachtungen in Kapitel 1 entnimmt, geht eine Absenkung der Nebenkeulenhöhen dabei stets mit einer vergrößerten Hauptkeulenbreite einher. Dieser Effekt ist aller Gewichtungskunst immanent, denn stets bedeutet eine Nebenkeulen-Unterdrückung eine erhöhte Dichte der Nullstellen im Spektrum, was naturgemäß in einer Verbreiterung der Hauptkeule resultiert .

110

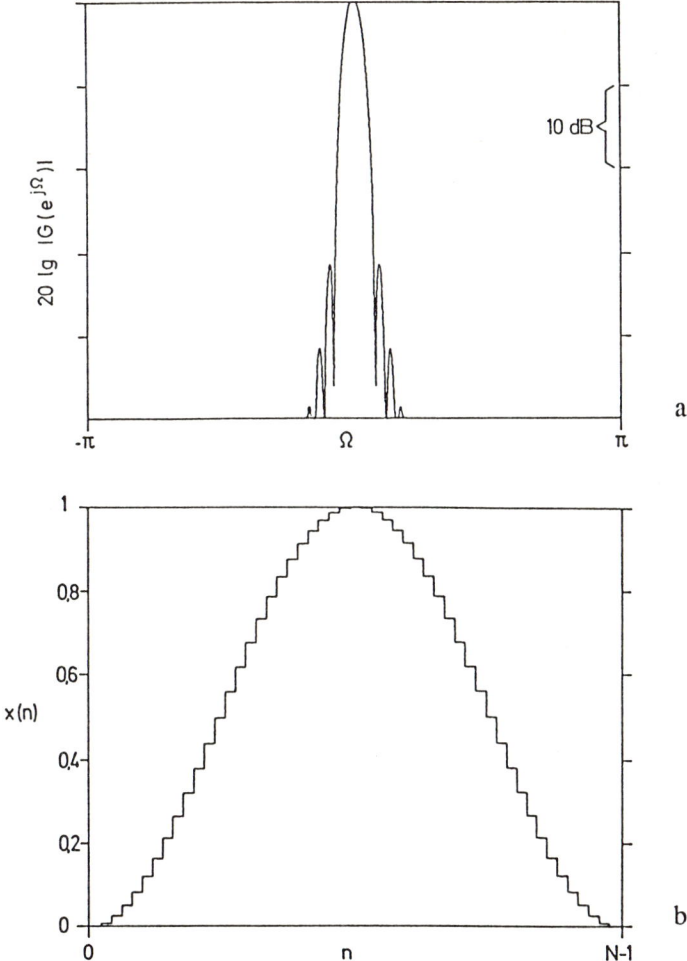

Bild 3.2   Hanning-Folge (b) und ihr Leistungsspektrum (a) für N = 51

    Über die mehr aus der Anschauung abgeleiteten Gewichtsfolgen hinaus kann man Fensterfolgen unter gewissen Optimalitätskriterien konstruieren, und nur von einigen solchen optimierten Gewichtsfolgen wird in den folgenden Abschnitten berichtet werden. Obgleich sie für jedes Abtastproblem interessieren - denn natürlich fragt sich stets, wie aus einer endlich langen Beobachtung ein Optimum an spektraler Trennschärfe gewonnen werden kann - sind sie insbesondere von Bedeutung, wenn die Anzahl der Abtastpunkte aus praktischen Gründen stark begrenzt ist, denn gerade dann ist es umso wichtiger, aus den wenigen bekannten Werten ein Optimum an noch möglicher Trennschärfe zu gewinnen.

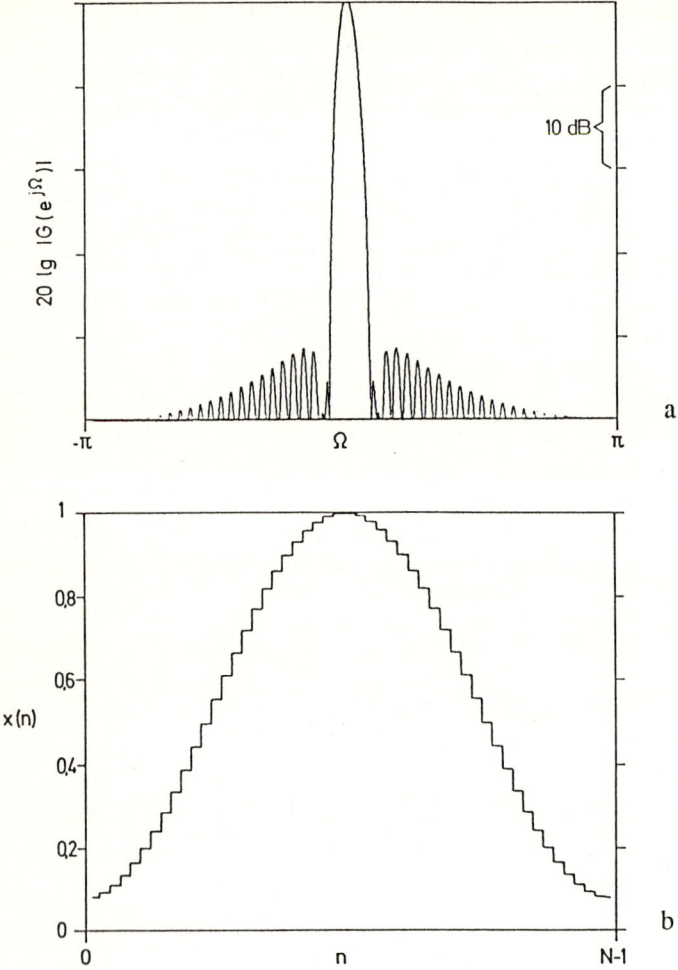

Bild 3.3   Hamming-Folge (b) und ihr Leistungsspektrum (a) für N = 51

3.1   Akustisches Reihenmikrophon

Aus Aufwandsgründen nur kurze Abtastfolgen N kommen auch für das akustische Reihenmikrophon in Frage. Eine solche Empfangszeile aus Schalldruckempfängern hat die Aufgabe, den örtlichen Schalldruckverlauf entlang einer Geraden durch Messungen der Feldgröße in gleichen Abständen Δz zu ermitteln. Es erlaubt eine Trennung der Bestandteile eintreffender Schalle nach den Richtungen, denen sie entstammen, und eine Zuordnung von Druckamplituden zu den Einfallsrichtungen. Aus diesem Grunde kann es ein - in gewissen Grenzen - nützliches Hilfsmittel zur

112

Ortung und Charakterisierung von akustischen Quellen sein. So hat zum Beispiel Barsikow mit einem Reihenmikrophon - manchmal auch als "Akustisches Array" oder "phased array" bezeichnet - Untersuchungen an fahrenden Eisenbahnzügen durchgeführt, er konnte damit wertvolle Hinweise auf die Schallquellenverteilung der Zugoberfläche gewinnen (siehe etwa die Arbeiten /3.2/, /3.3/ und /3.4/ von Barsikow). Ein Sensoren-Array ist allgemeiner ein vielfach verwendetes Werkzeug für die Durchführung von Ortungen, zum Beispiel bei geologischen Fragestellungen (Ortung von Bodenschätzen), aber auch in der Sonar-Technik. Dabei wäre unter anderem die Unterwasser-Kartographie zu nennen (siehe beispielsweise /3.5/), bei welcher ein akustisch beleuchteter Meeresboden-Streifen richtungsabhängig auf eintreffende Echos hin abgetastet wird, aus der Zeitverzögerung läßt sich die Entfernung der reflektierenden Teilfläche abschätzen.

Die genannten Anwendungen beruhen im Wesen auf der Berechnung von Wellenzahlspektren der gemessenen örtlichen Verläufe. Die so erhaltenen Kurven und Diagramme sind die - in spektrale Information umgerechnete - Darstellung des Schalldruck-Ortsverlaufes (oder anderer Feldgrößen) : sie geben nicht etwa unmittelbar die Stärke von Quellen selbst an, sie können nur die Wirkungen der Quellen auf dem Meßgeraden-Stück wiederspiegeln. Darüber hinaus geht man als Interpretationshilfe meist davon aus, daß sich das Schallfeld aus ebenen Wellen zusammensetzt, welche auf der Meßgeraden Schalldrücke der Form

$$p(x,y,z) = p_0 \, e^{j2\pi (x \cos\vartheta_0 \cos\varphi_0 + y \cos\vartheta_0 \sin\varphi_0 + z \sin\vartheta_0)/\lambda} \tag{3.7}$$

hinterlassen (siehe auch Bild 3.4). Die Schalldrücke in den diskreten Stellen der Sensoren sind dann

$$x(n) = p(0,0,n\Delta z) = p_0 \, e^{j2\pi n \sin\vartheta_0 \, \Delta z/\lambda} \tag{3.8}$$

und das aus ihnen (unter Benutzung der Rechteckgewichtung) gebildete Spektrum

$$X(e^{j\Omega}) = \sum_{n=0}^{N-1} x(n) \, e^{-jn\Omega} = \sum_{n=0}^{N-1} e^{-jn(\Omega - 2\pi \sin\vartheta_0 \, \Delta z/\lambda)} \tag{3.9}$$

besitzt unter der genannten Annahme ebener Wellen eine einfache Interpretation. Durch den bezüglich der Empfangszeile schrägen Einfall der Wellen ist für das Array die Spurwellenlänge λ_s merklich. Sie ergibt sich dadurch, daß die Meßgerade einen schrägen Schnitt durch das räumliche Wellengebirge bildet (Bild 3.4). Aus dem Unterschied zwischen Spurwellenlänge λ_s und der Wellenlänge λ in Ausbreitungsrichtung der Welle kann auf die Einfallsrichtung geschlossen werden. Das geschieht an Hand des Maximums im Wellenzahlspektrum, dessen Lage durch

$$\Omega_{MAX}/2\pi = \sin\vartheta_0 \, \Delta z/\lambda \tag{3.10}$$

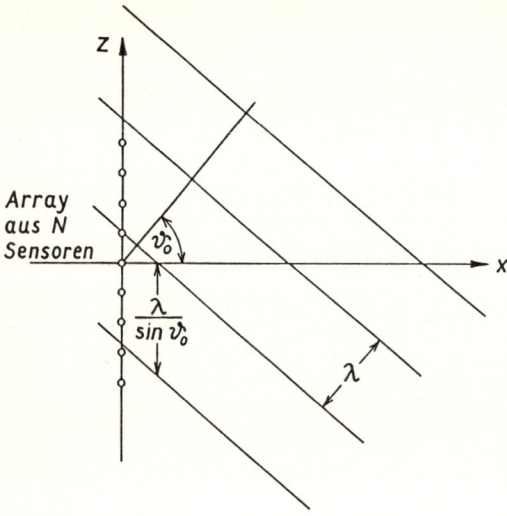

Bild 3.4   Schräg auf das Reihenmikrophon auftreffende ebene Welle

bezeichnet ist. Bei bekannter Wellenlänge

$$\lambda = \frac{c}{f} \tag{3.11}$$

- sie setzt die Kenntnis der Schallausbreitungsgeschwindigkeit c und der Frequenz f voraus - kann aus der Lage des Maximums unmittelbar der Einfallswinkel ϑ_0 bestimmt werden. Die Höhe des Maximums ist gleichzeitig ein Maß für die Wellen-Amplitude. Sinnvoll wird deshalb das Spektrum vermöge der Substitution

$$\Omega = 2\pi \sin\vartheta \; \Delta z/\lambda \tag{3.12}$$

in ein Richtdiagramm - durch Auftragen über dem variablen Einfallswinkel ϑ statt über Ω - überführt (siehe auch das Beispiel in Bild 3.5, unter Benutzung des Rechteckfensters gerechnet).

Zusätzlich kann man sich die eintreffenden ebenen Wellen als von weit entfernten Quellen herstammend vorstellen, wobei meistens noch von ungerichteten Sendern ausgegangen wird. Es liegt wohl auf der Hand, daß Quellen, welche auf einem Kreis liegen, durch dessen Mittelpunkt die Array-Gerade hindurchstößt, voneinander nicht unterschieden werden können : sie hinterlassen die gleiche Spurwellenlänge auf der Meßgeraden, ihre Wirkungen werden nur in der Summe merklich. Verwendet man ein zweidimensionales Array - ein Rechteck-Gitter von Sensoren - so können auch diese Schallsender getrennt werden.

Natürlich ist auch das Erfassen örtlicher Vorgänge an das Abtasttheorem gebunden. Die kürzeste mögliche Wellenlänge ist durch den streifenden Einfall $\vartheta_0 = \pm 90^0$ gegeben. Da für sie noch zwei Abtastpunkte pro Halbwelle vorhanden sein müssen, ist die Bedingung

$$\Delta z/\lambda \leq 1/2 \qquad\qquad\qquad\qquad\qquad\qquad (3.13)$$

einzuhalten. Größere Inkrement-Wellenlängen-Verhältnisse $\Delta z/\lambda$ als 0,5 führen zu einer "Wellenlängenverwechslung", das heißt, kurzwelligere Anteile werden den langwelligeren Bestandteilen zugeschlagen (siehe Kapitel 1). Das Aliasing kann hier leicht durch Verwendung von Tiefpässen mit entsprechender oberer Grenzfrequenz vermieden werden.

Auch beim akustischen Array sind - wie stets - die Abmessungen an der aktuellen Wellenlänge λ zu messen. Dies führt dazu, daß die einmal festgelegten Abstände Δz der Sensoren frequenzabhängig zu bewerten sind. Für ebene Wellen als auftreffende Schalle ist bei gegebener Frequenz das physikalisch noch relevante Intervall im Spektrum durch den streifenden Einfall begrenzt :

$$|\Omega| \leq 2\pi\,\Delta z/\lambda \quad . \qquad\qquad\qquad\qquad\qquad (3.14)$$

In der durch $\Delta z/\lambda = 1/2$ gegebenen Abstimmfrequenz des Arrays wird also für das Richtdiagramm das ganze Spektrum $X(e^{j\Omega})$ überdeckt. Sinkt die Frequenz jedoch unter die Abstimmfrequenz ab, so wird ein immer kleinerer Bereich aus dem Spektrum für das Richtungsmaß sichtbar : auch hier stellt die Richtverteilung des vorhandenen Schalles einen Ausschnitt aus dessen Wellenzahlspektrum dar.

Bei gegebener Sensoren-Anzahl N führt diese Tatsache zu einer mit abnehmender Frequenz immer geringer werdenden Auflösung. In den Bildern 3.5, 3.6 und 3.7 ist zu erkennen, wie das Richtdiagramm aus einem immer kleineren Bereich des Fensterspektrums besteht, welcher auf das stets gleichbleibende Intervall $|\vartheta|\leq90^0$ übertragen wird. Naturgemäß erscheint in diesem die Hauptkeule um so breiter, je kleiner die Breite des abzubildenden Ausschnittes wird.

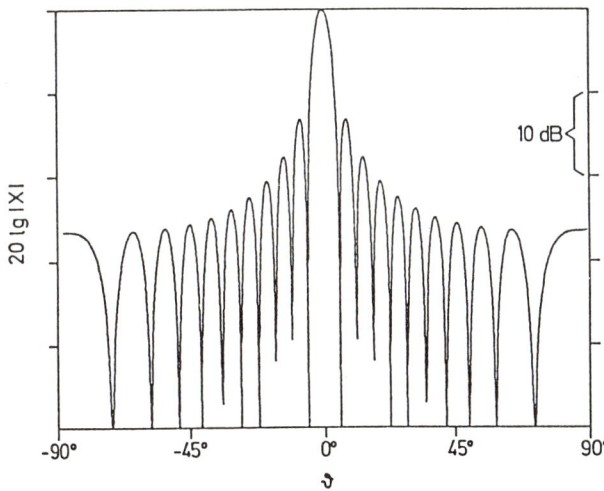

Bild 3.5   Beobachtetes Richtungsmaß einer senkrecht auftreffenden ebenen Welle, $\Delta z /\lambda = 0,5$

115

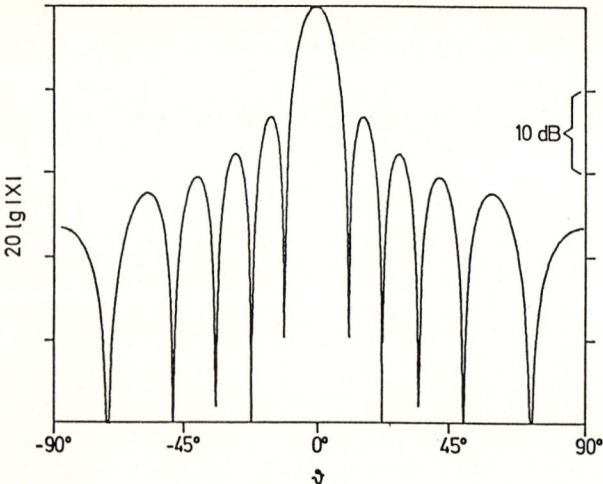

Bild 3.6   Beobachtetes Richtungsmaß einer senkrecht auftreffenden
            ebenen Welle, $\Delta z / \lambda = 0{,}25$

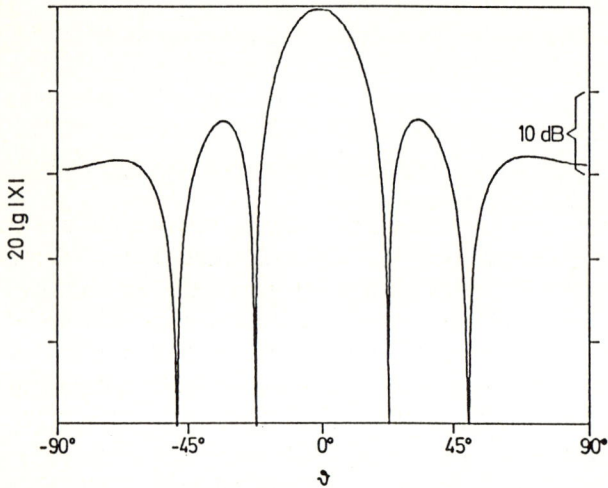

Bild 3.7   Beobachtetes Richtungsmaß einer senkrecht auftreffenden
            ebenen Welle, $\Delta z / \lambda = 0{,}125$

Der Effekt der abnehmenden Auflösung kann mit der gleichermaßen zunehmenden
Redundanz im Array erklärt werden. Es sind eben pro kürzester vorkommender
Halbwelle nur zwei Abtastpunkte zur vollständigen Charakterisierung erforderlich.
Sind dagegen mehr als zwei Stützstellen pro kürzester halber Wellenlänge enthalten,
so sind die zusätzlichen Meßpunkte überflüssig, sie bieten kein Mehr an Information
über das örtliche Signal. Wird die Wellenlänge größer, so nimmt die Redundanz zu,

116

immer mehr Sensoren könnten entfallen, bis schließlich bei Wellenlängen, die groß gegenüber der Array-Länge $(N-1)\Delta z$ sind, die Empfangszeile in ihrer Wirkung einem einzelnen Empfänger gleicht.

Wie anfangs erwähnt worden ist, kommen für akustische Arrays aus praktischen Gründen nur kleinere Sensorenanzahlen in Betracht. Aus diesem Grunde interessieren gerade hierfür Gewichtsfolgen, die das Fensterspektrum in geeigneter Weise beeinflussen. Dabei kann man entweder Gewichtsfolgen benutzen, die fest vorgegeben und für jede betrachtete Frequenz gleich sind; man kann aber auch eine von Frequenz zu Frequenz sich ändernde Gewichtsfolge verwenden. Bei der frequenzabhängigen Gewichtung könnte man die Tatsache berücksichtigen, daß das Richtungsmaß einen Ausschnitt aus dem Wellenzahlspektrum darstellt, und die Gewichtsfolge so einstellen, daß auch nur dieser Ausschnitt im Fensterspektrum und nicht das ganze Fensterspektrum über günstige Eigenschaften verfügt (dieser Vorschlag entstammt der Arbeit /3.6/). Es wäre dabei ja möglich, die spektralen Nullstellen - denn diese leisten die spektrale Formung - nur im relevanten Ausschnitt zu verteilen. Dadurch könnten für diesen Ausschnitt viel kleinere Hauptkeulenbreiten erreicht werden, als wenn die spektralen Nullstellen auf das ganze Intervall $|\Omega| \leq \pi$ verteilt werden müssen, wie es im Fall der Abstimmfrequenz oder bei der frequenzunabhängigen Gewichtung erforderlich ist. In einem späteren Abschnitt wird auf die frequenzabhängige Gewichtung noch näher eingegangen.

3.2 Optimale Gewichtsfolgen

Wie aus dem einleitenden Abschnitt zu diesem Kapitel hervorgeht, besteht die Aufgabe bei der Konstruktion einer Gewichtsfolge $g(n)$ darin, diese bei gegebener endlicher Länge N so zu bestimmen, daß ihr Spektrum $G(e^{j\Omega})$ möglichst impulsförmig wird. Dieses Problem der Bestimmung einer Folge oder ihrer Fourier-Transformierten ist identisch mit der Konstruktionsaufgabe eines Tiefpasses $G(e^{j\Omega})$ gegebener Ordnung N mit möglichst tiefer Grenzfrequenz - entsprechend einer schmalen Hauptkeule im Gewichtsspektrum - und gleichzeitig möglichst hoher Unterdrückung höherer Signalfrequenzen - entsprechend niedrigen Nebenkeulen für das Gewichtsspektrum.

Die mehr pauschalisierenden Beurteilungskriterien "Hauptkeulenbreite" und "Haupt-Nebenkeulen-Abstand" bedürfen einer Präzisierung, und in der Tat unterscheiden sich die beiden, in den beiden folgenden Abschnitten geschilderten Fensterfolgen durch die Weise, in der die Kriterien exakt gefaßt werden.

Kurz gesagt wird bei der zunächst betrachteten Dolph-Chebyshev-Gewichtung die Hauptkeulenbreite durch den Abstand der diese begrenzenden Nullstellen definiert, und es wird dasjenige Spektrum bestimmt, welches bei - in diesem Sinne - gegebener Hauptkeulenbreite die höchste der vorkommenden Nebenkeulen minimiert. Natürlich ist diese Optimalforderung identisch mit der Bedingung, bei gegebenem Pegelabstand zwischen Hauptkeule und größter Nebenkeule die Breite der Hauptkeule zu minimieren. Der Name für das aus den genannten Forderungen resultierende Spektrum bezieht sich auf C. Dolph, der als erster in /3.7/ vorgeschlagen hat,

Chebyshev-Polynome für die Konstruktion von Gewichtsfolgen zu benutzen. Die Einzelheiten dazu sind im nächsten Abschnitt geschildert.

Die anschließend behandelte Minimierung mit kleinster Seitenkeulenenergie hingegen optimiert die spektrale Energie, welche innerhalb eines vorgegebenen Intervalles angetroffen wird : wählt man ein Band $|\Omega|<\Omega_0$, das die Hauptkeule enthält, so wird die Folge so gebildet, daß das Verhältnis der im Band enthaltenen Energie E_0 zur Gesamtenergie E ein Maximum wird; wählt man das Band $\Omega_0<\Omega<2\pi-\Omega_0$, so soll das Energieverhältnis E_0/E ein Minimum sein. Natürlich beschreiben auch hier beide Formulierungen ein und dasselbe Problem und führen zum gleichen Resultat.

Die Dolph-Chebyshev-Gewichtung und die Energie-optimale Gewichtung beinhalten unterschiedliche Forderungen, und aus ihnen werden deshalb auch unterschiedliche Gewichtsfolgen hervorgebracht. Darüber hinaus wird ein Vergleich der erhaltenen Spektren dadurch etwas erschwert, daß der Begriff der "Hauptkeulenbreite" unterschiedlich definiert wird, denn bei der Energie-optimalen Methode wird die Hauptkeulenbreite einfach durch das vorgegebene Band maximaler Energie angegeben, und dieses wird keineswegs durch spektrale Nullstellen begrenzt.

Da die beiden genannten Gewichtsfolgenarten in ihrem jeweiligen Sinne optimal sind, kann eine Wahl zwischen ihnen nur auf Grund der Frage getroffen werden, welches der Kriterien für den jeweiligen Anwendungsfall sinnvoll ist. So kann es etwa für Sendeanordnungen wie bei der in Kapitel 2 geschilderte Lautsprecherzeile wünschenswert sein, über einen möglichst großen Energieanteil in der Hauptkeule zu verfügen; für trennscharfe Auswertung von örtlichen oder zeitlichen Signalen mag dagegen die Forderung der Dolph-Chebyshev-Gewichtung vernünftiger erscheinen. Die genannten Kriterien, die der Dolph-Chebyshev-Gewichtung oder der Gewichtung mit minimaler Nebenkeulenenergie zu Grunde liegt, sind im übrigen nicht die einzig denkbaren Forderungen, es sind durchaus auch andere Bedingungen denkbar. Eine von ihnen, die zum sogenannten Barcilon-Temes-Fenster führt, wird noch erwähnt werden.

Das Grundprinzip, das allen Konstruktionen von Gewichtsfolgen zu Grunde liegt, ist schon in Kapitel 1 geschildert worden. Man kann es interpretieren als eine meist kleinere Verschiebung der Nullstellen im z-transformierten Rechteckfenster so, daß das jeweilige Kriterium erfüllt wird. Die Berechnung von Fensterfolgen ist ein relativ einfach lösbares Problem, weil die Nullstellen der z-transformierten Fensterfolge immer zugleich auch Nullstellen des Spektrums sind : zur Vermeidung von spektraler Energie in gewissen Frequenzbereichen kann man nichts besseres tun, als in ihnen spektrale Nullstellen anzubringen. Aus diesem Grund liegen alle Nullstellen auf dem Einheitskreis der z-Ebene, und die Bestimmung des Spektrums bei gegebenem Leistungsspektrum ist eindeutig, es gibt (von Verschiebungen und einer Skalierung abgesehen) genau eine Realisation eines gegebenen Leistungsspektrums. Für den "Bereich mit kleinen spektralen Werten" - dem Intervall der Seitenkeulen - wollen wir zunächst annehmen, daß es das ganze Spektrum nur mit Ausnahme der Hauptkeule selbst überdecke. Es ist natürlich theoretisch ebenfalls möglich, die Nullstellen alle in kleineren Teilintervallen von $|\Omega|\leq\pi$ anzubringen. Das wäre etwa für das Reihenrichtmikrophon von Interesse, ein späterer Abschnitt wird darauf noch Bezug nehmen.

Für Gewichtsfolgen werden allgemein nur symmetrische Folgen

$$g(N-n-1) = g(n) \qquad\qquad\qquad (3.15)$$

benutzt, weil die Energie der Fenster-Folge zu beiden Seiten der Mitte symmetrisch verteilt sein soll. Weiter verwendet man natürlich nur reelle Fensterfolgen, denn die mit ihnen beobachteten Signale sollen auch in ihrer Phase richtig erkannt werden. Die endlich langen Fensterfolgen sind hier - der sonst immer geübten Gewohnheit folgend - so festgelegt worden, daß sie das Intervall $0 \le n \le N-1$ einnehmen. Es ist wohl selbstverständlich, daß die Gewichtsfolgen bei Verwendung einer anderen - verschobenen - Indizierung gleichfalls entsprechend verschoben werden müssen. Unter der Voraussetzung der Symmetrie lassen sich die Spektren der Gewichtsfolgen für ungeradzahlige Längen N=2M-1 durch

$$G(e^{j\Omega}) = e^{-j\Omega(N-1)/2} \left(g\left(\frac{N-1}{2}\right) + 2\sum_{n=0}^{\frac{N-1}{2}-1} g(n) \cos\left((N-1-2n)\frac{\Omega}{2}\right) \right) \qquad (3.16)$$

und für geradzahlige Längen N=2M durch

$$G(e^{j\Omega}) = e^{-j\Omega(N-1)/2} \left(2\sum_{n=0}^{\frac{N}{2}-1} g(n) \cos\left((N-1-2n)\frac{\Omega}{2}\right) \right) \qquad (3.17)$$

ausdrücken. Die Klammerausdrücke in den beiden Gleichungen sind reelle Funktionen in Ω, sie stellen die Spektren der entsprechenden zentrierten Abtastfolgen dar, bei denen die Wahl des Nullpunktes t=0 (oder x=0) gerade in der Fenster-Mitte liegt. Für geradzahlige N enthält die damit bewirkte Verschiebung ein halbes Inkrement, da es kein "mittleres" Element der Folge gibt. Wie gesagt sind diese Verschiebungen ohne Belang.

Den Gleichungen (3.16) und (3.17) kann man unmittelbar entnehmen, daß das Spektrum stets durch ein Polynom der Ordnung N-1 in der Variablen $\cos(\Omega/2)$ ausgedrückt werden kann. In der Tat lautet der Moivresche Satz ja

$$\cos(nx) = \cos^n(x) - \binom{n}{2} \cos^{n-2}(x) (1 - \cos^2(x)) + \binom{n}{4} \cos^{n-4}(x) (1 - \cos^2(x))^2$$

$$- \binom{n}{6} \cos^{n-6}(x) (1 - \cos^2(x))^4 + \dots , \qquad (3.18)$$

weshalb die Klammerausdrücke in den Gleichungen (3.16) und (3.17) Polynome der Ordnung N-1 sind,

$$G(e^{j\Omega}) = e^{-j\Omega(N-1)/2} P_{N-1}\left(\cos\frac{\Omega}{2}\right) , \qquad (3.19)$$

welche für geradzahlige N nur ungerade Potenzen, für ungeradzahlige N nur gerade Potenzen enthält und reelle Koeffizienten besitzt. Ist das Polynom P_{N-1} bestimmt, so ist damit auch das Spektrum der Gewichtsfolge bekannt. Dabei ist eine Kenntnis des genauen Zusammenhanges zwischen den Koeffizienten des Polynoms P_{N-1} und der Folge g(n) nicht erforderlich, denn die Gewichtsfolge kann unmittelbar durch Anwendung der diskreten Fourier-Transformation (siehe Kapitel 1) aus dem Spektrum numerisch berechnet werden. Für das folgende interessiert der Zusammenhang zwischen der Folge und den Polynom-Koeffizienten denn auch nicht, es wird lediglich die bloße Tatsache benötigt, daß das Spektrum durch ein Polynom dargestellt werden kann.

3.2.1   Dolph-Chebyshev-Gewichtung

Wie der Name schon andeutet besteht die Konstruktion der Gewichtsfolge hier einfach darin, das Polynom P_{N-1}, welches nach Gl.(3.19) das Spektrum bestimmt, mit einem gewissen Ausschnitt aus dem Chebyshev-Polynom T_{N-1} (x) gleichzusetzen. Durch die Verwendung der Chebyshev-Polynome werden dann in der Tat im genannten Sinne optimale Gewichtsspektren erreicht. Der mathematische Beweis dieser Tasache wird hier nicht wiedergegeben werden, vielmehr ergibt sich im Verlauf der Erläuterungen auf anschauliche Weise, daß die erhaltenen Spektren wirklich optimal bezüglich größten Haupt-Nebenkeulen-Abstandes bei gegebener Hauptkeulenbreite sind.

Die Chebyshev-Polynome $T_n(x)$ sind durch

$$T_n(x) = \cos(n \arccos(x)) \quad , \quad 0 \le x \le 1$$

$$T_n(x) = \cosh(n \operatorname{arccosh}(x)) , \quad x > 1$$

$$T_n(-x) = (-1)^n T_n(x) \tag{3.20}$$

allgemein definiert. Es sind durch diese Beziehung tatsächlich Polynome der Ordnung n in x gegeben. Aus der Definition Gl.(3.20) kann mit Hilfe der bekannten Additionstheoreme die Rekursionsgleichung

$$T_n(x) = 2x\, T_{n-1}(x) - T_{n-2}(x) \tag{3.21}$$

abgeleitet werden, aus welcher mit $T_0(x) = 1$ und $T_1(x) = x$ die Eigenschaft der Funktionen folgt, Polynome der Ordnung n zu sein.

Einige Chebyshev-Polynome sind in Bild 3.8 dargestellt. Wie man auch ihrer Definitionsgleichung entnehmen kann, besitzen sie bemerkenswerte Eigenschaften : alle Nullstellen

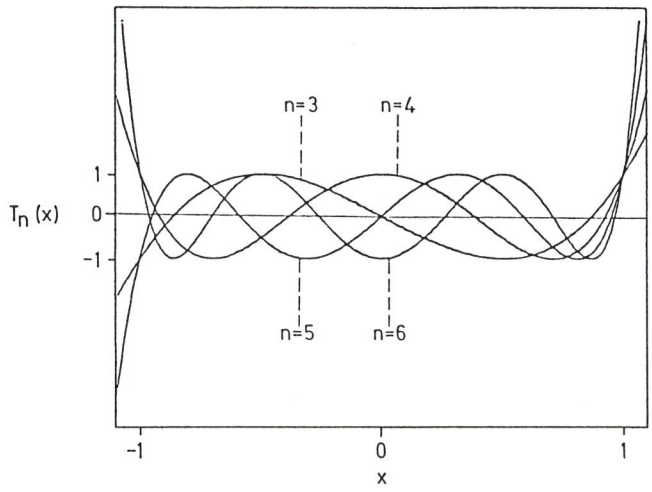

Bild 3.8   Einige Chebyshev-Polynome

$$x_{0i} = \cos(\frac{\pi}{2n}(2i-1)) \qquad , \; i = 1,2,...,n \qquad (3.22)$$

und alle Extrema

$$x_{Ei} = \cos(\frac{\pi}{n}i) \qquad , \; i = 1,2,...,n-1 \qquad (3.23)$$

liegen im Intervall -1<x<1 und die Beträge der Extremalwerte sind alle gleich groß:

$$|T_n(x_{Ei})| = 1 \quad . \qquad (3.24)$$

Außerhalb des Intervalles |x|≤1 wachsen die Polynome dann sehr schnell an, denn natürlich gilt für Polynome wie für Spektren, daß die Höhe des Funktionswertes durch das Produkt der Abstände zwischen Aufpunkt und allen Nullstellen gegeben ist. Es ist die wichtige Tatsache gleich großer Beträge in den Minima und Maxima, welche die Chebyshev-Polynome geeignet zur Bildung einer Fensterfolge macht.

Wenn man nun ein Chebyshev-Polynom einem Spektrum gleichsetzen will, so wird man die Übereinstimmung so festlegen, daß die Mitte der spektralen Hauptkeule $\Omega=0$ mit einem frei wählbaren Punkt $x_0>1$ im Chebyshev-Polynom korrespondiert und daß das Intervall mit den vergleichsweise kleinen Extrema |x|≤1 mit den Nebenkeulen zusammenfällt. Dabei muß man beachten, daß nur das Intervall $0\leq\Omega\leq\pi$ im Spektrum und $0\leq x\leq x_0$ im Chebyshev-Polynom überdeckt werden kann. Wegen der geforderten spektralen Symmetrie dürfen für ungerade Längen N nur die Hälfte der Nullstellen in den genannten Abschnitten liegen, die andere Hälfte ist durch die Symmetrie bereits mit angegeben. Für gerade Längen N besteht eine Nullstelle stets im Punkt $\Omega=\pi$.

121

Hieraus ergibt sich die erforderliche lineare Koordinatentransformation

$$x = x_0 \cos(\frac{\Omega}{2}) \quad .$$

(3.25)

Das Gewichtsspektrum ist also durch

$$P_{N-1}(\cos\frac{\Omega}{2}) = T_{N-1}(x_0 \cos\frac{\Omega}{2})$$

(3.26)

mit einem Chebyshev-Polynom in Zusammenhang gebracht. Dabei ist x_0 ein frei wählbarer Parameter, mit dessen Hilfe die Hauptkeulenhöhe (und damit auch die Breite) eingestellt werden kann : je größer x_0, desto höher wird auch der Abstand zwischen Haupt- und Nebenkeulen werden.

Ein Beispiel für ein so berechnetes Gewichtsspektrum ist in Bild 3.9 wiedergegeben. Wie man dem Bild und den genannten Eigenschaften der Chebyshev-Polynome entnehmen kann zeichnet sich das Spektrum vor allem dadurch aus, daß die Nebenkeulen untereinander alle gleich hoch sind, und darin besteht auch der Grund für die Tatsache, daß die Dolph-Chebyshev-Gewichtung im genannten Sinne optimal ist. Offensichtlich ist ein Gleichgewichtszustand der spektralen Nullstellen so eingestellt worden, daß aus der Hauptkeule bei vorgegebenen größten Werten in ihr und im Nebenkeulenbereich soviel Energie wie eben unter dieser Bedingung nur möglich in die Nebenkeulen hineingesteckt wird, um so die Breite der Hauptkeule zu minimieren. Es liegt wohl auf der Hand, daß dies gerade dann erreicht wird, wenn alle Nebenkeulen bis an die zugelassene Grenze hin ausgenutzt werden.

Man kann also auch die Dolph-Chebyshev-Gewichtung aus einem Energieprinzip erklären : die Nebenkeulen werden bis an die zulässige Grenze aufgefüllt, die Hauptkeule ist Energie-minimal unter der Bedingung gegebenen Abstandes zwischen Hauptkeule und größter Nebenkeule.

Fensterfolge und Gewichtsspektrum sind parametrisch : sie können durch Wahl des im Chebyshev-Polynom überdeckten Intervalles mit der Grenze x_0 eingestellt werden. Der Zusammenhang zwischen Haupt-Nebenkeulen-Pegelabstand D und dem Parameter x_0 ist durch

$$10^{D/20} = T_{N-1}(x_0)$$

$$x_0 = \cosh(\frac{1}{N-1} \text{arccosh}(10^{D/20}))$$

(3.27)

gegeben.

Da die größte Nullstelle in $T_{N-1}(x)$

$$x_{0,MAX} = \cos(\frac{\pi}{2(N-1)})$$

(3.28)

122

ist, gilt für die Lage $\Delta\Omega$ der ersten Nullstelle von $\Omega=0$ weg

$$x_0 \cos(\frac{\Delta\Omega}{2}) = \cos(\frac{\pi}{2(N-1)}) \quad . \tag{3.29}$$

Die Hauptkeulenbreite beträgt $2\Delta\Omega$. Aus den Gleichungen (3.27) und (3.29) kann auch der Zusammenhang zwischen Nebenkeulenunterdrückung D und der Hauptkeulenbreite $2\Delta\Omega$ ermittelt werden.

Für praktische Anwendungen sind häufig einfache Abschätzungen der erreichbaren Qualität von Interesse. Sind die eingestellten Pegelabstände D nicht zu klein (D≥15dB cirka) und die Längen N nicht zu kurz (N≥2D/10 etwa), so kann Gl.(3.27) durch

$$x_0 \approx 1 + \frac{1}{2}\left(\frac{1}{N-1}(0,69 + 1,15\frac{D}{10})\right)^2 \tag{3.30}$$

angenähert werden. Setzt man noch zusätzlich voraus, daß auch die Hauptkeulenbreiten nicht allzu groß werden (weshalb die Pegeldifferenzen D andererseits nicht über alle Maßen groß sein dürfen), so folgt aus Gl.(3.29) näherungsweise

$$x_0 \approx 1 + \frac{1}{8}\left(\Delta\Omega^2 + \frac{\pi^2}{(N-1)^2}\right) \quad . \tag{3.31}$$

Insgesamt gilt also unter den genannten Voraussetzungen der Zusammenhang

$$\Delta\Omega \approx \frac{2}{N-1}\sqrt{\left(0,69 + 1,15\frac{D}{10}\right)^2 + \frac{\pi^2}{4}} \tag{3.32}$$

zwischen Hauptkeulenbreite $2\Delta\Omega$ und Pegelabstand D.

Für größere Seitenbandunterdrückungen D besteht ein praktisch linearer Zusammenhang zwischen $\Delta\Omega$ und D, dies ist einfach auf den nahezu exponentiellen Verlauf von $T_{N-1}(x)$ für $x>1$ zurückzuführen. Darüber hinaus lehrt Gl.(3.32), daß auch bei der Dolph-Chebyshev-Gewichtung die Hauptkeulenbreite reziprok zum durch N ausgedrückten Aufwand fällt : je größer die Anzahl der Stützstellen ist, desto schmaler ist die Hauptkeule. Dieses Prinzip liegt natürlich bei allen Gewichtungen vor, so ist beispielsweise für das Rechteckfenster die halbe Breite $\Delta\Omega_R$ durch

$$\Delta\Omega_R = \frac{\pi}{N} \tag{3.33}$$

gegeben.

Zur Demonstration der mit dem Dolph-Chebyshev-Verfahren gewonnenen Spektren und Folgen und der geschilderten Prinzipien sind in den Bildern 3.9 bis 3.14 drei optimierte Fensterspektren mit ihren durch numerische Rücktransformation ermittelten Fensterfolgen abgebildet. Man erkennt, daß sich bei gleicher Länge die Hauptkeulen verbreitern, wenn die Nebenkeulenunterdrückung D anwächst. Eine höhere Punktzahl bewirkt bei gleichem D eine reduzierte Hauptkeulenbreite. Dabei sind allerdings für halbierte Breiten verdoppelte Stützstellenanzahlen erforderlich, eine beträchtliche Erhöhung des Aufwandes ist notwendig.

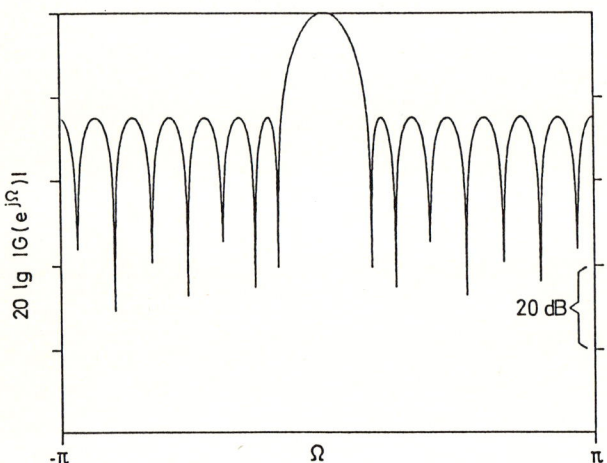

Bild 3.9   Leistungsspektrum der Dolph-Chebyshev-Gewichtung
N = 15, Seitenkeulenunterdrückung D = 25 dB

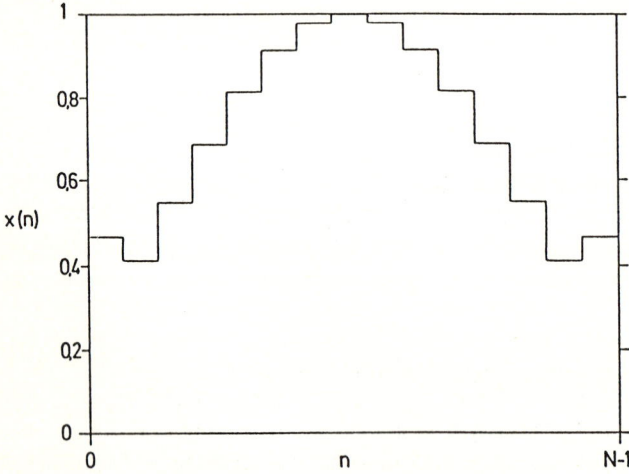

Bild 3.10   Dolph-Chebyshev-Gewichtsfolge
N = 15, Seitenkeulenunterdrückung D = 25 dB

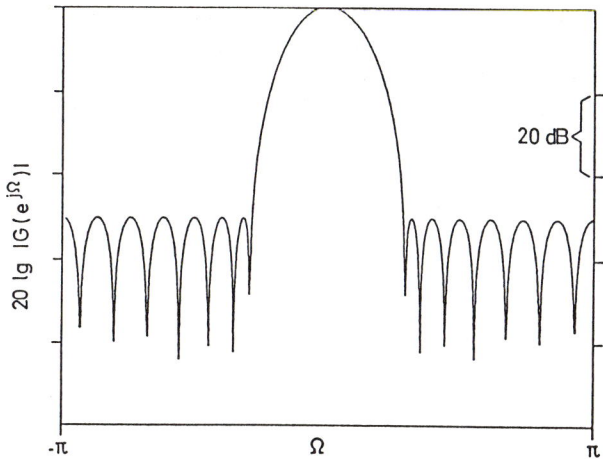

Bild 3.11   Leistungsspektrum der Dolph-Chebyshev-Gewichtung
N = 15, Seitenkeulenunterdrückung D = 50 dB

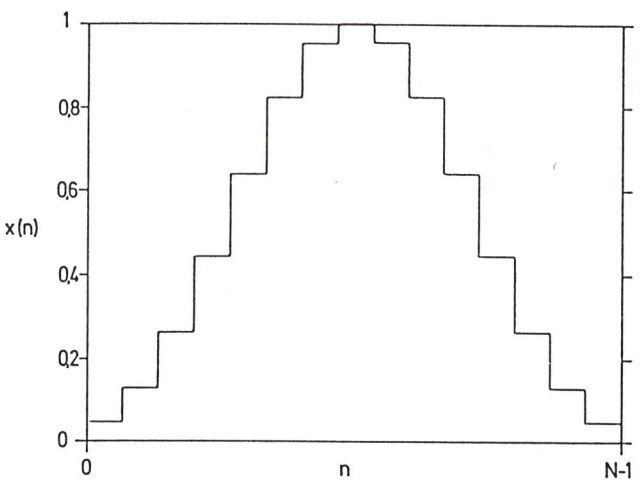

Bild 3.12   Dolph-Chebyshev-Gewichtsfolge
N = 15, Seitenkeulenunterdrückung D = 50 dB

Die Bilder 3.15 und 3.16 zeigen die Nullstellendiagramme der z-transformierten Gewichtsfolgen aus den Bildern 3.10 und 3.12 (die Werte dieser Gewichtsfolgen sind in der Tabelle 3.1. auf Seite 128 wiedergegeben). Man findet hier das eingangs geschilderte Grundprinzip der Konstruktion von Gewichtsspektren am Beispiel bestätigt : es besteht darin, die Nullstellen auf dem Einheitskreis so zu verschieben, daß sich eine höhere Dichte im Bereich der Nebenkeulen ergibt, stets um den Preis breiterer Hauptkeule.

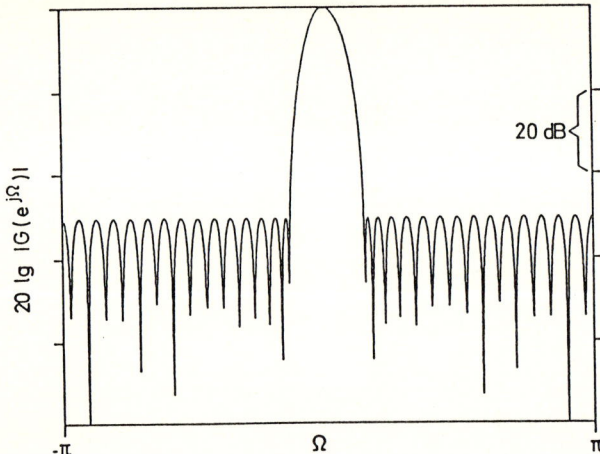

Bild 3.13   Leistungsspektrum der Dolph-Chebyshev-Gewichtung
              N = 31, Seitenkeulenunterdrückung D = 50 dB

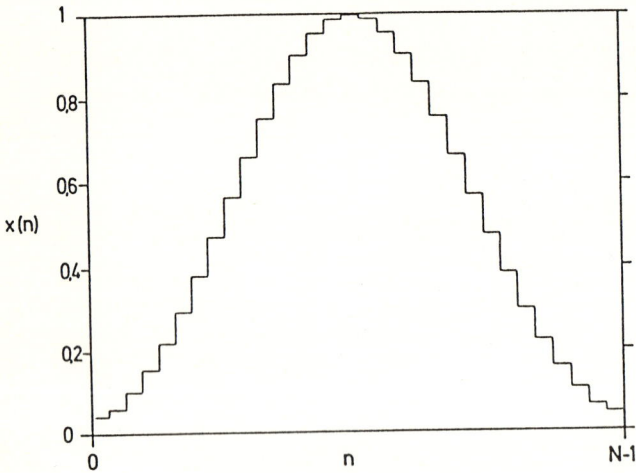

Bild 3.14   Dolph-Chebyshev-Gewichtsfolge
              N = 31, Seitenkeulenunterdrückung D = 50 dB

Die Gewichtsfolgen in den Bildern 3.10, 3.12 und 3.14 besitzen eine Art von Glockengestalt, deren genauer Verlauf von der spektralen Breite abhängt. Je breiter die Hauptkeule, desto schmaler wird der Verlauf der Gewichtsfolge. Im Grenzfall maximal breiter Hauptkeule $\Delta\Omega=\pi$ wächst der Pegelabstand D über alle Grenzen. Dabei fallen alle Nullstellen der z-transformierten Gewichtsfolge im Punkt z=-1 zusammen :

$$G(z) \ = \ \frac{g(0)}{z^{N-1}} \ (z+1)^{N-1} \quad . \tag{3.34}$$

126

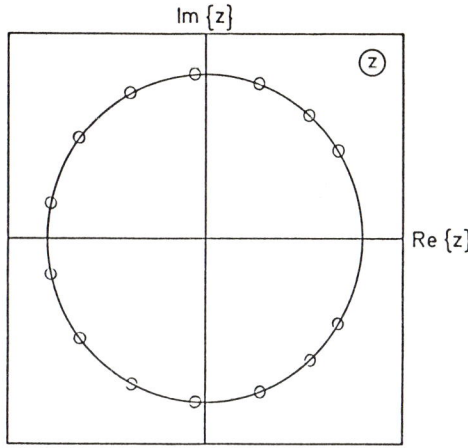

Bild 3.15   Nullstellendiagramm der z-transformierten Dolph-Chebyshev-
Gewichtsfolge für N = 15 und D = 25 dB

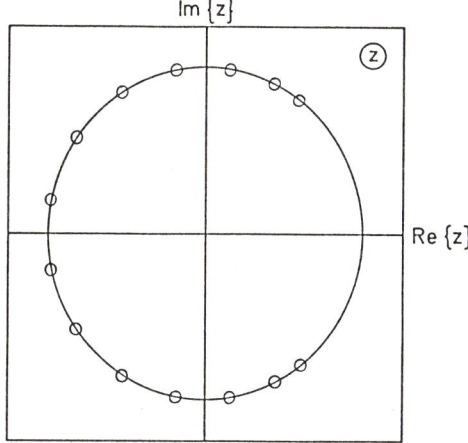

Bild 3.16   Nullstellendiagramm der z-transformierten Dolph-Chebyshev-
Gewichtsfolge für N = 15 und D = 50 dB

Die zugehörige Rücktransformierte g(n) läßt sich mit Hilfe des binomischen Lehrsatzes leicht ermitteln :

$$G(z) = \frac{g(0)}{z^{N-1}} \left\{ \binom{N-1}{0} z^{N-1} + \binom{N-1}{1} z^{N-2} + \dots + \binom{N-1}{n} z^{N-1-n} + \dots + 1 \right\} \quad .$$

(3.35)

und es ist

$$g(n) = g(0) \binom{N-1}{n} = g(0) \frac{(N-1)!}{n! \, (N-1-n)!} \quad . \tag{3.36}$$

Diese Gewichtung "ohne Nebenkeulen" ist unter dem Namen Binomial-Gewichtung bekannt. Sie stellt einen Grenzfall der Dolph-Chebyshev-Gewichtung dar.

Tabelle 3.1.   Gewichtsfolgen für N=15

n	D = 25 dB	D = 50 dB
0	0,470	0,051
1	0,410	0,131
2	0,551	0,266
3	0,690	0,443
4	0,815	0,641
5	0,914	0,824
6	0,978	0,953
7	1,000	1,000

3.2.2   Energieoptimierte Gewichtung

Das Optimalitätskriterium der Dolph-Chebyshev-Gewichtung besteht in kleinster Hauptkeulenbreite, ausgedrückt durch den Abstand der begrenzenden Nullstellen, bei gegebener Seitenkeulenunterdrückung. Wie gesagt ist das nicht das einzig mögliche Kriterium für die Konstruktion einer optimalen Gewichtsfolge, es sind noch andere Forderungen denkbar.

So besteht eine einleuchtende Bedingung an das Gewichtsfolgen-Spektrum darin, dessen innerhalb eines Bandes $\Omega_0 \leq \Omega \leq 2\pi - \Omega_0$ enthaltene Energie zu minimieren. Das genannte Intervall korrespondiert dann mit dem Bereich der Nebenkeulen, das verbleibende Band $-\Omega_0 < \Omega < \Omega_0$ enthält die Hauptkeule. Im folgenden wird von dieser Formulierung eines Minimalproblems ausgegangen; das Maximalproblem, bei dem die Energie in $-\Omega_0 < \Omega < \Omega_0$ so groß wie möglich werden soll, ist identisch und führt zu den gleichen Resultaten.

Die im Band unerwünschter Energie gespeicherte Teilenergie ist

$$E_0 = \frac{1}{\pi} \int\limits_{\Omega_0}^{\pi} |G(e^{j\Omega})|^2 \, d\Omega \qquad . \qquad\qquad\qquad (3.37)$$

Dabei sind wieder reelle und symmetrische Gewichtsfolgen g(n) vorausgesetzt, deren Spektrum $G(e^{j\Omega})$ für ungeradzahlige Längen N=2M-1 in Form der Gl.(3.16), für geradzahlige Längen N=2M in Form der Gl.(3.17) aus der Folge g(n) hervorgeht.

Die darin als unbekannt anzusehenden Folgenglieder g(n) werden so bestimmt, daß das Verhältnis aus unerwünschter Teilenergie E_0 und der Gesamt-Folgenenergie E

$$E = g(\frac{N-1}{2})^2 + 2\sum_{n=0}^{\frac{N-1}{2}-1} g(n)^2 \qquad \text{für } N = 2M - 1$$

$$E = 2\sum_{n=0}^{\frac{N}{2}-1} g(n)^2 \qquad\qquad \text{für } N = 2M \qquad\qquad (3.38)$$

ein Minimum ist. Dies geschieht, indem verschwindende partielle Ableitungen

$$\frac{d(E_0/E)}{dg(i)} = 0 \qquad\qquad i = 0,1,2,...,(N-1)/2 \quad \text{für } N = 2M - 1$$

$$i = 0,1,2,...,N/2 -1 \quad \text{für } N = 2M \qquad (3.39)$$

verlangt werden. Durch Anwendung der Quotientenregel kann man Gl.(3.39) auch durch

$$\frac{dE_0}{dg(i)} - \frac{E_0}{E} \frac{dE}{dg(i)} = 0 \qquad\qquad\qquad\qquad (3.40)$$

ausdrücken. Definiert man noch

$$a(n,m) = \frac{1}{\pi} \int\limits_{\Omega_0}^{\pi} \cos((N-1-2n)\frac{\Omega}{2}) \; \cos((N-1-2m)\frac{\Omega}{2}) \; d\Omega \quad , \qquad (3.41)$$

so erhält man aus der Forderung Gl.(3.40) nach kurzer Rechnung das Gleichungssystem

$$2\sum_{n=0}^{\frac{N-1}{2}-1} g(n)\, a(n,i) \;+\; g(\frac{N-1}{2})\, a(\frac{N-1}{2}, i) \;-\; g(i)\frac{E_0}{E} \;=\; 0$$

$$i = 0, 1, 2, ..., \frac{N-1}{2} \qquad \text{und für } N = 2M-1$$

$$2\sum_{n=0}^{\frac{N}{2}-1} g(n)\, a(n,i) \;-\; g(i)\frac{E_0}{E} \;=\; 0$$

$$i = 0, 1, 2, ..., \frac{N}{2}-1 \qquad \text{und für } N = 2M \qquad . \qquad (3.42)$$

Mit diesen (N+1)/2 Gleichungen für N=2M-1 bzw. N/2 Gleichungen für N=2M wird jeweils ein homogenes Gleichungssystem in den Unbekannten g(n) konstituiert. Es besitzt dann und nur dann eine nicht-triviale Lösung, wenn seine Determinante gleich Null wird. Dies ist dann der Fall, wenn E_0/E ein Eigenwert

$$\frac{E_0}{E} = \lambda \qquad\qquad (3.43)$$

der Matrix $\underline{A}$ ist, wenn also

$$\text{Det}(\underline{A} - \lambda\,\underline{I}) = 0 \qquad\qquad (3.44)$$

gilt. Dabei ist $\underline{A}$ die Koeffizientenmatrix

$$
\underline{A} = \begin{bmatrix}
2a(0,0) & 2a(1,0) & \ldots & a(\dfrac{N-1}{2},0) \\[2ex]
2a(0,1) & 2a(1,1) & \ldots & a(\dfrac{N-1}{2},1) \\[2ex]
\cdot & \cdot & \cdots & \cdot \\
\cdot & \cdot & \cdots & \cdot \\
\cdot & \cdot & \cdots & \cdot \\[2ex]
2a(0,\dfrac{N-1}{2}) & 2a(1,\dfrac{N-1}{2}) & \ldots & a(\dfrac{N-1}{2},\dfrac{N-1}{2})
\end{bmatrix} \quad \text{für } N = 2M - 1
$$

$$
\underline{A} = \begin{bmatrix}
2a(0,0) & 2a(1,0) & \ldots & 2a(\dfrac{N}{2}-1,0) \\[2ex]
2a(0,1) & 2a(1,1) & \ldots & 2a(\dfrac{N}{2}-1,1) \\[2ex]
\cdot & \cdot & \cdots & \cdot \\
\cdot & \cdot & \cdots & \cdot \\
\cdot & \cdot & \cdots & \cdot \\[2ex]
2a(0,\dfrac{N}{2}-1) & 2a(1,\dfrac{N}{2}-1) & \ldots & 2a(\dfrac{N}{2}-1,\dfrac{N}{2}-1)
\end{bmatrix} \quad \text{für } N = 2M
$$

$$(3.45)$$

und $\underline{I}$ ist die Einheitsmatrix. Bekanntlich besitzt eine MxM Matrix $\underline{A}$ gerade M Eigenwerte λ, es sind dies die Nullstellen des charakteristischen Polynoms $P(y) = \text{Det}(\underline{A} - y\underline{I})$.

Offensichtlich ist das kleinst-mögliche Energieverhältnis durch den minimalen Eigenwert

$$E_0/E = \lambda_{min} \qquad\qquad (3.46)$$

gegeben. Er muß numerisch aus dem Verlauf des charakteristischen Polynoms ermittelt werden. Ist das kleinste Energieverhältnis E_0/E einmal bekannt, dann kann die zugehörige Folge $g(n)$ leicht berechnet werden. Sie besteht im zum Eigenwert $\lambda_{min}=E_0/E$ gehörenden Eigenvektor der Matrix $\underline{A}$. Er ergibt sich in der numerischen

Rechnung durch Einsetzen des minimalen Eigenwertes in Gl.(3.42). Das durch Variation von i = 0, 1, 2, 3, ... damit entstandene Gleichungsystem wird unter Annahme eines beliebigen Wertes für g((N-1)/2) (oder g(N/2-1)) - beispielsweise g((N-1)/2)=1 - gelöst. Natürlich ist jedes Vielfache eines Eigenvektors ebenfalls eine Folge mit dem Optimalitätskriterium, so daß die Wahl von g((N-1)/2) oder g(N/2-1) beliebig ist, die tatsächliche Gewichtsfolge ergibt sich aus der Wahl einer Gesamtenergie E. Zur Berechnung des Eigenvektors kann die Symmetrie der

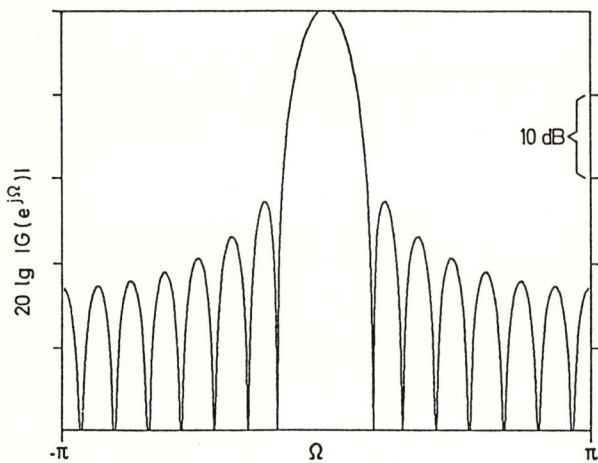

Bild 3.17   Leistungsspektrum der energieoptimalen Gewichtung
N = 15,   Band maximaler Energie $\Omega_0/\pi = 2/N = 0{,}1333$

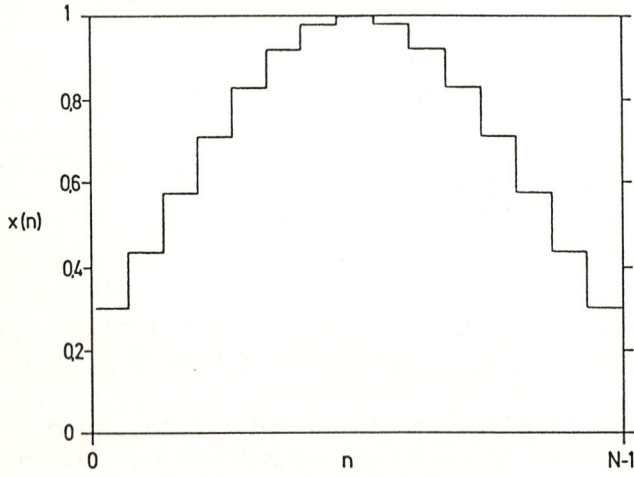

Bild 3.18   Energieoptimale Gewichtsfolge
N = 15,   Band maximaler Energie $\Omega_0/\pi = 2/N = 0{,}1333$

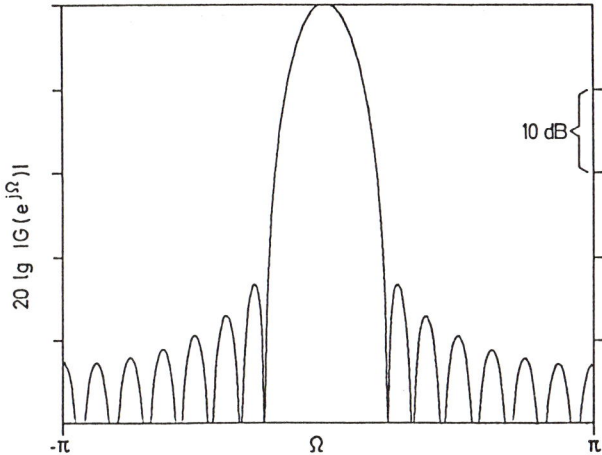

Bild 3.19   Leistungsspektrum der energieoptimalen Gewichtung
             N = 15,   Band maximaler Energie $\Omega_0/\pi = 0{,}2$

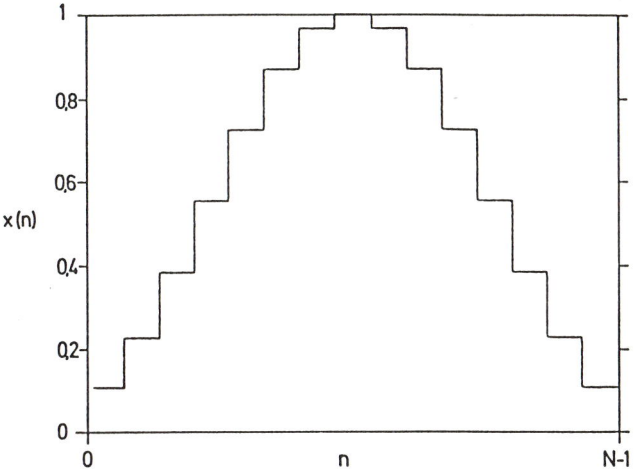

Bild 3.20   Energieoptimale Gewichtsfolge
             N = 15,   Band maximaler Energie $\Omega_0/\pi = 0{,}2$

verbliebenen Matrix ausgenutzt werden (Darstellung durch das Produkt $\underline{DD}^T$ einer Dreiecksmatrix und ihrer Transponierten), aber auch iterative Methoden bieten sich für die numerische Lösung an.

Einige mit der beschriebenen Methode gewonnene Spektren und die zugehörigen Folgen sind in den Bildern 3.17 bis 3.24 dargestellt. Für Bild 3.17 und 3.18 ist mit $\Omega_0 = 2\pi/N$ gerechnet worden. Die Bandbreite maximaler Energie ist hier gleich der Hauptkeulenbreite das Rechteckfensters, dessen Spektrum zum Vergleich noch einmal in Bild 3.16 wiedergegeben wird. Offensichtlich ist die Hauptkeulenbreite im Energie-

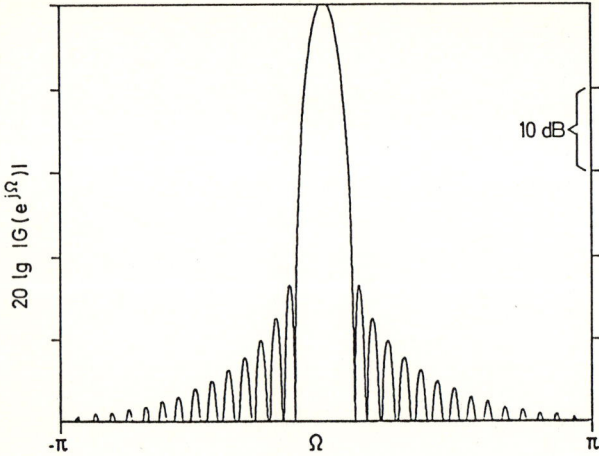

Bild 3.21   Leistungsspektrum der energieoptimalen Gewichtung
N = 31,   Band maximaler Energie $\Omega_0/\pi = 0{,}098$

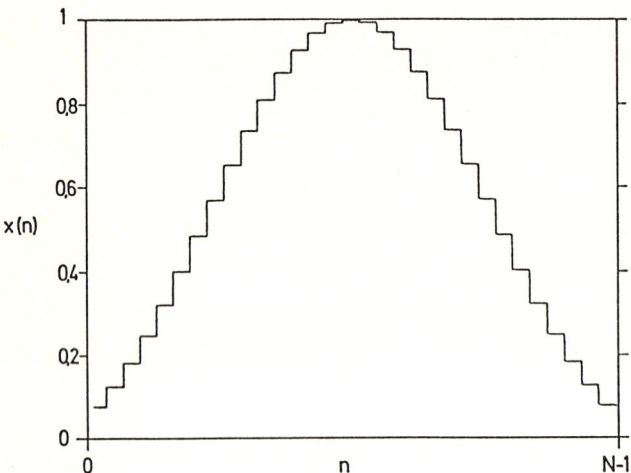

Bild 3.22   Energieoptimale Gewichtsfolge
N = 31,   Band maximaler Energie $\Omega_0/\pi = 0{,}098$

optimalen Spektrum - ausgedrückt durch die begrenzenden Nullstellen - breiter als das Band, in welchem die Energie ein Maximum ist, die erste Nullstelle liegt an einer etwas größeren Stelle $\Omega>\Omega_0$.

   Auch das Energieoptimierte Spektrum ist parametrisch, es kann durch Wahl des Bandes Ω_0 eingestellt werden. Je größer Ω_0 ist, desto mehr werden die Nebenkeulen abgesenkt, wie man auch dem Vergleich der Bilder 3.17 und 3.19 entnehmen kann. Bei der Berechnung der Spektren kann auch das Verhältnis E_0/E als gegeben angesehen werden. Es muß dann dasjenige Band Ω_0 bestimmt werden, für welches das Verhältnis E_0/E gleich dem kleinsten Eigenwert der Matrix $\underline{A}$ ist.

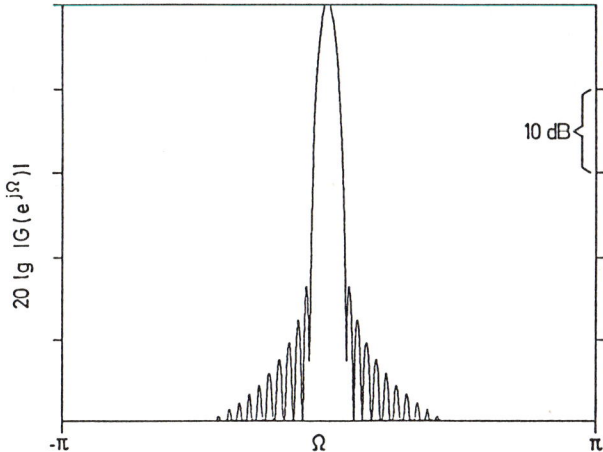

Bild 3.23   Leistungsspektrum der energieoptimalen Gewichtung
              N = 51,   Band maximaler Energie $\Omega_0/\pi = 0{,}06$

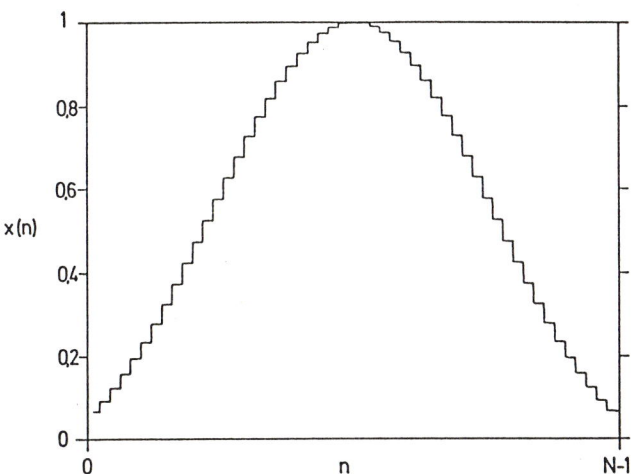

Bild 3.24   Energieoptimale Gewichtsfolge
              N = 51,   Band maximaler Energie $\Omega_0/\pi = 0{,}06$

Natürlich lassen sich auch hier kleinere Hauptkeulenbreiten erzielen, wenn bei gleichem E_0/E die Punktanzahl erhöht wird. Man wird erwarten, daß das zu einem vorgegebenen E_0/E sich einstellende Intervall Ω_0 mit wachsendem N immer geringer wird. Darüber hinaus wird man vermuten, daß eine Proportionalität zwischen E_0/E und $N\Omega_0$ besteht, daß es also bezüglich des minimalen Energieverhältnisses keine Rolle spielt, ob die Folgenlänge N oder das Band minimaler Energie Ω_0 mit einem multiplikativen Faktor beaufschlagt werden. Die Beispiele in den Bildern 3.19 bis 3.24 sind denn auch so berechnet worden, daß für die jeweiligen Parameter $\Omega_0 N/\pi = $const. gilt.

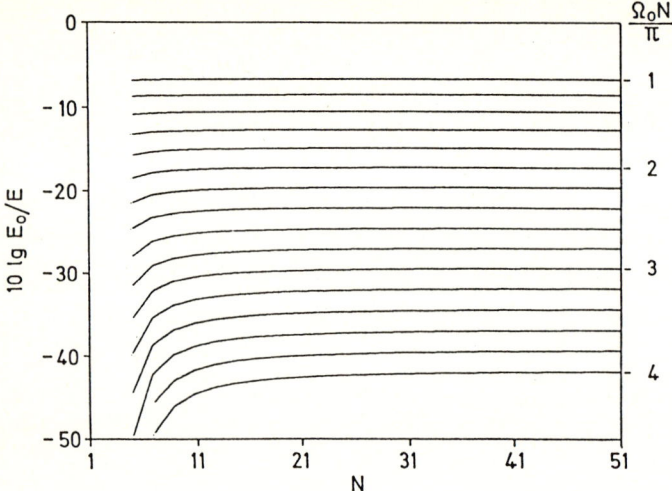

Bild 3.25   Eigenwertdiagramm für $N\Omega_0 = $ const.

Die Abhängigkeit von E_0/E nur vom Produkt $N\Omega_0$ gilt allerdings nur für nicht zu große Werte $N\Omega_0$ und nicht zu kleine Werte von E_0/E. Das Eigenwertdiagramm in Bild 3.25 enthält Kurven $N\Omega_0 = $ const., das heißt, bei der Berechnung einer Kurve ist Ω_0 so variiert worden, daß sich in jedem Punkt N das gleiche $N\Omega_0$ ergibt. Wie man sieht streben die Kurven mit wachsendem N um so rascher einem konstanten Grenzwert zu, je größer E_0/E ist.

Es fällt auf, daß die Kurven im Eigenwertdiagramm nahezu gleichabständig sind. Sie gehorchen etwa der Erfahrungsgleichung

$$\frac{\Omega_0 N}{\pi} \approx 0{,}6 \quad - 0{,}8 \lg(E_0/E) \quad . \tag{3.47}$$

Zwischen dem Pegel des Energieverhältnisses und dem Frequenzband Ω_0 besteht also ein linearer Zusammenhang, ebenso wie bei der Dolph-Chebyshev-Gewichtung eine etwa lineare Beziehung zwischen Hauptkeulenbreite und Nebenkeulenunterdrückung D vorkommt.

Die obigen Betrachtungen lehnen sich an den von Papoulis in /3.8/ behandelten Fall kontinuierlicher Funktionen f(t) endlicher Dauer T und ihrem Energieoptimalen Spektrum F(ω) an. Diese Betrachtung führt auf die Bestimmung des minimalen Eigenwertes einer zu Gl.(3.42) analogen Integralgleichung und der zugehörigen Eigenfunktion. Bei einer Übertragung auf Abtastfolgen muß beachtet werden, daß zeitbegrenzte Vorgänge nicht gleichzeitig auch bandbegrenzt sein können.

Ein der Energieoptimalen Gewichtung sehr ähnliches Fenster ist das sogenannte Kaiser-Bessel-Fenster (siehe die Arbeit von Kaiser /3.9/). Die Gewichtsfolge der Kaiser-Bessel-Gewichtung lautet

$$x(n) = \frac{I_0(\frac{N-1}{2}\Omega_K \sqrt{1 - (2n/(N-1))^2})}{I_0(\frac{N-1}{2}\Omega_K)} \qquad \text{für} \quad -\frac{N-1}{2} \le n \le \frac{N-1}{2} \quad (3.48)$$

für ungerade Längen N. Dabei bedeutet $I_0(x)$ die modifizierte Besselfunktion der Ordnung 0. Das Kaiser-Bessel-Fenster ist ebenfalls parametrisch, wobei hier Hautpkeulenbreite und Nebenkeulenstruktur durch den Parameter Ω_k eingestellt werden können.

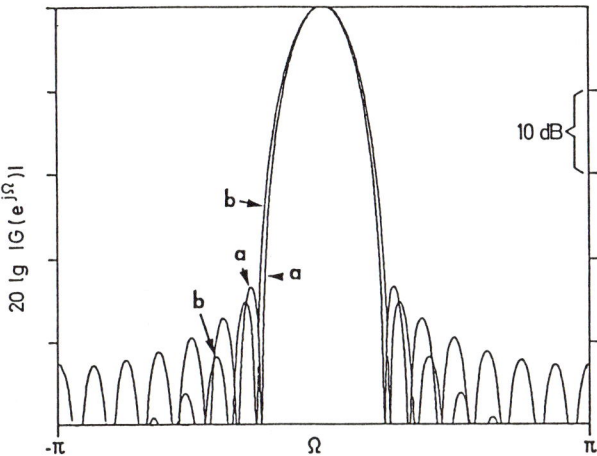

Bild 3.26   Leistungsspektren der energieoptimalen Gewichtung (a)
und der Kaiser-Bessel-Gewichtung (b)   N = 15, $\Omega_0/\pi = 0,2$

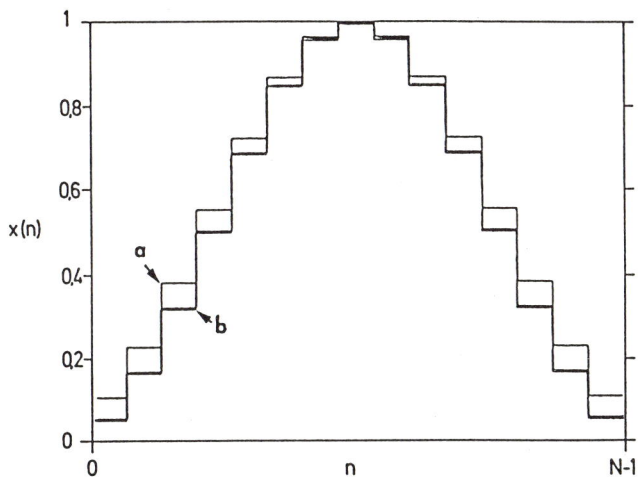

Bild 3.27   Energieoptimale Gewichtsfolge (a)
und Kaiser-Bessel-Gewichtsfolge (b)   N = 15, $\Omega_0/\pi = 0,2$

137

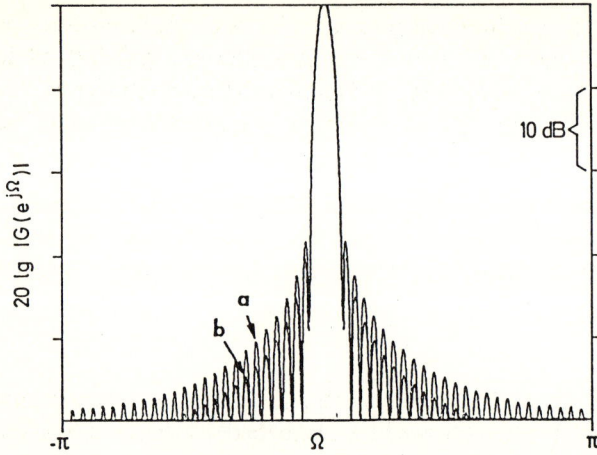

Bild 3.28   Leistungsspektren der energieoptimalen Gewichtung (a)
und der Kaiser-Bessel-Gewichtung (b) $N = 51$, $\Omega_0/\pi = 0,05$

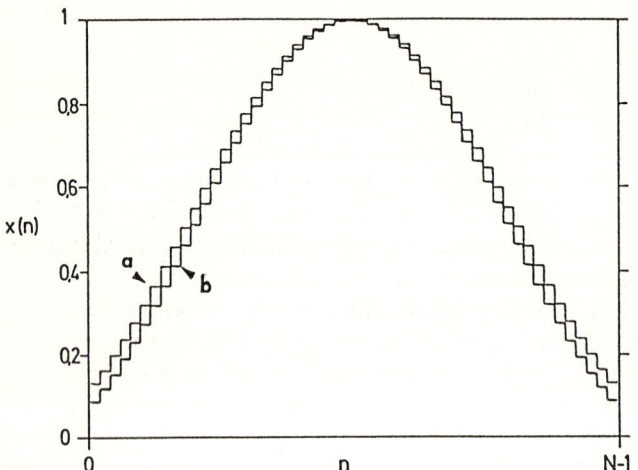

Bild 3.29   Energieoptimale Gewichtsfolge (a)
und Kaiser-Bessel-Gewichtsfolge (b) $N = 51$, $\Omega_0/\pi = 0,05$

Man kann das Kaiser-Bessel-Fenster als Approximation für das Energie-optimierte
Fenster auffassen, und in der Tat unterscheiden sich die beiden Gewichtungen in den
meisten Fällen nur sehr wenig. Die Bilder 3.26 bis 3.29 enthalten das nach Gl.(3.48)
berechnete Kaiser-Bessel-Fenster und das Energieoptimale Fenster für zwei Längen
und unter der Annahme $\Omega_0 = \Omega_K$. Das Kaiser-Bessel-Fenster hat bei etwas ver-
größerter Hauptkeulenbreite eine etwas verringerte Nebenkeulenhöhe, ein
Unterschied, der lediglich einer kleinen Variation des Parameters Ω_K gleichkommt.
Tatsächlich bezeichnen die Parameter Ω_0 der Energieoptimalen Gewichtung und Ω_K
des Kaiser-Bessel-Fensters auch nicht genau ein und die selbe Größe.

138

Es sei zum Abschluß noch erwähnt, daß man das hier behandelte Problem der Energieminimierung noch variieren kann, indem die Ausgangforderung (3.39) mit der Minimalenergie nach Gl.(3.37) verändert wird. Beispielsweise kann ein Kompromiß zwischen den Bedingungen der Dolph-Chebyshev-Gewichtung und der Energieminimierung in der Form

$$\frac{1}{E} \int_{\Omega_0}^{\pi} \frac{|G(e^{j\Omega})|^2}{\sqrt{\Omega^2 - \Omega_0^2}} \, \Omega \, d\Omega = \text{Min.} \qquad (3.49)$$

erwünscht sein. Der Sinn der damit definierten Gewichtung besteht darin, den Bereich von Ω unmittelbar in der Nähe von Ω_0 stärker hervorzuheben und besonders in ihm noch kleinere spektrale Werte als im sonstigen Nebenkeulenband zu erzielen; die ersten Nebenkeulen im Bereich $|\Omega| \approx \Omega_0$ werden stärker unterdrückt. Betrachtungen dieser Art sind von Barcilon und Temes in /3.10/ durchgeführt worden. Das ermittelte Fenster wird nach den Entdeckern Barcilon-Temes-Fenster genannt.

3.2.3 Gewichtung für bandbegrenzte Signale

In den letzten Abschnitten ist die Gewichtsfolge g(n) so bestimmt worden, daß das Spektrum - abgesehen von der Hauptkeule - überall im ganzen Intervall $|\Omega| \leq \pi$ "kleine Werte" annehmen sollte : der gesamte spektrale Bereich außerhalb der Hauptkeule ist zum Gebiet der Nebenkeulen erklärt worden.

Eine zweite, "blinde" Hauptkeule kann dagegen im Gewichtsspektrum wünschenswert sein, falls nur ein Teilintervall des Gewichtsspektrums und des mit Hilfe der Fensterfolge untersuchten Signales interessiert. Das ist zum Beispiel bei der örtlichen Abtastung mit dem Reihenmikrophon der Fall, wenn die zeitlichen Sensorensignale gegenüber der Array-Abstimmung tieffrequent sind. Kann man die Bandbegrenzung im Wellenzahlspektrum des örtlichen Verlaufes als gegeben hinnehmen, so genügt es natürlich, das Wellenzahlspektrum auch nur im Intervall der Bandgrenzen zu beobachten, entsprechend der Wiedergabe der Richtungsverteilung beim Array, die nur einen Ausschnitt aus dem Spektrum darstellt.

Enthält das Signal nur spektrale Anteile im Intervall $|\Omega| \leq \Omega_0$, so würde es für die zur spektralen Berechnung benutzte Gewichtsfolge g(n) genügen, wenn deren Spektrum $G(e^{j\Omega})$ im Intervall $|\Omega| \leq 2\Omega_0$ möglichst impuls-ähnlich wäre. Die Verdopplung der Bandgrenzen für $G(e^{j\Omega})$ resultiert dabei daher, daß das Spektrum $G(e^{j\Omega})$ in der Faltung Gl.(3.5) noch um bis zu Ω_0 verschoben werden muß, um das ganze Band $|\Omega| \leq \Omega_0$ zu erreichen. Durch die Verschiebung dürfen keine Teile des "blinden Bereiches" - in welchem ja nun möglicherweise hohe spektrale Energien liegen - von $G(e^{j\Omega})$ in die Bandgrenzen $|\Omega| \leq \Omega_0$ des Signales x(n) selbst hineingeschoben werden.

Da nun außerhalb des Intervalles $|\Omega| \leq 2\Omega_0$ keinerlei Forderungen an das Gewichtsspektrum erforderlich sind, denn dieser Bereich wird bei bandbegrenzten

Vorgängen x(n) in der Faltung (3.5) niemals einbezogen, könnten alle spektralen Nullstellen auch nur in das Band $|\Omega| \leq 2\Omega_0$ hineingelegt werden. Der Vorteil liegt unmittelbar auf der Hand : es ließe sich ein viel impuls-näherer spektraler Verlauf mit der dadurch erhaltenen großen Nullstellendichte in diesem Band $|\Omega| \leq 2\Omega_0$ erreichen, als wenn die Nullstellen weniger dicht auf das ganze Intervall $|\Omega| \leq \pi$ verteilt werden müssen.

Aber auch der Nachteil dieser Verfahrensweise ist schon absehbar : liegen alle spektralen Nullstellen innerhalb eines schmaleren Bandes $|\Omega| \leq 2\Omega_0$, so wächst das Spektrum außerhalb dieses Bandes sehr stark an, im Bereich $2\Omega_0 < \Omega \leq 2\pi - 2\Omega_0$ erhält man eine sehr hohe "blinde" Nebenkeule. Zwar wäre diese für wirklich bandbegrenzte Signale gänzlich unerheblich. In der Praxis liegen nun aber fast nie Signale vor, die außerhalb bekannter spektraler Grenzen völlig ohne Energie sind, in beinahe allen Fällen existiert eine nur endliche Pegeldifferenz zwischen Energie-führendem und "leerem" Band. Wie man an Hand der Faltung Gl.(3.5) leicht einsieht, wird diese oft nur geringe Energie durch die blinde Hauptkeule des Gewichtsspektrums sehr hoch bewertet, und dies wirkt wie ein Energietransport in die Bandgrenzen hinein : das Spektrum wird innerhalb der Bandgrenzen $|\Omega| \leq 2\Omega_0$ stark verfälscht. Aus diesem Grunde muß die Benutzung von bekannten Bandgrenzen zur Erzeugung von Gewichtsspektren noch einer kritischen Betrachtung unterzogen werden, worauf der nächste Abschnitt Bezug nehmen wird. Da solche Gewichtsfolgen eher in Ausnahmefällen überhaupt praktisch verwendbar sind, soll es hier genügen, nur die einfacheren Überlegungen zu schildern, welche zur Konstruktion von Gewichtsfolgen mit Bandgrenzen-Ausnutzung erforderlich sind.

Eine einfache und allgemeingültige Beschreibung, die auf jede Art von Fenster angewendet werden kann, ergibt sich, wenn man von der jeweiligen Gewichtung ohne Bandgrenzen ausgeht, die also für den gesamten Bereich $|\Omega| \leq \pi$ konstruiert worden ist. Dabei muß es sich nicht um eine optimale Gewichtsfolge handeln, es können beliebige Gewichtsspektren benutzt werden, also etwa auch die Rechteckgewichtung.

Das Gewichtsspektrum für den Fall bekannter Bandgrenzen $|\Omega| \leq 2\Omega_0$ läßt sich nun aus dem Verlauf des Spektrums ohne Bandgrenzen gewinnen, indem alle Nullstellen Ω_i auf dem Einheitskreis in der komplexen z-Ebene in Richtung auf den Punkt $\Omega = 0$ hin gedreht werden und so die neuen Lagen Ω_{Bi} gewinnen. Dabei bleibt die Reihenfolge der Nullstellen erhalten und ihre Dichte nimmt zu. Zur Beurteilung des damit erhaltenen spektralen Verlaufes muß natürlich ein beobachteter Punkt mit der ursprünglichen Lage Ω entsprechend mitgedreht werden, er nimmt dann im neuen Spektrum, das die Bandgrenzen ausnutzt, die Lage Ω_B ein.

Diese einfache Vorgehensweise kann nur durchgeführt werden, wenn eine gerade Anzahl N-1 von Nullstellen vorliegt. Für ungerade N-1 besitzt die z-Transformierte die Nullstelle z=-1, welche aus Symmetriegründen unveränderlich fest liegt. Da es hier wie gesagt mehr um eine Abschätzung der mit der die Bandgrenzen nutzenden Gewichtung verbundenen Konsequenzen geht, seien im folgenden ungeradzahlige Längen N und damit eine gerade Anzahl von Nullstellen vorausgesetzt.

Die Drehung der spektralen Nullstellen soll nun so durchgeführt werden, daß das neue Spektrum $G_B(e^{j\Omega})$ - von einer von Ω_B unabhängigen Skalierung abgesehen - den gleichen Wert besitze wie das ursprüngliche Spektrum $G(e^{j\Omega})$. Nun sind $G(e^{j\Omega})$ und $G_B(e^{j\Omega})$ beide in der Form

$$G(e^{j\Omega}) = \prod_{i=1}^{\frac{N-1}{2}} (e^{j\Omega} - e^{j\Omega_i})(e^{j\Omega} - e^{-j\Omega_i})$$

$$= e^{j\Omega(N-1)/2} \, 2^{(N-1)/2} \prod_{i=1}^{\frac{N-1}{2}} (\cos\Omega - \cos\Omega_i) \qquad (3.50)$$

beschreibbar, wobei wieder vorausgesetzt worden ist, daß je zwei Nullstellen in der z-Ebene zueinander konjugiert komplex sein müssen. Der spektrale Verlauf bei gedrehten Nullstellen und mitgedrehtem Aufpunkt bleibt also unverändert, wenn

$$\cos\Omega_B - \cos\Omega_{Bi} = \cos\Omega - \cos\Omega_i \qquad (3.51)$$

gilt. Dies ist stets für eine Koordinatentransformation der Form

$$\cos\Omega_B = a\cos\Omega + b \qquad (3.52)$$

der Fall. Weil der beobachtete Punkt $\Omega=0$ hier sinnvoll in den Punkt $\Omega_B=0$ übergehen soll und die Stelle $\Omega=\pi$ in $\Omega_B=2\Omega_0$, folgt

$$\cos\Omega_B = 1 - \frac{1}{2}(1 - \cos 2\Omega_0)(1 - \cos\Omega) \quad . \qquad (3.53)$$

Da der beobachtete Punkt Ω allgemein ist, gilt Gl.(3.53) ebenso auch für die Nullstellen Ω_i und Ω_{Bi}.

Das neu entstandene Gewichtsspektrum $G_B(e^{j\Omega})$, welches die Bandbegrenzung der zu untersuchenden Signale ausnutzt, kann aus dem früheren Spektrum $G(e^{j\Omega})$ ohne solche Bandbrenzen unmittelbar durch Benutzung der Koordinatentransformation Gl.(3.53) angegeben werden. Ist das bestimmende Polynom P_{N-1} (siehe auch Gl.(3.19)) in

$$G(e^{j\Omega}) = e^{-j\Omega(N-1)/2} \, P_{N-1}\left(\cos\frac{\Omega}{2}\right) \qquad (3.54)$$

bekannt, so ist das zu $G_B(e^{j\Omega})$ gehörende Polynom $P_B(\cos(\Omega/2))$ durch

$$P_B\left(\cos\frac{\Omega}{2}\right) = P_{N-1}\left(\sqrt{\frac{\cos\Omega - \cos 2\Omega_0}{1 - \cos 2\Omega_0}}\right)$$

$$= P_{N-1}\left(\sqrt{\frac{\cos^2\Omega/2 - \cos^2\Omega_0}{1 - \cos^2\Omega_0}}\right) \qquad (3.55)$$

gegeben. Da P_{N-1} nur gerade Exponenten enthält bleibt es auch dann reellwertig, wenn $\cos(\Omega)<\cos(2\Omega_0)$ ist. Es kann stets $P_{N-1}(x)$ in ein Polynom der halben Ordnung in x^2 übergeführt werden. So erhält man beispielsweise unter Benutzung von

$$T_{NM}(x) = T_N(T_M(x)) \tag{3.56}$$

und

$$T_2(x) = 2x^2 - 1 \tag{3.57}$$

für die Dolph-Chebyshev-Gewichtung

$$G_B(e^{j\Omega}) = e^{-j(N-1)\Omega/2} \; T_{\frac{N-1}{2}}(x)$$

$$\text{mit} \quad x = \frac{(x_0+1)\cos\Omega \; - \; (1 + x_0 \cos 2\Omega_0)}{1 - \cos 2\Omega_0} \quad . \tag{3.58}$$

Ein Beispiel für ein so erhaltenes Gewichtsspektrum - gerechnet mit N=9 und $2\Omega_0=\pi/2$ - ist in Bild 3.30 abgebildet. Alle Nullstellen sind im Intervall $|\Omega|\leq2\Omega_0$ enthalten, außerhalb diese Bereiches steigt das Spektrum deshalb auf (selbst relativ zur sichtbaren Hauptkeule) große Werte an. Bild 3.31 zeigt den sichtbaren Ausschnitt, hier bereits auf ein Richtungsmaß umgerechnet. Der Anschaulichkeit halber zeigt Bild 3.32 noch das Nullstellen-Diagramm in der z-Ebene.

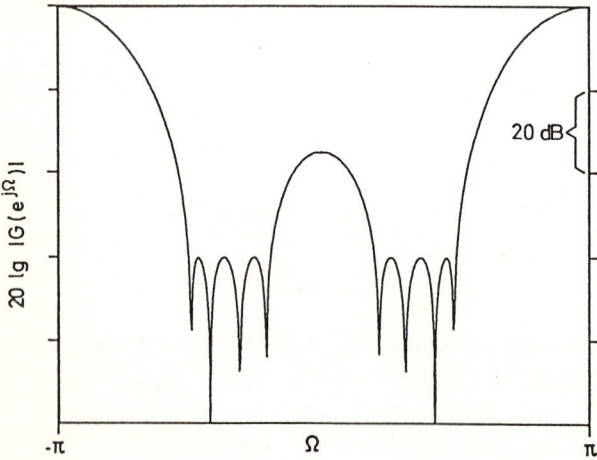

Bild 3.30   Gewichtsspektrum der Dolph-Chebyshev-Gewichtung $N = 9$
unter Ausnutzung der Signal-Bandgrenzen $|\Omega_0/\pi| \leq 1/4$

142

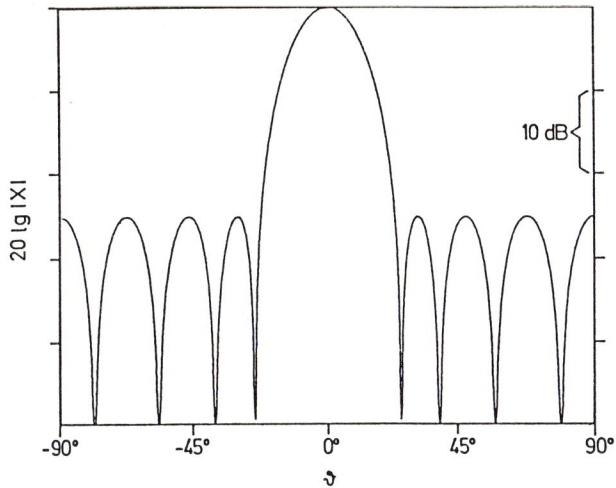

Bild 3.31   Beobachtetes Richtungsmaß einer senkrecht auftreffenden
             Welle bei Ausnutzung der Wellenlängen-Begrenzung $\Delta z/\lambda = 1/4$
             für die Dolph-Chebyshev-Gewichtung $N = 9$

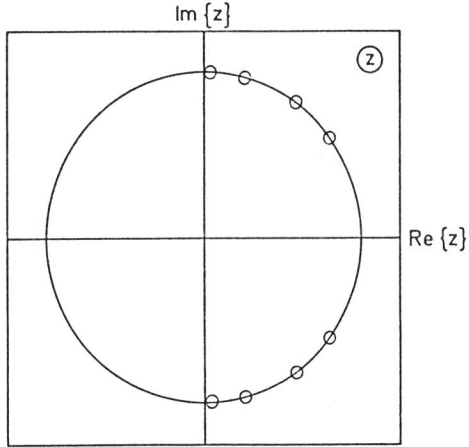

Bild 3.32   Nullstellendiagramm der Dolph-Chebyshev-Gewichtung $N = 9$
             bei Ausnutzung der Signal-Bandgrenzen $|\Omega_0/\pi| \leq 1/4$

Ein solches Gewichtsspektrum führt wegen der sehr hohen Hauptkeule im blinden
Bereich in den meisten Fällen zu einer groben Verfälschung des Signalspektrums
$X(e^{j\Omega})$, selbst wenn dieses nur eine sehr kleine Energie außerhalb des Bandes
$|\Omega| \leq 2\Omega_0$ besitzt. Eine Abschätzung dieses Effektes kann dem nächsten Abschnitt
entnommen werden.

Es sei noch abschließend erwähnt, daß die Koordinatentransformation Gl.(3.52)
eine weitergehende Möglichkeit der Ausnutzung von Bandgrenzen nahelegt. Man

könnte die Gewichtung für jeden zu beobachtenden Punkt Ω neu einstellen und damit eine noch größere Dichte erreichen. Beispielsweise würde es für die Beobachtung des Punktes $\Omega=0$ genügen, die Nullstellen alle innerhalb des Bandes $|\Omega|\leq\Omega_0$ statt wie oben in $|\Omega|\leq2\Omega_0$ anzusiedeln. Für ein gerichtetes Meßinstrument wie das Reihenmikrofon könnte man so die Gewichtsfolge abhängig von der aktuell interessierenden Einfallsrichtung bestimmen. Angesichts der allzu restriktiven Forderungen an die Bandbegrenzungen der zu untersuchenden Signale scheint dieser Weg als wenig aussichtsreich.

3.3 Einfluß von Störungen

Wie schon angedeutet hat man in der meßtechnischen Praxis stets damit zu rechnen, daß zwischen den idealisierenden Annahmen der Situation und der Meßwirklichkeit gewisse Unterschiede auftreten. So kann man etwa beim akustischen Reihenmikrofon nicht davon ausgehen, daß die Mikrofon-Signale tatsächlich ausschließlich auf Grund ebener Wellen zustande kommen, es treten überlagerte Vorgänge hinzu, die nicht notwendigerweise von weit entfernten Schallquellen herstammen oder wenigstens doch so interpretierbar sind.

Eine häufige Ursache den Annahmen gegenüber quasi "verfälschter" Meßwerte besteht beispielsweise in der Veränderung eines Schallfeldes durch die physikalische Umgebung, in der die Messung stattfindet. So ist man ja in der akustischen Anwendung an der Charakterisierung eines von einem weit entfernten Strahler hervorgerufenen Schallfeldes interessiert, und dieses Schallfeld wird durch die räumlichen Gegebenheiten und die Meßeinrichtung selbst verändert. Solche Änderungen können beispielsweise durch Streukörper hervorgerufen werden, und dieser Effekt ist fast unvermeidlich, denn auch die Mikrofone selbst bilden Reflektoren mit kleinem Streuquerschnitt. Aber auch größere Körper bringen selbst dann noch Überlagerungen zum einfallenden Wellenfeld hervor, wenn sie eine stark absorbierende Oberfläche besitzen. Es ist ja ein Absorptionsgrad von mindestens 0,97% erforderlich, um in einem aus hin- und rücklaufender Welle gebildeten Schallfeld eine örtliche Welligkeit von höchstens 3 dB zu erhalten. Deshalb kann man nicht einmal in reflexionsarmen Räumen hoher Qualität immer davon ausgehen, daß das resultierende räumliche Wellenfeld bei erzeugter ebener Welle örtlich konstanten Pegelverlauf besitzt.

Die Aufzählung möglicher, die Messung verfälschender Störquellen ist fortsetzbar - es wären zu nennen Wind- und Temperatureinflüsse, Nichtlinearitäten, endliche Zahlenauflösung für die Auswertung und anderes mehr. In all diesen Fällen scheint es angebracht, die Überlagerung des "unverfälschten" Signales $x(n)$ mit einer Störung $w(n)$ durch

$$x_F(n) = x(n) + w(n) \qquad (3.59)$$

zu beschreiben. Dabei ist $x_F(n)$ das einzig beobachtbare, gewissermaßen "verunreinigte" Signal.

Über w(n) sind keine Einzelheiten bekannt. Man kommt aber sicherlich der Natur einer Fehlerfolge im Durchschnitt am nächsten, wenn man sie als zufällige (im Falle des Reihenmikrofones) örtliche Rauschfolge mit etwa konstantem Leistungsspektrum auffaßt. Weil Details von w(n) nicht zur Verfügung stehen, sind die im folgenden gemachten Aussagen ohnehin mehr als pauschalisierende Feststellungen "im Mittel" zu werten.

Für die Annahme, daß w(n) eine etwa weiße Folge ist, spricht auch noch ein anderer Grund für Unterschiede zwischen gemessener und zu messender Größe. Wird eine Zeile mit mehreren Sensoren benutzt, so müssen diese für eine Messung kalibriert werden, und das gelingt mit den bekannten Methoden nur mit einer gewissen Toleranz. Geht man von einer Meßgenauigkeit von etwa 1 dB aus - dieser Wert gilt allgemein als realistisch -, so können Unterschiede zwischen Meßwert $x_F(n)$ und tatsächlicher Meßgröße von bis zu 12% vorkommen.

Durch welche Ursache nun auch immer : für eine Abschätzung des Störungseinflusses wird im folgenden von einer gewissen Toleranz in den erhaltenen Pegeln in der Größenordnung von einem Dezibel und damit von relativen Abweichungen der Form

$$w(n) = x(n)\,r(n) \tag{3.60}$$

ausgegangen. Dabei ist r(n) eine Fehlerfolge, die - für die genannte Meßtoleranz von 1 dB - zufällige Werte im Intervall $-0,12 \leq r(n) \leq 0,12$ besitzt.

Die Annahme zufälligen w(n) (und deterministischen Signales x(n)) beinhaltet gleichzeitig, daß die Kreuzkorrelierte vernachlässigbar kleine Werte aufweißt :

$$\sum_n x^*(n)\,w(n+k) \approx 0 \quad . \tag{3.61}$$

Aus diesem Grund gilt für die Autokorrelierte des beobachteten Signales

$$A_{xF}(k) = A_x(k) + W_0\,\delta(k) \quad . \tag{3.62}$$

Dabei sind $A_{xF}(k)$ und $A_x(k)$ die Autokorrelierten von $x_F(n)$ und x(n). W_0 bedeutet die Rauschenergie

$$W_0 = \sum_n |w(n)|^2 \quad . \tag{3.63}$$

Aus der Beziehung zwischen den Autokorrelierten folgt unmittelbar für die Leistungsspektren

$$|X_F(e^{j\Omega})|^2 = |X(e^{j\Omega})|^2 + W_0 \quad . \tag{3.64}$$

Es findet eine Überlagerung des "wahren" Spektrums $|X(e^{j\Omega})|^2$ mit einem breitbandigen, etwa konstantem Rauschspektrum statt.

Dies ist natürlich auch dann der Fall, wenn die beteiligten Folgen bereits eine Gewichtung enthalten. Eine vorangegangene Multiplikation der Abtastfolge mit einer sinnvollen Gewichtsfolge bringt natürlich den breitbandigen Charakter des überlagerten Rauschvorganges gleichfalls hervor, die Tatsache der Summation zweier Anteile für das erhaltene Leistungsspektrum $|X_F(e^{j\Omega})|^2$ bleibt davon im Kern unberührt.

Die Konsequenzen aus der Überlagerung werden am Beispiel einer einzelnen Signalkomponente, einer einzelnen Welle, rasch deutlich. In diesem Fall ist $|X(e^{j\Omega})|^2$ ein spektraler Verlauf mit Haupt- und Nebenkeulen, deren Einzelheiten durch das verwendete Gewicht eingestellt werden. Wird - etwa unter Verwendung der Dolph-Chebyshev-Gewichtung - die Nebenkeulen-Höhe soweit reduziert, daß sie unter das Rauschspektrum W_0 absinkt, so wird der spektrale Nebenkeulenbereich im tatsächlich erhaltenen Spektrum $|X_F(e^{j\Omega})|^2$ schließlich alleine von der Energie W_0 bestimmt. Dieser Effekt ist in den Bildern 3.35 und 3.36 erkennbar. Für sie ist die Folge der relativen Fehler $r(n)$ durch die entsprechende Folge mit maximalem Merit-Faktor (siehe Kapitel 2) $r(n) = 0,1\ x_{maxF}(n)$ simuliert worden.

Für größere Seitenkeulenunterdrückung bleibt wie gesagt die Rauschenergie für den spektralen Verlauf entscheidend, und diese muß deshalb als Kriterium dafür benutzt werden, ob schwache Quellen im Bereich der Nebenkeulen noch im Rauschen entdeckt werden können. Hohe Seitenkeulenunterdrückungen sind also nicht nur nutzlos, sondern sogar noch Qualitäts-mindernd, denn sie bewirken zugleich eine Hauptkeulen-Verbreiterung über das notwendige Maß hinaus.

Eine Abschätzung der noch sinnvollen Nebenkeulenunterdrückung kann einfach durchgeführt werden. Bleibt man bei zum Signal $x(n)$ relativen Überlagerungen $x(n)r(n)$, so ist

$$W_0 = \sum_n |r(n)|^2\ |x(n)|^2$$

$$\approx \varepsilon^2 \sum_n |x(n)|^2 \quad . \tag{3.65}$$

Dabei stellt die verbleibende Summe die Energie von $x(n)$ dar, ε^2 bedeutet den quadratischen Mittelwert der Fehlerfolge $r(n)$:

$$\varepsilon^2 = \frac{1}{N} \sum_{n=0}^{N-1} |r(n)|^2 \quad . \tag{3.66}$$

Nun kann man bei dem vorausgesetzten Verlauf von $|X(e^{j\Omega})|^2$ mit einem ausgeprägten Maximum die enthaltene Energie durch die Höhe des Maximums $|X_{max}(e^{j\Omega})|^2$ und die halbe Breite des Maximums Ω_{max} abschätzen:

146

$$\sum_n |x(n)|^2 = \frac{1}{2\pi} \int\limits_{-\pi}^{\pi} |X(e^{j\Omega})|^2 \, d\Omega \approx \frac{\Omega_{max}}{2\pi} |X_{max}(e^{j\Omega})|^2 \quad . \qquad (3.67)$$

Diese Näherung trifft immer dann zu, wenn nur ein Maximum vorhanden ist. Dabei ist es unerheblich, ob das Maximum mit einer Hauptkeule im sichtbaren Bereich übereinstimmt, oder ob es wie bei der Gewichtung bandbegrenzter Signale eine "blinde" Hauptkeule im für eine Richtwirkung unsichtbaren Bereich darstellt. In diesen Fällen ist also

$$W_0 \approx \varepsilon^2 \frac{\Omega_{max}}{2\pi} |X_{max}(e^{j\Omega})|^2 \quad . \qquad (3.68)$$

Da es hier ja um die Verdeckung von Nebenkeulen durch Rauschenergie geht, werden im folgenden nur noch solche Frequenzbereiche Ω betrachtet, die zu den Nebenkeulen gehören, angedeutet durch den beigestellten Index NK. In den betroffenen Frequenzbändern ist

$$\frac{|X_{FNK}(e^{j\Omega})|^2}{|X_{Fmax}(e^{j\Omega})|^2} \approx \frac{|X_{NK}(e^{j\Omega})|^2}{|X_{max}(e^{j\Omega})|^2} + \varepsilon^2 \frac{\Omega_{max}}{2\pi} \quad , \qquad (3.69)$$

wobei Unterschiede in X_{max} und X_{Fmax}, die durch die überlagerten Störungen zustande kommen, hier natürlich vernachlässigbar sind.

Für die sich über das ganze Intervall $|\Omega| \leq \pi$ erstreckenden Gewichtungen ist das Maximum im Spektrum durch die Hauptkeule bei $\Omega=0$ gegben. Hier würde der Fall als Grenze interessieren, bei dem die Summanden in Gl.(3.69) etwa gleich groß sind, in diesem Fall ergäbe sich eine Unschärfe von 3 dB durch das Rauschen im Bereich der Nebenkeulen. Ist der erste Term kleiner als der zweite, so wird das erhaltene Spektrum X_F nur vom Rauschen bestimmt, die Seitenkeulenunterdrückung ist zu groß gewählt worden. Wird umgekehrt ein zu geringer Haupt-Nebenkeulenabstand benutzt, so erhält man eine kleinere Trennfähigkeit zwischen Anteilen unterschiedlicher Amplituden als es auf Grund des Rauschens unbedingt erforderlich wäre.

Für die Grenze, bei der Rausch- und Signalanteile im Nebenkeulenbereich gleich groß sind, erhält man die Bedingung

$$D = 10 \lg \frac{1}{\varepsilon^2} + 10 \lg \frac{2\pi}{\Omega_{max}} \quad . \qquad (3.70)$$

Setzt man noch die Hauptkeulenbreite der Dolph-Chebyshev-Gewichtung

$$\Omega_{max} \approx \frac{2{,}4}{N} \frac{D}{10} \qquad (3.71)$$

für nicht zu kleine N und D nach Gl.(3.32) ein, so ist

$$D \approx 10 \lg \frac{1}{\varepsilon^2} + 10 \lg N - 10 \lg \frac{D}{10} + 4 \quad . \qquad (3.72)$$

Für mittlere Größen von D im Bereich von D=20 dB bis D=40 dB heben sich die beiden letzten Terme ungefähr auf. Im Fall N=15 und ε=0,1 − entsprechend einer

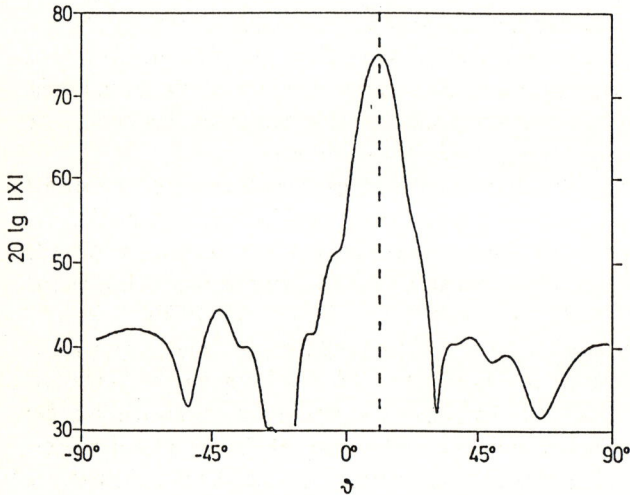

Bild 3.34   Mit Dolph-Chebyshev-Gewichtung gemessenes Richtungsmaß
$\Delta z/\lambda = 0,5$ N = 21,   D = 50 dB

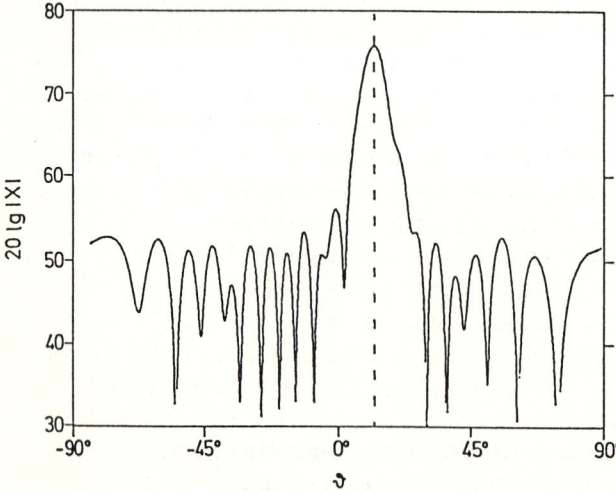

Bild 3.33   Mit Dolph-Chebyshev-Gewichtung gemessenes Richtungsmaß
$\Delta z/\lambda = 0,5$ N = 21,   D = 25 dB

148

Meßtoleranz von etwa 1 dB - erhält man also D≈30 dB. Eingestellte höhere Seitenkeulenunterdrückungen bewirken keine verbesserte Erfaßbarkeit zusätzlich vorhandener schwacher Quellen. Benutzt man D=30 dB, so erhält man im beobachteten Spektrum einen mittleren Abstand von 27 dB zwischen Haupt- und Nebenkeulenbereich.

Wie aus der Herleitung hervorgeht ist D in Gl.(3.72) hier auch als Abstand zwischen Hauptkeulenhöhe und Rauschleistungsspektrum W_0 interpretierbar. Dieser Abstand wächst proportional zur Abtastlänge N an. Zwar nehmen Rauschenergie W_0 und Signalenergie beide proportional zur Stützstellenzahl N zu. Während jedoch beim Rauschspektrum die Energie auf die immergleiche ganze Bandbreite verteilt wird, entfällt die Signalenergie auf eine immer schmälere Hauptkeule. Insgesamt ergibt sich dabei also ein Zusammenhang $W_0 \sim N$ und $X_{max} \sim N^2$. Auch aus diesem Grunde ist eine hohe Stützstellenzahl N wünschenswert, wobei wieder relativ wesentliche Erhöhungen stattfinden müßten, damit signifikante Verbesserungen des sinnvollen Pegelabstandes zwischen Haupt- und Nebenkeulen erreicht werden.

Die Nutzlosigkeit zu hoch eingestellter Nebenkeulenunterdrückungen D über das oben genannte Maß hinaus wird auch bei praktischen Anwendungen festgestellt. Die Bilder 3.33 und 3.34 zeigen die Richtungsmaße eines nur von einer Quelle herstammenden Schalles. Der Schalldruck ist in N=21 Stellen gemessen worden und unter Verwendung der Dolph-Chebyshev-Gewichtung für D=25 dB (Bild 3.33) und D=50 dB (Bild 3.34) in die entsprechenden Richtungsmaße umgerechnet worden. Die Messung erfolgte im reflexionsarmen Raum mit $\Delta z/\lambda = 0{,}5$ für die Abstände der Sensoren. Während für D=25 dB die Struktur des Gewichtsspektrums noch erkennbar ist, wird die "mathematische" Nebenkeulenunterdrückung für D=50 dB bei weitem nicht erreicht, die Pegel außerhalb des Maximums liegen etwa 30 dB unter diesem. Da das Spektrum außerhalb der Hauptkeule durch die kleinen Seitenmaxima Hinweise auf Quellen beinhaltet, ohne daß deren wirkliche Existenz und Qualitäten überprüfbar sind, kann man sich die Nebenmaxima allgemein auch durch Phantomquellen hervorgerufen denken.

Gl.(3.69) kann man auch für eine Abschätzung bei der Gewichtung unter Ausnutzung bekannter Bandgrenzen, und damit mit einer blinden Hauptkeule, benutzen. Ist die Breite des Maximums im unsichtbaren Bereich größer als die Hauptkeule bei $\Omega=0$, so ist das blinde Maximum bei $\Omega=\pi$ sehr viel größer. Das Verhältnis $|X_{nk}|^2/|X_{max}|^2$ besitzt also sehr viel kleinere Werte als das Verhältnis $|X_{nk}|^2/|X_{HK}|^2$ aus den spektralen Höhen der Nebenkeulen und der Hauptkeule. Aus diesem Grunde schlägt die Rauschenergie in der Summe in Gl.(3.69) viel stärker durch, das Spektrum $|X_F|^2$ wird durch das Rauschen viel stärker verformt.

Dieser Effekt tritt auch in den Bildern 3.35 und 3.36 zu Tage. Hier ist wieder eine Dolph-Chebyshev-Gewichtung zur Beobachtung benutzt worden (Gewichtsspektrum in Bild 3.30). Das beobachtete Signal ist konstant x(n)=1, das Rauschen ist durch die Folge mit maximalem Merit-Faktor aus Kapitel 2 mit $r(n) = 0{,}01\ x_{maxF}(n)$ simuliert worden. Selbst bei einer so unrealistisch kleinen Rauschenergie wird der "mathematische" Abstand D zwischen (sichtbarer) Hauptkeule und den Nebenkeulen bei weitem nicht erreicht, wie man dem als Richtungsmaß dargestellten Sichtbereich in Bild 3.36 entnehmen kann. Würde hier mit $\varepsilon=0{,}1$ statt dessen gerechnet, so wäre das Richtungsmaß - von den regelmäßigen Schwankungen der Folge mit maximalem Merit-Faktor abgesehen - nahezu konstant. Die Eigenschaft nur einer vorhandenen

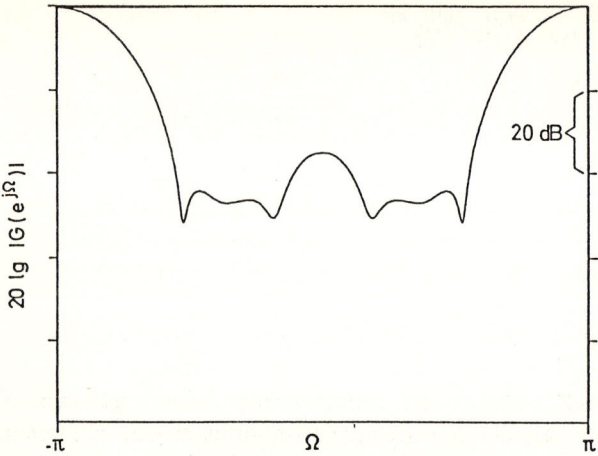

Bild 3.35   Leistungsspektrum der mit bandbegrenzter Dolph-Chebyshev-
Gewichtung (N=9, D=25 dB, $|\Omega_0/\pi| \leq 1/4$) beobachteten
"verunreinigten" Folge ($\varepsilon = 0{,}01$)

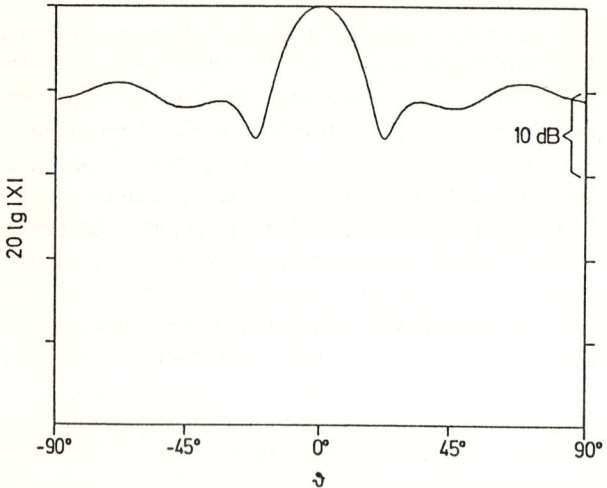

Bild 3.36   Aus Bild 3.35 resultierendes Richtungsmaß im
"sichtbaren Bereich"

spektralen Signalkomponente wäre grob verfälscht.

Die Tatsache, daß Gewichtungen unter Ausnutzung von Bandgrenzen gegenüber
Störungen viel empfindlicher sind, läßt sich auch an Hand der Faltung (3.5) einfach
deuten. Die hohe Bewertung der auch im blinden Bereich des Fensterspektrums
angesiedelten Rauschleistung wirkt wie ein Energietransport in den sichtbaren Bereich
hinein. Die einzig mögliche Abhilfe besteht darin, das blinde Maximum wieder soweit
schrumpfen zu lassen, bis es (etwa) die Größe der sichtbaren Hauptkeule erreicht. Der
damit gewonnene Vorteil ist dann allerdings so klein, daß sich die Mühe kaum noch
lohnt.

150

4   Spektrales Modellieren

Wie aus den im vorigen Kapitel geschilderten Zusammenhängen hervorgeht, wird die Berechnung eines Spektrums bei kleinen Abtastlängen N rasch problematisch. Benutzt man die Methode der Fensterung, so resultieren verwaschene Spektren mit einer - der Gewichtsfolge entsprechenden - Struktur aus Haupt- und Nebenkeulen. Eine bezüglich der Qualität der erhaltenen Spektren signifikante Erhöhung der Stützstellenzahl N ist oft aus praktischen Gründen nicht möglich. Es sind immerhin Verdopplungen der Beobachtungslänge für halbierte Hauptkeulenbreiten erforderlich, Aufwand und Kosten wachsen entsprechend.

Aus diesen Gründen ist es wohl der Mühe wert, das traditionelle Fenster-Verfahren noch einmal kritisch zu durchleuchten und der Frage nachzugehen, ob nicht andere Methoden zur Verfügung stehen, einem Ensemble von Abtastwerten einen spektralen Verlauf zuzuordnen. Gegenstand dieses Kapitels ist die Darstellung der wichtigsten und brauchbarsten Konzepte zur spektralen Formung auf Grund ermittelter Meßdaten und die Schilderung der resultierenden Konsequenzen.

Die grundsätzlichen Überlegungen, die zu den hier zur Debatte stehenden Verfahren führen, beruhen auf dem Bedarf, Aussagen über den Signalverlauf auch außerhalb der eigentlichen Beobachtung zu machen. Man kann einer Zahlenfolge $x(n)$ nur dann ein Spektrum zuweisen, wenn diese Zahlenfolge im unendlichen Intervall für alle n als bekannt vorausgesetzt werden kann. Da das Signal nun aber nicht auf beliebiger Länge zur Verfügung steht, ist man stets gezwungen, statt des tatsächlichen Signales $x(n)$ ein Modell-Signal $x_M(n)$ zu betrachten, das mit dem Signal $x(n)$ selbst nicht überall identisch zu sein braucht. Bei der Fenster-Methode ist das Modell $x_M(n)$ durch die einfache Definition

$$x_M(n) \; = \; x(n) \,, \quad \text{innerhalb der Beobachtung}$$

$$= \quad 0 \;\;\, , \quad \text{außerhalb der Beobachtung} \qquad (4.1)$$

gegeben. Bei der Berechnung des Spektrums wird stets das Spektrum der Modellfolge $X_M(e^{j\Omega})$ gebildet und niemals das "wahre" Spektrum $X(e^{j\Omega})$ des Vorganges selbst.

Von diesem Prinzip gibt es nur eine einzige Ausnahme: nämlich dann, wenn Signal und Modell auch außerhalb der tatsächlichen Beobachtung übereinstimmen, wie das ja für einmalige Vorgänge vorkommen kann. Mit anderen Worten ist eine Entscheidung darüber, ob Modell-Spektrum $X_M(e^{j\Omega})$ und wahres Spektrum $X(e^{j\Omega})$ übereinstimmen, dann und nur dann möglich, wenn - im Falle der Fenster-Methode -

die Signalqualität "einmaliger Vorgang" als bekannt vorausgesetzt werden darf. Trifft diese a-priori-Annahme jedoch zu, so ist $X_M(e^{j\Omega})$ der exakt richtige Repräsentant des wahren Vorganges $X(e^{j\Omega})$.

Nun liegen aber a-priori-Kenntnisse für die Qualitäten von Signal-Verläufen keineswegs nur für Orts- (oder Zeit-) beschränkte Vorgänge vor. Im Gegenteil gibt es eine ganze Reihe von Signalklassen, denen gewisse grundsätzliche Eigenschaften anhaften, welche als Annahmen auch über die eigentliche Beobachtung hinaus vernünftig erscheinen. Die Nützlichkeit solcher Annahmen im Hinblick auf spektrale Modelle läßt sich an Hand eines einfachen einleitenden Beispieles erläutern.

Dazu werde beispielsweise mit einem Reihenmikrophon ein Schallfeld beobachtet, von dem bekannt sei, daß es von einer einzelnen, weit entfernten Schallquelle herstamme. Die Qualität "das Signal ist eine Welle" leuchtet unmittelbar ein. Es sollte doch möglich sein, aus dieser - postulierten oder zutreffenden - Annahme Vorteile auch hinsichtlich der Zuweisung eines Spektrums zu ziehen.

Es ist nun sehr naheliegend, statt des Fenster-Modelles für das Signal - es würde die grundsätzliche "Wellenqualität" verfälschen - ein der Wirklichkeit angemesseneres Modell $x_M(n)$ zu verwenden. Man würde also die Wellen-Tatsache ausnutzen und

$$x_M(n) = a\, e^{jn\varphi} \tag{4.2}$$

als Signalmodell benutzen. Dabei ist a die komplexe Amplitude, und φ weist auf die Wellenzahl hin. Die unbekannten Größen a und φ sind die bislang unbestimmten Parameter des Modelles $x_M(n)$, deshalb handelt es sich um ein parametrisches Modell.

Wenn man für den Augenblick Unterschiede zwischen Modell $x_M(n)$ und Wirklichkeit $x(n)$ außer acht läßt, wenn man also zutreffende Modell-Voraussetzungen annimmt, dann können die Modell-Parameter leicht aus den beobachteten Werten bestimmt werden :

$$e^{j\varphi} = \frac{x(n+1)}{x(n)}$$

$$a = x(n)\, e^{-jn\varphi} \quad . \tag{4.3}$$

Die Modell-Parameter lassen sich demnach unter den genannten Vorbedingungen aus nur zwei Abtastwerten vollkommen exakt bestimmen. Der Grund dafür besteht in der äußerst informations-armen Gestalt des Signales : in der Tat ist eine Welle durch Angabe von zwei - gegebenenfalls komplexen - Zahlenwerten "Amplitude und Wellenzahl" an jeder beliebigen Stelle vollständig vorhersagbar.

Im Grunde ist die Beschreibung des Vorganges "Welle" mit den nun ermittelten Parametern komplett. Natürlich kann man noch ein Spektrum zuordnen, wobei sich hier die Auftragung der Amplitude als Linie über der Wellenzahl anbietet (Bild 4.1).

Wie aus den vorangegangen Betrachtungen hervorgeht ist die Spektrallinie kontinuierlich verschiebbar, sie kann also nicht nur diskrete Stellen einnehmen, wie es bei der Periodisierung mit der Fensterbreite der Fall wäre. Dies gilt auch dann, wenn

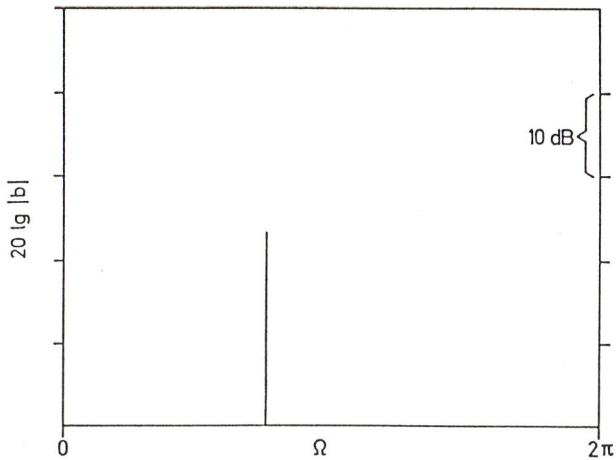

Bild 4.1   Durch Wellen-Modell erhaltenes Amplitudenspektrum

nur zwei Abtastpunkte vorliegen, und diese könnten - unter Beachtung des
Abtasttheorems - beliebige Lage haben, sie können theoretisch sogar beliebig nahe
beieinander liegen.

Im geschilderten Beispiel sind die Vorteile, die mit dem Ersatz des Fenster-Signal-
Modelles durch das Wellen-Signal-Modell bezüglich der Formung der resultierenden
Spektren sehr deutlich : einen genaueren Repräsentanten für das Spektrum als mit
dem Wellen-Ansatz gibt es nicht. Die unendlich hohe Aufflösung (= reziproker
Abstand zweier zugelassener Lagen von Spektrallinien) beruht auf der scheinbar
unendlich ausgedehnten Beobachtungsdauer. Treffen die Modellannahmen zu, so
kann das Signal über die eigentliche Beobachtungslänge hinaus im Wege einer
Extrapolation vorhergesagt werden. Dadurch sind aber alle Abtastwerte auch für
beliebig entfernte Stellen im Prinzip bekannt. A-priori-Kenntnisse - zur Modellierung
genutzt - enthalten eine Extrapolationsvorschrift, welche wiederum zu einer scheinbar
beliebig ausgedehnten virtuellen Fensterbreite führt.

Nun ist ein Signal-Modell mit nur zwei Parametern für praktische Belange selten
nützlich, und auch die Annahme ideal zutreffender Übereinstimmung zwischen Signal
und Modellannahme innerhalb beobachteter Werte kann wohl kaum vorausgesetzt
werden. Gleichwohl läßt sich am "Eine-Welle"-Modell das Grundsätzliche der beiden,
in den folgenden Abschnitten näher betrachteten Modell-Techniken ablesen. Die
spektrale Berechnung auf Grund von parametrischen Signal-Modellen besteht in drei
Schritten :

1.   In der Benutzung von a-priori-Kenntnissen über den prinzipiellen Signalverlauf
insgesamt zur Definiton eines möglichst Signal-ähnlichen parametrischen Modelles.
Die Modell-Annahme enthält implizit eine Extrapolations-Vorschrift von innerhalb
eines Fensters gegebenen Werten über das Fenster hinaus. Die damit virtuell
verlängerte Beobachtung ist der Grund für teilweise ganz erheblich trennschärfere
Spektren.

2. Der Bestimmung der Modell-Parameter aus den beobachteten Werten. Natürlich wird dabei als Kriterium vor allem die kleinste quadratische Abweichung zwischen Modell und Wirklichkeit innerhalb der Beobachtung in Frage kommen.

3. Der Berechnung eines Spektrums im Einklang mit den Modell-Annahmen und den nun bekannten Modell-Parametern.

Es ist dabei nur zu klar, daß der Vorteil einer "richtigeren" spektralen Wiedergabe, die bis hin zu einer vollkommen exakten Darstellung reichen kann, mit gewissen Nachteilen erkauft werden muß. Dieser Nachteil ist schon im Prinzip enthalten : es ist eine Unterteilung in Signalklassen erforderlich. Nicht jedes Modell kann auf jedes Signal angewandt werden, die Verfahren sind nicht universell. Natürlich kann man etwa einen einmaligen Vorgang nicht sinnvoll durch eine kleine Anzahl von superponierten Wellen beschreiben. Es muß also wenigstens in gewissen Grenzen eine Übereinstimmung zwischen Modell und Wirklichkeit vorhanden sein. In der Tat zeigt sich bei den beiden im folgenden behandelten Modell-Techniken eine relativ hohe Empfindlichkeit gegenüber Modell-fremden Signalanteilen, wie sie etwa in überlagerten Rauschvorgängen bestehen. Dieses Problem läßt sich teilweise in seiner Wirkung verringern, teilweise kann es aber auch zum Verlust von Trennschärfe führen.

Ein weiterer Nachteil besteht in dem gegenüber der konventionellen Fenster-Methode beträchtlich erhöhtem Aufwand an Rechentechnik. Während sich Fenster-Spektren mit Hilfe des "zero-padding" (siehe Kapitel 1) und mit dem Mittel der FFT leicht und schnell berechnen lassen, kommt bei den spektralen Modellen noch die Lösung eines oder mehrerer Gleichungssysteme hinzu. Obgleich die spezielle Gestalt der Gleichungssysteme immer eine numerische Lösung mit schnelleren Algorithmen als etwa dem Gauß-Eliminations-Verfahren erlaubt, darf der zusätzliche Aufwand nicht unterschätzt werden.

Zum Abschluß sei hier noch vermerkt, daß der grundlegende Gedanke der Modellier-Technik nur auf den ersten Blick neuartig erscheint, in Wirklichkeit gehört er längst zum alltäglichen Ingenieurs-Werkzeug. Wann immer zum Beispiel in der Akustik Materialdaten an Hand von stabförmigen Proben im Biegeschwingungs-versuch ermittelt werden, liegt der Meßauswertung eine Modell-Annahme zu Grunde. Sie beruht dabei auf der Stab-Theorie, die einen Zusammenhang zwischen Resonanzfrequenz und Materialsteife, zwischen Resonanzbreite und Material-dämpfung herstellt. Es handelt sich insgesamt gleichfalls um ein parametrisches Modell mit den Parametern "Resonanzfrequenzen" und "Dämpfungen", und es sind nur diese Parameter, die aus einer Beobachtung konkret ermittelt werden. Tatsächlich werden fast alle akustischen Materialdaten auf der Grundlage von Modell-Annahmen ermittelt. Auch die Problematik ist ganz ähnlich wie bei der Signalmodellierung zum Zwecke spektraler Formung : wenn Modell-fremde Einflüsse eine Rolle spielen (Energieableitungen durch Aufhängungen oder durch Abstrahlung beispielsweise, aber auch mangelhafte Kohärenz zwischen Anrege- und Empfangssignal), dann sind auch die bestimmten Parameter unzuverlässig.

4.1 Wellensummen

Es gibt viele Anwendungen, bei denen die grundsätzlichen Eigenschaften eines Signales noch am ehesten durch die Annahme von ungestört überlagerten Wellen als einzige Signal-Bestandteile getroffen werden. Dies trifft etwa für die Beobachtung von Schallfeldern zu, bei denen die Quellen weit entfernt sind. Auch für geologische Fragestellungen, soweit sie mit der Wellenausbreitung im Erdreich befaßt sind, und bei Aufgabenstellungen in der Radio-Astronomie sind Wellensummen nützliche Annahmen. Welcher spezifischen Natur der "Wellenäther" auch sei, ein aus Teilwellen zusammengesetztes Ereignis ist häufig ein sinnvoller Modell-Ansatz.

Es ist daher auch kaum verwunderlich, daß aus Teilwellen gebildete Vorgänge schon viel früher Beachtung gefunden haben. Die im folgenden genannten Überlegungen gehen in ihren Grundprinzipien auf eine Arbeit von Gaspard Riche, Baron de Prony /4.1/ aus dem Jahre 1795 zurück. Trotz mancher Veränderungen im Laufe der Jahre wird das nun behandelte Verfahren noch immer "Prony-Methode" genannt.

Eine Wellen-Summe verlangt nun den Modellansatz

$$x_M(n) = \sum_{m=1}^{p} b(m)\, z_m^{\,n} \tag{4.4}$$

mit

$$z_m = r_m\, e^{j\varphi(m)} \quad , \tag{4.5}$$

wobei die Größen $b(m)$ die Amplituden der Teilwellen mit den Wellenzahlen $\varphi(m)$ bedeuten. Genauer stellen die Größen $b(m)$ den Wert der Wellenteile an der Stelle $n=0$ dar. Wie man sieht ist eine Dämpfung in die Betrachtungen mit eingeschlossen.

Später wird noch erwähnt werden, daß sich insbesondere kleinere Dämpfungen bei kürzeren Abtastlängen praktisch kaum vernünftig ermitteln lassen. Da andererseits die theoretische Berücksichtigung der Dämpfungen keine Schwierigkeiten in sich birgt ist es auch nicht notwendig, sie von vornherein auszuschließen.

Wie man sieht geht der Modellansatz Gl.(4.4) von einer gegebenen Modellordnung p aus, die gleich der Anzahl der Teilwellen ist. Natürlich wird bei praktischen Anwendungen die Anzahl der Signalteile meist nicht von vornherein bekannt sein, und es ist notwendig, p aus dem Signal selbst zu bestimmen. Auf das Problem der Wahl einer sinnvollen Modellordnung p wird erst später eingegangen, so daß im folgenden die Ordnung p als bekannt angesehen werden soll.

Beim Modellansatz Gl.(4.4) ist noch hervorzuheben, daß hier - gerade im Unterschied zur diskreten Fourier-Transformation - nicht nur Teilwellen mit bestimmten diskreten Wellenzahlen $\Omega = 2\pi m/N$ zugelassen sind, im Gegenteil können die Wellenzahlen $\varphi(m)$ (unter Beachtung des Abtasttheorems) beliebig sein.

Das erste, grundsätzliche Problem zur Chrakterisierung des Signales durch den Ansatz Gl.(4.4) besteht in der Bestimmung der Wellenzahlen $\varphi(m)$ und den die Dämpfungen charakterisierenden Größen r_m. Sind die "Wellen-Generatoren" z_m erst einmal bekannt, dann ist es nicht mehr sehr schwierig, auch noch die Amplituden b(m) der Teile zu berechnen. Tatsächlich zeigt die noch detailliert geschilderte nähere Betrachtung, daß es viel schwieriger ist, die Generatoren z_m zu bestimmen, und daß die Berechnung der Amplituden bei einmal bekannten z_m vergleichsweise einfach ist. Nur aus diesem Grund wird im folgenden der eigentlich zweite Schritt vor dem ersten behandelt : es wird angenommen, daß die Generatoren z_m bekannt seien und es wird zunächst betrachtet, wie unter dieser Voraussetzung die Amplituden bestimmt werden können. Erst danach erfolgt eine genauere Betrachtung der Ermittlung der Generatoren z_m. Diese umgekehrte Reihenfolge in der Behandlung geschieht auch, weil die Bestimmung der z_m eine zweite, andersgeartete Modell-Technik, die sogenannte "All-Pol-Modellierung", voraussetzt, die gesondert geschildert werden muß.

4.1.1 Bestimmung der Amplituden

Wie schon in der Einleitung zu diesem Kapitel angedeutet worden ist, kann man nicht grundsätzlich davon ausgehen, daß ein Signal x(n) in jedem Detail durch ein Signalmodell $x_M(n)$ exakt beschreibbar ist. Treten zu den Wellen-Signalkomponenten Modell-fremde Anteile - etwa überlagerte Rauschvorgänge - hinzu, so führt dies zwangsläufig zu Unterschieden zwischen Modell-Annahmen und Wirklichkeit, denn letztere ist nicht wirklich durch eine endliche Anzahl von Teilwellen komplett erfaßbar. Es ist daher sinnvoll, die Differenzfolge

$$e(n) = x(n) - x_M(n) \tag{4.6}$$

einzuführen, die die Unterschiede zwischen Signal und Modell repräsentiert.

Es liegt wohl auf der Hand, daß eine möglichst gute Übereinstimmung zwischen Signal x(n) und Modell $x_M(n)$ das Ziel des parametrischen Signal-Modelles darstellt. Besitzt das Signal x(n) nicht-modellierbare Anteile, so kann man hinsichtlich einer möglichst guten Repräsentation doch nichts besseres tun, als diese Teile - soweit eben möglich - in die Modellierung miteinzubeziehen.

Man wird also versuchen, die Modellparameter b(m) so zu bestimmen, daß die Summe der quadratischen Abweichungen

$$E^2 = \sum_{n=0}^{N-1} |e(n)|^2 \tag{4.7}$$

ein Minimum wird. Die Summation kann sich natürlich nur auf die tatsächlich zur Verfügung stehenden Abtastwerte x(n) im Intervall $0 \leq n < N$ beziehen.

Mit Hilfe von Gl.(4.4) kann man die Fehlerfolge e(n) durch die beobachteten Werte x(n) und die Modellparamter ausdrücken :

$$e(n) = x(n) - \sum_{m=1}^{p} b(m) \, z_m^{\,n} \quad . \tag{4.8}$$

Es stellt sich also die Fehlerenergie E^2 dar als Funktional der unbekannten Amplituden $b(m)$. Wie gesagt ist hier ja die Kenntnis der Generatoren z_m vorausgesetzt. Die Amplituden $b(m)$ werden nun so bestimmt, daß ihr Funktional E^2 ein Minimum wird:

$$\frac{dE^2}{dB(i)} = \frac{dE^2}{d\alpha(i)} = 0 \qquad , \; i=1,2,\ldots,p \quad , \tag{4.9}$$

wobei mit

$$b(i) = B(i) \, e^{j\alpha(i)} \tag{4.10}$$

der Betrag von $b(i)$ durch $B(i)$, die Phase von $b(i)$ durch $\alpha(i)$ gekennzeichnet wird.

Die Durchführung der Rechnung nach Gl.(4.9) führt unmittelbar auf die Bestimmungsgleichungen

$$\sum_{m=1}^{p} b(m) \sum_{n=0}^{N-1} z_m^{\,n} \, z_i^{*\,n} = \sum_{n=0}^{N-1} x(n) \, z_i^{*\,n} \qquad , \; 1 \le i \le p \quad . \tag{4.11}$$

Die hier enthaltene geometrische Reihe kann noch geschlossen ausgedrückt werden:

$$g(m,i) = \sum_{n=0}^{N-1} z_m^{\,n} \, z_i^{*\,n} = \frac{1 - z_m^{\,N} z_i^{*\,N}}{1 - z_m z_i^{*}} \qquad \text{für} \quad z_m z_i^{*} \ne 1$$

$$= N \qquad \text{für} \quad z_m z_i^{*} = 1 \quad , \tag{4.12}$$

und damit erhält man schließlich

$$\sum_{m=1}^{p} b(m) \, g(m,i) = \sum_{n=0}^{N-1} x(n) \, z_i^{*\,n} \qquad , \; 1 \le i \le p \quad . \tag{4.13}$$

Gl.(4.13) konstituiert ein Gleichungssystem in den unbekannten Amplituden $b(m)$, die damit als dessen Lösung bekannt sind.

Zur Gl.(4.13) gelangt man auch, wenn man annimmt, daß das Modell $x_M(n)$ das Signal $x(n)$ vollständig repräsentieren kann. Diese Annahme setzt voraus, daß $x(n)$

157

keine durch diskrete Wellen nicht darstellbaren Anteile enthalte. In diesem Fall kann man e(n)=0 verlangen. Multipliziert man hierfür Gl.(4.8) mit z^n und summiert über n, so erhält man ebenfalls wieder G.(4.13). Diese Betrachtung liefert den Beweis der Tatsache, daß es sich tatsächlich um ein Minimum des Funktionals (und nicht etwa um ein Maximum) handelt.

Wie erwähnt gelten obige Betrachtungen ohne Einschränkungen für zugelassene Wellenzahlen und Dämpfungen. Zu einer hilfreichen Interpretation der Berechnungsvorschrift Gl.(4.13) für die Amplituden b(m) kann man indes gelangen, wenn zwei Sonderfälle betrachtet werden.

Zunächst einmal muß Gl.(4.13) den Fall der diskreten Fourier-Transformation beinhalten. Dies betrifft ein nur aus ungedämpften Wellen zusammengesetztes Signal x(n), wobei die vorkommenden Perioden ganzzahlig im Beobachtungsfenster enthalten sein mögen :

$$\varphi(m) = 2\pi m/N \quad .$$

(4.14)

Hierfür geht die linke Seite in Gl.(4.13) in ein Summenglied mit dem Index m=i über, und es folgt

$$b(i) = \frac{1}{N} \sum_{n=0}^{N-1} x(n)\, e^{-j2\pi in/N} \quad ,$$

(4.15)

es resultiert das diskrete Fourier-Spektrum periodischer Folgen.

Die Verwandtschaften des Wellen-Summen-Modelles mit dem Spektrum der endlich langen, nur die Beobachtung über dauernden Folge, wird auch an den folgenden Überlegungen deutlich. Dabei wird das Signal x(n) wieder als aus ungedämpften Anteilen zusammengesetzt angenommen, wobei diesmal beliebige Wellenzahlen $\varphi(m)$ zugelassen werden. Die Berechnungsvorschrift (4.13) geht dann in

$$\sum_{m=1}^{p} b(m)\, g(m,i) = X_N(e^{j\varphi(i)})$$

(4.16)

über, wobei $X_N(e^{j\Omega})$ die Fourier-Transformierte der außerhalb des Datenfensters zu Null angenommenen Signalfolge

$$X_N(e^{j\Omega}) = \sum_{n=0}^{N-1} x(n)\, e^{-jn\Omega}$$

(4.17)

bedeutet. Die Berechnung erfolgt also auf Grund der gefensterten Folge durch ein Spektrum mit Nebenkeulen. Für einen einzelnen Anteil liefert Gl.(4.16) das korrekte Resultat

158

$$b(1) = \frac{1}{N} X_N(e^{j\varphi(1)}) \quad . \tag{4.18}$$

Man bemerke, daß $X_N(e^{j\varphi(1)})$ bei nur einer einzelnen Welle beliebiger Wellenzahl in der Tat mit dem N-fachen der Wellen-Amplitude übereinstimmt.

Für mehrere Wellen ist

$$b(l) = \frac{1}{N} X_N(e^{j\varphi(l)}) \quad - \quad \frac{1}{N} \sum_{\substack{m=1 \\ m\neq l}}^{p} b(m) \, g(m,l) \quad . \tag{4.19}$$

Die Amplitude $b(l)$ ist durch das Fenster-Spektrum $X_N(e^{j\Omega})$ an der Stelle $\Omega=\varphi(l)$ und durch einen Korrekturterm bestimmt. Da $X_N(e^{j\Omega})$ eine Überlagerung vieler, für jede Welle einzeln berechneter Fenster-Spektren ist, die ihrem Wesen nach eine Struktur aus Haupt- und Nebenkeulen besitzen, setzt sich $X_N(e^{j\Omega})/N$ aus dem interessierenden Wert $b(l)$ und den von anderen Wellen durch Nebenkeulen eingestreuten Wellenanteilen zusammen. Man kann daher die Summe auf der rechten Seite in Gl.(4.19) als Korrekturterm auffassen, der die an der Stelle $\Omega=\varphi(l)$ durch Nebenkeulen anderer Wellen eingestreuten Anteile in $X_N(e^{j\Omega})$ berücksichtigt und zum Zwecke exakter Berechnung von $b(l)$ eliminiert.

Aus dieser anschaulichen Interpretation der Berechnungsvorschrift zur Ermittlung der gesuchten Amplituden $b(m)$ geht hervor, daß es für die Genauigkeit der berechneten Amplituden entscheidend ist, möglichst alle im Signal $x(n)$ enthaltenen Wellenanteile für die Modellierung auch wirklich zu erfassen. Ist die Anzahl p der - angenommenen oder berechneten - Generatoren z_m zu klein, dann werden im Korrekturterm in Gl.(4.19) zu wenige Elemente berücksichtigt, und die Genauigkeit sinkt. Dieser Effekt ist insbesondere dann von Bedeutung, wenn nah benachbarte, etwa gleich große Wellenanteile vorliegen.

Es sei noch erwähnt, daß die Anzahl p der zu berücksichtigenden Anteile für die Berechnung der Amplituden selbstverständlich größer sein darf als die Anzahl der tatsächlich im Signal vorhandenen Anteile. Die "überflüssigen" Wellen werden dann mit der Amplitude $b(m) = 0$ zutreffend bezeichnet.

4.1.2   Bestimmung der Wellenzahlen und Dämpfungen

Der vorige Abschnitt zeigte es : sind die Wellenzahlen und Dämpfungen erst einmal bekannt, dann ist eine Zuordnung von Amplituden fast problemlos möglich. Wie gesagt ist es weit schwieriger, die Generatoren z_m aus dem Signalverlauf zu ermitteln.

Es ist nun recht naheliegend, die Generatoren z_m als Nullstellen einer z-Transformierten aufzufassen. In der Tat würde ja die z-Transformierte eines aus Wellen komponierten Signales in den Stellen $z = z_m$ Polstellen aufweisen, und diese Tatsache wird später - auf mehr anschauliche Weise - auch noch genutzt werden. Polstellen lassen sich aber als "reziproke Nullstellen" auffassen, und deswegen scheint die

Definition des Polynomes $F(z)$ vernünftig, das durch die Nullstellen $z = z_m$ bestimmt wird :

$$F(z) = \frac{1}{z^p} \prod_{i=1}^{p} (z - z_i) = \sum_{n=0}^{p} f(n) \, z^{-n} \quad , \qquad (4.20)$$

wobei $f(0) = 1$ der Einfachheit halber angenommen wurde. Natürlich gilt

$$F(z_m) = 0 \quad . \qquad (4.21)$$

Wenn die Folge $f(n)$ bekannt ist, dann sind auch die Nullstellen z_m berechenbar; sie müssen allerdings gegebenenfalls mit einem relativ aufwendigen Nullstellen-Suchprogramm ermittelt werden. Trotzdem bedeutet die Notwendigkeit der Nullstellensuche nicht immer ein großes Hindernis, vor allem dann nicht, wenn nur geringe Dämpfungen $r_m \approx 1$ interessieren.

Die mit Gl.(4.20) definierte z-Transformierte $F(z)$ kann man benutzen, um die Modellannahme nach Gl.(4.4) umzuwandeln in eine Rekursionsgleichung. Notiert man den Modellansatz Gl.(4.4) an der Stelle n-k,

$$x_M(n-k) = \sum_{m=1}^{p} b(m) \, z_m^{n} \, z_m^{-k} \quad , \qquad (4.22)$$

multipliziert beide Seiten mit $f(k)$ und summiert über k,

$$\sum_{k=0}^{p} f(k) \, x_M(n-k) = \sum_{m=1}^{p} b(m) \, z_m^{n} \sum_{k=0}^{p} f(k) \, z_m^{-k} \quad , \qquad (4.23)$$

so verschwindet die rechte Seite wegen $F(z_m) = 0$ identisch, und es folgt

$$\sum_{k=0}^{p} f(k) \, x_M(n-k) = 0 \quad . \qquad (4.24)$$

Gl.(2.24) ist ein Rekursiongleichung für das Signalmodell $x_M(n)$. Sie würde, falls p Werte $x_M(n)$, beispielsweise im Intervall $0 \le n \le p-1$, und die Koeffizienten $f(k)$ bekannt sind, die Berechnung von $x_M(n)$ auch für $n \ge p$ und für $n < 0$ zulassen. Die Rekursiongleichung (4.24) mit den Rekursionskoeffizienten $f(k)$ ist lediglich eine andere Formulierung der Tatsache, daß $x_M(n)$ aus gedämpften Wellen nach Gl.(4.4) zusammengesetzt ist. Im Unterschied zur rekursiven Formulierung Gl.(4.24) bestand der ursprüngliche Modellansatz Gl.(4.4) in einer "generativen" Beschreibung mit Hilfe der Generatoren z_m. Man findet hier also die eingangs erwähnte Tatsache bestätigt, daß eine Modellannahme stets mit einer Vorhersage auch außerhalb des

160

eigentlichen Beobachtungsfensters einhergeht, und Gl.(4.24) stellt nur die mathematische Vorschrift der Extrapolation dar. Sie besagt, daß die Rekursionskoeffizienten sich durch Rücktransformation derjenigen z-Transformierten ergeben, deren Nullstellen durch die Erzeuger z_m gegeben sind.

Falls das Signal $x(n)$ völlig exakt durch sein Modell $x_M(n)$ wiedergegeben werden könnte, so wäre es möglich, Gl.(4.24) als Bestimmungsgleichung für die Folge $f(k)$ aufzufassen. Natürlich kann man bei praktischen Meßsignalen so nicht vorgehen, ebenso wie im vorigen Abschnitt muß man mit Abweichungen $e(n) = x(n) - x_M(n)$ zwischen Modell und Wirklichkeit rechnen, und wieder müßte die minimale Fehlerenergie E^2 als optimale Forderung für die Bestimmung der Rekursionskoeffizienten herangezogen werden.

Obgleich diese Vorgehensweise prinzipiell möglich ist, denn natürlich gibt es einen Satz von Rekursionskoeffizienten $f(k)$, die dem Signal $x(n)$ im Sinne minimalen E^2 am angemessensten ist, führt sie auf ein kompliziertes nichtlineares und nur schwer behandelbares Problem. Seine Lösung ist nur mit aufwendigen numerischen Mitteln möglich (siehe /4.2/ von McDonough und Huggins und /4.3/ von Holtz). Dabei wird von einer anfänglichen Schätzung der Parameter $f(k)$ ausgegangen, die beispielsweise mit der im folgenden geschilderten suboptimalen Methode gewonnen werden kann, und der Startwert wird iterativ verbessert. Ein solches Verfahren ist praktisch kaum verwendbar, nicht nur aus Gründen des Aufwandes, sonder vor allem, weil die Konvergenz der Iteration nicht allgemein garantiert werden kann.

Aus diesem Grunde ist es sinnvoll, auf ein zwar suboptimales, aber praktikables und stabiles Lösungsverfahren auszuweichen. Nun kann man ja die Güte eines angenommenen Satzes von Rekursionskoeffizienten $f(k)$ unmittelbar überprüfen, wenn man sie auf die Signalfolge $x(n)$ selbst anwendet, indem also

$$e_1(n) = \sum_{k=0}^{p} f(k)\, x(n-k) \qquad (4.25)$$

gebildet wird. Wäre $x(n)$ in der Tat durch eine Rekursionsgleichung komplett beschreibbar, und hätte man die Rekursionskoeffizienten $f(k)$ zutreffend ermittelt, so wäre - Gl.(4.4) zu Folge - $e_1(n)=0$. Es ist also $e_1(n)$ ein Maß für die Güte der Vorausberechnung von $x(n)$ durch die Rekursion

$$x(n) = -\sum_{k=1}^{p} f(k)\, x(n-k) \quad + \quad e_1(n) \qquad (4.26)$$

auf Grund der p vorangegangenen Werte von $x(n)$. Die Fehlerfolge $e_1(n)$ gibt hier also nicht den Unterschied zwischen Modell $x_M(n)$ und Signal $x(n)$ an, sondern sie ist ein Überprüfungsmaß einer angenommenen Rekursion an Hand des Datensatzes $x(n)$ selbst.

Da nun die Rekursionskoeffizienten sicher eine gute Beschreibung des Vorganges $x(n)$ beinhalten, wenn $x(n)$ am genauesten aus den p vorangegangenen Werten vorhergesagt wird, wird nun statt minimaler Fehlerenergie zwischen Modell $x_M(n)$ und

Wirklichkeit x(n) diesmal beste Vorhersage von x(n) selbst durch

$$E_1^2 = \sum_n |e_1(n)|^2 = \text{Min} \qquad (4.27)$$

verlangt.

Das durch Gl.(4.26) mit Gl.(4.27) definierte Problem führt auf eine zweite Modell-Technik, die sogenannte All-Pol-Modellierung. Da es sich um ein umfangreicheres Gebiet handelt, wird ihm ein eigener Abschnitt eingeräumt.

Es sei zuvor noch erwähnt, daß das beschriebene Prony-Verfahren natürlich auch auf zeitliche Vorgänge angewendet werden kann. Dabei interessiert weniger ein "Wellenansatz", vielmehr kommen hier vor allem reine Töne mit sinusförmigem, reellem Verlauf in Betracht. Man kann sie sich aus zwei Wellen mit zueinander konjugierten Amplituden und negativ gleich großen Wellenzahlen ohne Dämpfungen zusammengesetzt vorstellen. Würde man dann das Prony-Verfahren benutzen, so hätte man für p harmonische Anteile 2p Wellenanteile zu modellieren. Dadurch entsteht ein Gleichungssystem mit 2p komplexen Unbekannten obwohl bekannt ist, daß nur 2p reelle Unbekannte (Amplituden und Phasen der harmonischen Teile) - im Informationsgehalt p komplexen Unbekannten entsprechend - erforderlich sind. Mit einer von Hildebrand in /4.4/ vorgeschlagenen Methode kann man in der Tat die Größe des Gleichungssystems auf die Hälfte reduzieren.

4.2   All-Pol-Modell

Im letzten Abschnitt ist schon erwähnt worden, daß die dort vorkommenden "Wellen-Generatoren" z_m mit den Polstellen einer z-Transformierten korrespondieren. Es besteht also auch aus dieser Sicht durchaus eine Motivation dafür, Signal-Modelle zu betrachten, deren Charakteristikum wesentlich durch eine z-Transformierte mit Polstellen gegeben ist. Ein solches Signal-Modell besitzt ein Leistungsspektrum

$$|X_p(e^{j\Omega})|^2 = \frac{C^2}{|F(e^{j\Omega})|^2} \quad , \qquad (4.28)$$

wobei $F(e^{j\Omega})$ wie vorne zu einer Folge endlicher Länge mit der z-Transformierten

$$F(z) = \sum_{k=0}^{p} f(k) \, z^{-n} \qquad (4.29)$$

gehört. C^2 ist ein Skalierungsfaktor, der lediglich eingeführt wird, damit - gleichfalls wie vorne - f(0)=1 definiert werden kann. Die Beistellung des Index P soll diesmal

162

die Modellfolge bzw. deren Spektrum bezeichnen und dabei gleichzeitig auf das zu Grunde liegende All-Pol-Modell zur klaren Unterscheidung von anderen Modellen - etwa dem Wellen-Summen-Modell - hinweisen.

Das Modell-Spektrum $X_P(e^{j\Omega})$ ist durch das reziproke Spektrum $F(e^{j\Omega})$ gegeben. Da letzteres durch eine z-Transformierte beschrieben ist, die (bis auf den Punkt z=0) nur Nullstellen besitzt, ist $X_P(e^{j\Omega})$ vom Typ "All-Pol", das heißt, die zugehörige z-Transformierte $X_P(z)$ besitzt nur Polstellen und (wieder von z=0 abgesehen) keinerlei Nullstellen.

Es gibt nun zweifachen Grund, sich mit solchen All-Pol-Modellen zu befassen. Einmal ist das im vorigen Abschnitt angesprochene Problem der Bestimmung der Generatoren z_m, definiert durch die Gleichungen (4.26) und (4.27), noch offen, worauf noch Rücksicht zu nehmen ist. In der Tat wird gezeigt werden, daß die hier vorkommende, das Modell-Spektrum beschreibende Folge f(k) identisch ist mit der Folge f(k) aus dem vorigen Abschnitt, die - mit einer zwischengeschalteten Nullstellensuche - die Wellengeneratoren z_m beschreibt.

Andererseits kann man All-Pol-Modelle natürlich ganz unabhängig von einer eventuell zusätzlich noch erforderlichen zweiten Modellierung durch Amplituden und Wellen-Summen auch als eine alleinstehende Methode der Ermittlung eines Spektrums ansehen. Es kommt durchaus vor, daß ein All-Pol-Modell eine angemessene Repräsentation für einen Vorgang darstellt. Die Betrachtung der mit der All-Pol-Methode gewonnenen Spektren und ihrer Qualitäten lohnt sich also auch über die Verbindung zum Wellen-Summen-Modell hinaus.

Auch diesmal bilden die möglichen Unterschiede zwischen Modell und Signal die Grundlage der Betrachtungen. Da man ja nun von Signalen auszugehen hat, die in der Tat mehr oder weniger sinnvoll mit einem All-Pol-Modell repräsentiert werden können, ist die Annahme vernünftig, daß das wahre Leistungsspektrum $|X(e^{j\Omega})|^2$ der Signalfolge x(n) noch Schwankungen der Form

$$|X(e^{j\Omega})|^2 = \frac{|E(e^{j\Omega})|^2}{|F(e^{j\Omega})|^2} \tag{4.30}$$

um den All-Pol-Verlauf $C^2/|F(e^{j\Omega})|^2$ herum besitzt. Dabei beinhalte $E(e^{j\Omega})$ die durch die All-Pol-Modellierung nicht darstellbaren Signalanteile von x(n).

Für das folgende ist es nützlich, den mit Gl.(4.30) geschilderten Sachverhalt als Eingangs-Ausgangs-Beziehung eines Filters F(z) zu deuten. Danach stellt die Signalfolge x(n) den Eingang des Filters F(z) dar, und e(n) bildet den Filterausgang :

$$x(n) \text{--------}[\ F(z)\ ]\text{--------} e(n)$$

$$X(z) \quad . \quad F(z) \quad = \quad E(z)$$

Das Problem besteht ja nun darin, die Filterkoeffizienten f(k) des Filter F(z) so zu bestimmen, daß $|X_P(e^{j\Omega})|^2 = C^2 / |F(e^{j\Omega})|^2$ ein möglichst guter Repräsentant des wahren

Leistungsspektrums $|X(e^{j\Omega})|^2$ ist. Es ist wohl klar, daß dies erreicht wird, wenn F(z) so gestaltet wird, daß $|E(e^{j\Omega})|^2$ "so konstant wie möglich" wird. Wie man sieht wird bei der All-Pol-Methode ausschließlich auf die Leistungsspektren abgezielt.

Die genannte Problemstellung führt im Einklang mit der Tatsache, daß nur Leistungsspektren zählen, zur Vieldeutigkeit der Lösungen. In der Tat gibt es 2^{p-1} verschiedene Filter mit gleichem Leistungsspektrum $|F(e^{j\Omega})|^2$ (siehe Kapitel 1), und es ist notwendig, die Aufgabenstellung durch eine Zusatzforderung zu einem eindeutig lösbaren Problem zu machen. Nun gehen ja alle Realisationen F(z) mit dem gleichen Frequenzgang $|F(e^{j\Omega})|^2$ durch Nullstellen-Spiegelungen ineinander über. Es ist lediglich für die Eindeutigkeit der Fragestellung erforderlich, sich auf eine - im Grunde beliebig auswählbare - Realisation innerhalb der Vielfalt festzulegen. Begreiflicherweise erweist sich die Auswahl der minimalphasigen Realisation als günstig. Im folgenden wird also stets minimalphasiges F(z) vorausgesetzt, mit der einzigen Konsequenz, daß die Problemstellung erst dadurch eindeutig geworden ist. Damit sind Einschränkungen bezüglich des Signales x(n) selbst nicht verbunden. Enthält etwa X(z) einen nicht-kausalen Anteil, der sich durch einen Pol z_P außerhalb des Einheitskreises auswirkt, so kommt im minimalphasigen F(z) die Nullstelle $z_0 = 1/z_P^*$ vor. Der Filterausgang E(z) enthält dann den All-Paß mit Pol z_P und Nullstelle $z_0 = 1/z_P^*$, der sich im Leistungsspektrum nicht auswirkt.

Die Wahl des minimalphasigen Filters F(z) bewirkt gleichzeitig, daß das zu F(z) inverse Filter H(z) = 1/F(z) kausal ist : $h(k) = Z^{-1}\{ H(z) \} = 0$ für k<0. Dies folgt, weil H(z) alle Polstellen innerhalb des Einheitskreises besitzt.

Wie gesagt wäre dasjenige minimalphasige Filter F(z) am besten zur Bestimmung des Modellspektrums geeignet, dessen Ausgang e(n) konstantestes Leistungsspektrum $|E(e^{j\Omega})|^2$ besitzt. Da Vorgänge mit konstantem Leistungsspektrum in Analogie zum Licht als "weiß" bezeichnet werden, kann man das Filter F(z) auch "whitening filter" nennen.

Wiederum handelt es sich bei dem genannten Optimal-Problem um eine Aufgabenstellung, die zu einem nichtlinearen System von Gleichungen führt. Üblicherweise wird bei der All-Pol-Modellierung (siehe beispielsweise die Arbeiten /4.5/, /4.6/, /4.7/ und /4.8/) ein bezüglich der angemessensten spektralen Modellierung $|X_P(e^{j\Omega})|^2$ eigentlich suboptimales, aber gleichwohl sinnvolles Kriterium benutzt. Dabei wird die Forderung weißesten Filterausganges e(n) durch die Forderung minimaler Ausgangsenergie

$$E^2 = \sum_n |e(n)|^2 = Min \qquad\qquad (4.31)$$

ersetzt. Die Summationsgrenzen in Gl.(4.31) sollen hier für den Moment noch offen bleiben, es ist wohl klar, daß hierfür später noch Summationen innerhalb der Beobachtung eingesetzt werden.

Daß das Kriterium (4.31) zur Bestimmung der Filterkoeffizienten f(k) in zweifacher Hinsicht sinnvoll ist, zeigen die folgenden Überlegungen. Dazu ist zunächst festzustellen, daß die Filter-Eingangs-Ausgangs-Beziehung

$$\sum_{k=0}^{p} f(k)\, x(n-k) = e(n) \qquad\qquad\qquad (4.32)$$

zusammen mit der Konstruktionsvorschrift Gl.(4.31) genau das gleiche Problem konstruiert, wie es für die Berechnung der "Wellen-Generatoren" im letzten Abschnitt, Gl.(4.26) und (4.27), auftrat. Kennt man also die unter der Bedingung Gl.(4.31) bestimmten Filterkoeffizienten, so ergeben sich die beim "Wellen-Summen-Modell" noch unbekannt gebliebenen Größen z_m als die Nullstellen der Filter-z-Transformierten F(z). Aus diesem Grunde kann man alle, im folgenden noch eingehender geschilderten Methoden und Verfahren dazu benutzen, die Generatoren z_m mit Hilfe der All-Pol-Modellierung in einem ersten Schritt zu bestimmen. Sind diese einmal bekannt, so können in einem zweiten Schritt, dem nunmehr ein "Wellen-Summen-Modell" zu Grunde gelegt wird, nun auch noch die fehlenden Amplituden ermittelt werden.

Aber auch unabhängig von einer eventuellen, zweiten Modelliertechnik stellt das All-Pol-Modell $|X_P(e^{j\Omega})|^2$ einen sinnvollen Repräsentanten für $|X(e^{j\Omega})|^2$ dar, wenn es auf Grund der Forderung Gl.(4.31) bestimmt wird. Um die Wirkung des genannten Kriteriums hinsichtlich der beteiligten Spektren näher zu untersuchen, wird zunächst das Leistungsspektrum $|E(e^{j\Omega})|^2$ durch diese ausgedrückt :

$$|E(e^{j\Omega})|^2 = C^2\, \frac{|X(e^{j\Omega})|^2}{|X_p(e^{j\Omega})|^2} \quad . \qquad\qquad\qquad (4.33)$$

Der Energiesatz besagt nun, daß Gl.(4.31) mit der Forderung

$$\int_{-\pi}^{\pi} \frac{|X(e^{j\Omega})|^2}{|X_p(e^{j\Omega})|^2}\, d\Omega = \text{Min} \qquad\qquad\qquad (4.34)$$

identisch ist. Diese andere Formulierung des Kriteriums minimaler Ausgangsenergie E^2 erlaubt eine anschauliche Interpretation der damit verbundenen spektralen Modellierung. Dazu wird angenommen, daß $|X(e^{j\Omega})|^2$ über eine gewisse Anzahl von p "Gipfeln" verfüge und folgerichtig sinnvoll durch ein All-Pol-Modell repräsentiert werden kann. Da nun das Integral in Gl.(4.34) minimal ist, wird $|X_P(e^{j\Omega})|^2$ ebenfalls p Spitzen besitzen, und zwar an den gleichen Stellen wie in $|X(e^{j\Omega})|^2$. $|X_P(e^{j\Omega})|^2$ muß insbesondere in den Stellen groß sein, in denen auch $|X(e^{j\Omega})|^2$ groß ist, denn nur dann kann das Integral einen kleinen Wert besitzen. Wäre umgekehrt $|X_P(e^{j\Omega})|^2$ in den Intervallen klein, in denen $|X(e^{j\Omega})|^2$ groß ist, so würde das betreffende Integrationsintervall sehr erheblich zum Wert des Integrals beitragen, und letzteres wäre nicht minimal. Die Gipfel im Modell $|X_P(e^{j\Omega})|^2$ werden jedenfalls mit Sicherheit recht exakt dort zu erwarten sein, wo auch das tatsächliche Spektrum $|X(e^{j\Omega})|^2$ Gipfel besitzt.

Andererseits ist abzusehen, daß das Konstruktionskriterium Gl.(4.34) Nachteile in sich birgt. So ist es mit gleicher Argumentation wie eben durchaus möglich, daß $|X_P(e^{j\Omega})|^2$ in Stellen Ω groß wird und einen Peak besitzt, in denen das für $|X(e^{j\Omega})|^2$ gar nicht der Fall ist. Das kann natürlich nur vorkommen, wenn die Modellordnung p für $|X_P(e^{j\Omega})|^2$ zu groß ist, wie es etwa der Fall sein kann, wenn $|X(e^{j\Omega})|^2$ selbst zu einem All-Pol-Prozeß niedrigerer Ordnung $p_x < p$ gehört als für $|X_P(e^{j\Omega})|^2$ angenommen. In diesem und ähnlichen Fällen kann es vorkommen, daß $|X_P(e^{j\Omega})|^2$ einen "Geister-Peak" enthält, der im Signal x(n) in der Tat nicht vorkommt. Dieser Effekt - auch als "line-splitting" bezeichnet - wird in der Praxis beobachtet. Es gibt Verfahren, die die Gefahr seines Auftretens vermindern, und es ist zu erwähnen, daß das "line-splitting" dann nicht von sehr großer Bedeutung ist, wenn bei den mit der All-Pol-Modellierung gewonnenen Aussagen nicht so sehr der genaue spektrale Verlauf interessiert, sondern vielmehr die Tatsache dort enthaltener Gipfel für eine zusätzliche Amplituden-Modellierung dient. Letztere wird dann dem "Geister-Peak" eine kleine oder verschwindende Amplitude zuweisen.

Natürlich kann wie gesagt ein "line-splitting" nur auftreten, wenn die Modell-ordnung p größer ist als die tatsächlich vorhandene Anzahl spektraler Gipfel in $|X(e^{j\Omega})|^2$, denn falls diese beiden Anzahlen gleich sind, so muß $|X_P(e^{j\Omega})|^2$ seine Gipfel im Interesse des Kriteriums (4.34) so verteilen, daß jedenfalls diejenigen von $|X(e^{j\Omega})|^2$ umschlossen werden. Dabei kann allerdings $|X_P(e^{j\Omega})|^2$ auch in Bereichen großer spektraler Werte von $|X(e^{j\Omega})|^2$ größer sein als $|X(e^{j\Omega})|^2$ selbst, und im allgemeinen Fall gibt es - von der noch ausstehenden Skalierung abgesehen - über diesen Effekt keine Kontrolle. Man kann also festhalten, daß $|X_P(e^{j\Omega})|^2$ zwar den prinzipiellen Verlauf von $|X(e^{j\Omega})|^2$ in Form von "Hügeln und Tälern" tendenziell richtig beschreibt, dabei aber der exakte Wert $|X_P(e^{j\Omega})|^2$ nicht notwendigerweise linear mit $|X(e^{j\Omega})|^2$ zusammenhängen muß. Die Tatsache von in der All-Pol-Modellierung enthaltenen Nichtlinearitäten liegt natürlich bereits im Modell-Prinzip begründet. In der Tat handelt es sich ja um einen multiplikativen Ansatz der Form

$$|X_p(e^{j\Omega})|^2 = \frac{C^2}{\prod_{i=1}^{p} |\, 1 - \dfrac{z_i}{e^{j\Omega}}\,|^2} \quad . \tag{4.35}$$

Es ist klar, daß hier das Superpositionsprinzip nicht gelten kann : das Spektrum einer Signalsumme kann streng nicht als Summe zweier Einzelspektren interpretiert werden. Das ist auch dann der Fall, wenn die einzelnen Signale selbst All-Pol-Signale sind, also jeweils z-Transformierte besitzen, die nur Polstellen enthalten. Die Summe solcher All-Pol-Signale muß nicht notwendig wieder vom Typ All-Pol sein, denn die Summe der z-Transformierten kann Nullstellen besitzen.

Trotz der möglichen Nichtlinearitäten - sie besagen immerhin, daß die spektrale Höhe nicht unbedingt einen Hinweis etwa auf die Amplituden beinhaltet - sind All-Pol-Modelle nützliche Hilfsmittel. Sie können sehr trennscharfe Hinweise auf nah benachbarte Signalteile liefern und zwar in einem Umfang, der - bei gleicher Stütz-stellenzahl - mit einem Fenster-Spektrum nicht erreichbar ist. Es werden später dazu noch Beispiele angegeben. Der Vorteil größerer Trennschärfe wird sozusagen mit dem

Preis der Nichtlinearität bezahlt. Dabei muß der eingehandelte Nachteil nicht einmal gravierend sein, denn man kann aus dem All-Pol-Spektrum nur die Tatsache spektraler Energie in einzelnen Stellen herauslesen und diese Information nutzen, um in einem zweiten, in den vorigen Abschnitten beschriebenen Verfahren, nun auch noch Amplituden zuzuweisen.

Es fragt sich nun noch, wie die Filterkoeffizienten f(k) nach dem Kriterium (4.31) bestimmt werden müssen.

Benutzt man Gl.(4.32), so ist

$$E^2 = \sum_{k=0}^{p} f^*(k) \sum_{l=0}^{p} f(l) \sum_{n} x^*(n-k) \, x(n-l) \qquad . \tag{4.36}$$

Mit der Abkürzung

$$c(k,l) = \sum_{n} x^*(n-k) \, x(n-l) \tag{4.37}$$

wird hieraus

$$E^2 = \sum_{k=0}^{p} f^*(k) \sum_{l=0}^{p} f(l) \, c(k,l) \qquad . \tag{4.38}$$

Wieder ist E^2 ein Funktional in den Filterkoeffizienten. Stellt man diese wieder nach Betrag und Phase

$$f(k) = m(k) \, e^{j\alpha(k)} \tag{4.39}$$

dar, so verlangt das Minimal-Kriterium

$$\frac{dE^2}{dm(i)} = \frac{dE^2}{d\alpha(i)} = 0 \qquad , \ 1 \le i \le p \quad , \tag{4.40}$$

wobei i=0 wegen f(0)=1 ausgeschlossen bleibt. Nach kurzer Rechnung erhält man daraus das Gleichungssystem

$$\sum_{l=0}^{p} f(l) \, c(k,l) = 0 \qquad , \ 1 \le k \le p \quad , \tag{4.41}$$

mit dessen Hilfe die Filterkoeffizienten bestimmt werden können. Man beachte, daß es sich wegen f(0)=1 um ein inhomogenes Gleichungssystem handelt. Zu seiner Lösung müssen noch die Glieder c(k,l) nach Gl.(4.37) aus dem Signal bestimmt werden. Dies erfordert im Prinzip nur noch die Festlegung von Summationsgrenzen, worauf im nächsten Abschnitt noch eingegangen wird.

Zur Bestimmung des Modell-Spektrums ist noch die Kenntnis der minimalen Energie E_{min}^2 erforderlich, welche sich einstellt, wenn die Filterkoeffizienten nach Gl.(4.41) errechnet werden. Setzt man rückwärts Gl.(4.41) in Gl.(4.38) ein, so erhält man

$$E_{min}^2 = \sum_{l=0}^{p} f(l)\, c(0,l) \quad . \tag{4.42}$$

Die Bedeutung der minimalen Energie E_{min}^2 kann leicht erklärt werden. Im Modell $|X_P(e^{j\Omega})|^2 = C^2 / |F(e^{j\Omega})|^2$ muß noch der Skalierungsfaktor C^2 bestimmt werden. Da nun $|X_P(e^{j\Omega})|^2 = |E(e^{j\Omega})|^2 / |F(e^{j\Omega})|^2$ gilt, ist es angebracht, für C^2 den Mittelwert von $|E(e^{j\Omega})|^2$ zu benutzen :

$$C^2 = \frac{1}{2\pi} \int_{-\pi}^{\pi} |E(e^{j\Omega})|^2 \, d\Omega \quad . \tag{4.43}$$

Dieser ist aber mit der Energie E_{min}^2 identisch, und es folgt schließlich

$$|X_p(e^{j\Omega})|^2 = \frac{E_{min}^2}{|F(e^{j\Omega})|^2} \quad . \tag{4.44}$$

Damit ist der Algorithmus zur Berechnung des All-Pol-Spektrums - bis auf eine noch erforderliche exaktere Festlegung der Bestimmungsgleichung für die Koeffizienten c(k,l) - komplett beschrieben. Wie schon angedeutet handelt der nächste Abschnitt von der Ermittlung der c(k,l) an Hand eines gegebenen Datensatzes.

Es ist dabei informativ, vorab einmal den - unerreichbaren - Grenzfall beliebig langer Beobachtung zu betrachten. Nun bezeichnen ja die Summationsgrenzen im Bildungsgesetzt (4.37) für die Koeffizienten c(k,l) gerade dasjenige Intervall, in dem die Energie E^2 minimiert wird. Es ist also für ein beidseitig unendlich ausgedehntes Beobachtungsfenster

$$c(k,l) = \sum_{n=-\infty}^{\infty} x^*(n-k)\, x(n-l) = a_x(k-l) \quad , \tag{4.45}$$

worin $a_x(k)$ die Autokorrelierte des Signales x(n) darstellt. Die Koeffizientenmatrix zur Bestimmung der Filterkoeffizienten f(k) und der Minimal-Energie

$$\sum_{l=0}^{p} f(l)\, a_x(k-l) = 0 \tag{4.46}$$

$$\sum_{l=0}^{p} f(l)\, a_x(-l) \;\; = E_{min}^2 \qquad\qquad\qquad (4.47)$$

besteht also im Grenzfall in der Korrelationsmatrix der Signalfolge. Die Filter-koeffizienten können bestimmt werden, wenn nur die ersten p+1 Werte der Signal-Autokorrelierten bekannt sind. Diese Tatsache ist eine unmittelbare Folge der All-Pol-Modell-Annahme, die nur auf Leistungsspektren mit p+1 Freiheitsgraden (p Pole und eine Skalierung) abzielt.

Nun besitzt jede Beobachtung zwar nur endliche Länge, und deshalb sind auch die ersten p+1 Autokorrelationswerte nicht exakt ermittelbar. Gleichwohl enthalten die genannten Gleichungen (4.46) und (4.47) - für unendliche Fensterbreite abgeleitet - einen wichtigen Hinweis : jede Methode zur Bestimmung der Koeffizienten c(k,l) aus einem nur endlich langen Beobachtungsintervall stellt den Versuch dar, die ersten p+1 Werte der Autokorrelierten auf mehr oder minder angemessene Weise abzuschätzen.

Es ist weiter vorne erwähnt worden, daß das Problem der Bestimmung des Filters F(z) vieldeutig ist, und daher ist für F(z) die Zusatzbedingung der Minimalphasigkeit verlangt worden. Diese Bedingung ist bislang noch nicht genutzt worden. In der Tat ist der Beweis, daß es sich bei der durch Gl.(4.42) (bzw. Gl.(4.47)) bezifferten Energie wirklich um ein Minimum handelt, noch nicht erbracht worden. Verschwindende partielle Ableitungen alleine genügen als Forderung nicht, denn diese kann ebensogut in einem Maximum des Funktionals E^2 münden. Nun zeigt aber die Dreiecksungleichung

$$E^2 = |\sum_{l=0}^{p} f(l)\, a_x(-l)\, | \le \sum_{l=0}^{p} |f(l)|\, |a_x(-l)| \qquad\qquad (4.48)$$

unmittelbar an, daß diejenige Folge f(l) - bei gleichen Leistungsspektren - zur minimalen Energie führt, die über l am raschesten fällt (man erinnere sich an die Festlegung f(0)=1). Diese Bedingung ist - wie man dem Kapitel 1 entnehmen kann - gerade für die minimalphasige Folge f(l) erfüllt. Die maximalphasige Folge hätte um-gekehrt auch maximale Filter-Ausgangs-Energie E^2 zur Folge.

Dies wirft noch die Frage auf, ob denn umgekehrt die Filterkoeffizienten f(k), so sie nach Gl.(4.46) bzw. Gl.(4.41) berechnet werden, stets eine minimalphasige Folge bilden. S.W. Lang und J. H. McClellan gelang in /4.9/ der - sehr elegante - Beweis, daß die genannten Berechnungsvorschriften stets zu einem Filter F(z) führen, dessen Nullstellen innerhalb der Einheitskreises |z|=1 liegen. Dabei ist lediglich vorauszusetzen, daß die Berechnung der Filterkoeffizienten f(n) von F(z) mit einer gültigen Autokorrelierten durchgeführt wird, wobei eine "gültige Autokorrelierte" eine Zahlenfolge darstellt, die in der Tat die Autokorrelierte a(k) irgendeines Signales y(n) sein kann.

In der Einleitung ist hervorgehoben worden, daß ein Signal-Modell stets in gewisser Weise mit der Extrapolation von gegebenen Werten über ein Fenster hinaus zusammenhängt. Um dieser Frage für das All-Pol-Modell noch nachzugehen muß untersucht werden, welche Eigenschaften diejenige Autokorrelierte besitzt, die aus einem bereits erhaltenen Modellspektrum

$$|X_p(e^{j\Omega})|^2 = \frac{C^2}{|F(e^{j\Omega})|^2} = \frac{C^2}{F(e^{j\Omega})\ F^*(e^{j\Omega})} \qquad (4.49)$$

und dementsprechend einem bereits bekannten Filter F(z) resultiert. Drückt man darin $F^*(e^{j\Omega})$ noch durch das inverse Filter $H(e^{j\Omega}) = 1/F(e^{j\Omega})$ aus, so ist

$$F(e^{j\Omega})\ |X_p(e^{j\Omega})|^2 = C^2\ H^*(e^{j\Omega}) \quad . \qquad (4.50)$$

Die Rücktransformation dieser Gleichung liefert unter Beachtung des Faltungssatzes und der Tatsache $F^{-1}\{H^*(e^{j\Omega})\} = h^*(-n)$

$$\sum_{l=0}^{p} f(l)\ a_p(k-l) = C^2\ h^*(-k) \qquad \text{für alle k} \quad , \qquad (4.51)$$

wobei $a_p(k) = F^{-1}\{|X_P(e^{j\Omega})|^2\}$ die zum Modellspektrum gehörende Autokorrelierte ist. Nun ist F(z) minimalphasig, und deswegen ist H(z) kausal: h(n)=0 für n<0. Berücksichtigt man noch

$$h(0) = \lim_{z \to 0} H(z) = \frac{1}{\lim\limits_{z \to 0} F(z)} = \frac{1}{f(0)} = 1 \quad , \qquad (4.52)$$

so folgt

$$\sum_{l=0}^{p} f(l)\ a_p(-l) = C^2 \qquad (4.53)$$

und

$$\sum_{l=0}^{p} f(l)\ a_p(k-l) = 0 \quad . \qquad (4.54)$$

Diese Gleichungen stellen Bestimmungsgleichungen für die Modellkorrelierte a_P bei einem einmal bereits gegebenen Filter F(z) dar. Sie sind mit den Bestimmungsgleichungen Gl.(4.46) und (4.47) für die Filterkoeffizienten aus der Signalautokorrelierten $a_x(k)$ im Intervall k=0,1,2,...,p identisch. Daraus folgt

$$a_p(k) = a_x(k) \qquad \text{für } 0 \le k \le p \quad . \qquad (4.55)$$

Bei der All-Pol-Modellierung wird also die zum spektralen Modell gehörende Auto-korrelierte a_P so angenommen, daß sie mit den ersten p+1 Werten einer als gegeben angesehenen Signal-Autokorrelierten $a_x(k)$ übereinstimmt.

Gl.(4.54) besagt aber noch mehr. Sie gilt - anders als Gl.(4.46) - für alle k>0, und deswegen enthält sie für k>p eine Extrapolationsvorschrift der Modellkorrelierten a_P über die ersten p+1 Werte hinaus. Sind die ersten p+1 Werte von a_P bekannt, so könnte die Modellkorrelierte an jeder beliebigen Stelle k vorausberechnet werden.

Insgesamt kann man also die All-Pol-Methode auch als Verfahren begreifen, das eine Anzahl von p+1 Autokorrelationswerten als bekannt voraussetzt und sie zu einer Extrapolation der Autokorrelierten über die gegebene Verzögerungsbreite hinaus nutzt. In diesem Sachverhalt wird auch der Unterschied zum Wellen-Summen-Modell nochmals deutlich: hier ist die Autokorrelierte, dort ist das Signalmodell selbst von der Extrapolation betroffen.

4.3   Praktische Berechnung der All-Pol-Parameter

Der vorliegende Abschnitt dient dazu, die praktisch wichtigsten Techniken zur Berechnung der Filterkoeffizienten f(k) bei endlicher Beobachtungslänge N und die damit verbundenen Probleme zu beschreiben. Weil nun einige der zu schildernden Verfahren auf der speziellen Gestalt des aus den Gleichungen (4.46) und (4.47) gebildeten Gleichungssystems zur Berechnung der Folge f(k) beruhen, wird zunächst mit der Schilderung der aus dieser besonderen Struktur sich ergebenden Konsequenzen begonnen.

4.3.1   Levinson-Durbin-Rekursion

In den vorigen Abschnitten ist im wesentlichen von einer als bekannt angenommenen Modell-Ordnung p ausgegangen worden. Nun ist aber für ein beliebiges, nicht näher erklärtes Signal x(n) eine "Modell-Ordnung" vorab nicht immer sinnvoll anzugeben, und man wird deshalb geneigt sein, mehrere Modellordnungen p "durchzuprobieren" und den Resultaten selbst ein Kriterium für eine sinnvolle Modellordnung entnehmen wollen.

Das wirft die Frage auf, auf welche Weise die Filterkoeffizienten und E_{min}^2 bei variablem, anwachsendem p berechnet werden können. Natürlich kann man das Gleichungssystem Gl.(4.46) und (4.47) für jedes p erneut lösen, aber das wäre aufwendig und umständlich. Die spezielle Gestalt des Gleichungssystems legt eine rekursive Lösung nahe. Um dies deutlich zu machen, wird das Gleichungssystem hier noch einmal in Matrix-Schreibweise

$$
\begin{bmatrix}
a_x(0) & a_x(-1) & a_x(-2) & \ldots & a_x(-p) \\
a_x(1) & a_x(0) & a_x(-1) & \ldots & a_x(1-p) \\
a_x(2) & a_x(1) & a_x(0) & \ldots & a_x(2-p) \\
\cdot & \cdot & \cdot & \ldots & \cdot \\
a_x(p) & a_x(p-1) & a_x(p-2) & \ldots & a_x(0)
\end{bmatrix}
\begin{bmatrix}
1 \\ f(1) \\ f(2) \\ \cdot \\ f(p)
\end{bmatrix}
=
\begin{bmatrix}
E_{min}^2 \\ 0 \\ 0 \\ \cdot \\ 0
\end{bmatrix}
\tag{4.56}
$$

$$
= \begin{bmatrix} a_x \end{bmatrix} \begin{bmatrix} f \end{bmatrix} = \begin{bmatrix} E_{min}^2 , 0 , 0 , \ldots \end{bmatrix}^T
$$

notiert. Wie man sieht sind die Elemente entlang einer jeden zur Hauptdiagonalen parallelen Diagonalen in der Koeffizientenmatrix a_x gleich, und die an der Hauptdiagonalen gespiegelten Elemente sind zueinander konjugiert. Eine solche Matrix ist eine Toeplitz-Matrix. Für das oben angegebene Gleichungssystem läßt sich die Lösung für ein p aus der Lösung für p-1 ermitteln. Man beachte, daß das Gleichungssystem selbst bei anwachsendem p größer wird und daß die Zahlenwerte der Autkorrelierten selbst nicht von der Modellordnung abhängen dürfen. Falls die Autokorrelierte jedoch so geschätzt wird, daß die Koeffizienten $a_x(k)$ von der aktuellen Ordnung p abhängen - beispielsweise durch Einbeziehen der Modellordnung in die Summationsgrenzen wie bei der später erläuterten "Forward-Backward"-Methode - dann ist das im folgenden geschilderte Levinson-Durbin-Verfahren nicht anwendbar. Das nach ihren Entdeckern (siehe /4.10/ und /4.11/) benannte Verfahren besteht zunächst in der Verankerung für p = 1 :

$$
f_1(1) = - \frac{a_x(1)}{a_x(0)}
\tag{4.57}
$$

$$
E_{min(1)}^2 = \left(1 - |f_1(1)|^2 \right) a_x(0)
\tag{4.58}
$$

und anschließender Rekursion von p-1 auf p :

$$
f_p(p) = - \frac{a_x(p) + \displaystyle\sum_{l=1}^{p-1} f_{p-1}(l)\, a_x(p-l)}{E_{min(p-1)}^2}
\tag{4.59}
$$

$$
f_p(k) = f_{p-1}(k) + f_p(p)\, f_{p-1}^*(p-k) \qquad \text{für } 1 \le k \le p-1
\tag{4.60}
$$

$$E^2_{min(p)} = \left(1 - |f_p(p)|^2 \right) E^2_{min(p-1)} \quad , \tag{4.61}$$

wobei der beigestellte Index die betreffende aktuelle Modell-Ordnung angibt.

Die Levinson-Durbin-Methode Gl.(4.57) bis Gl.(4.61) ist kein Näherungs-verfahren. Sie liefert auf jeder Stufe p die korrekte Lösung des entsprechenden Gleichungssystems. Die enthaltene Rekursion bietet die Möglichkeit, schnell und effizient die Filterkoeffizienten $f(k)$ zu bestimmen und - wie man dem folgenden entnehmen kann - dabei gleichzeitig eine Abschätzung der vernünftigsten Modell-ordnung anzugeben. Die Koeffizienten $f_k(k)$ werden häufig auch als Reflexionskoeffizienten bezeichnet (siehe Makhoul /4.12/), der Name rührt aber lediglich von der formalen Gestalt von Gl.(4.61) her.

Den Levinson-Durbin-Gleichungen kann man einige bemerkenswerte Tatsachen über das Verhalten des Modelles bei anwachsender Ordnung p entnehmen. Dazu soll einmal ein tatsächliches All-Pol-Signal $x(n)$ mit der wahren Ordnung t und bekannter Autokorrelierter $a_x(k)$ betrachtet werden. Falls in Gl.(4.59) die um 1 gegenüber der tatsächlichen Signalordnung t erhöhte Modellordnung p=t+1 eingesetzt wird, dann verschwindet die rechte Seite, weil Gl.(4.46) (mit p=t) erfüllt ist. Es ist also $f_{t+1}(t+1)=0$, und dann natürlich auch $f_{t+k}(t+k)=0$ für $k \geq 1$. Dies bedeutet auch $F_{t+k}(z) = F_t(z)$, so daß das Spektrum nicht geändert wird, wenn p über t hinaus anwächst. Aus Gl.(4.61) folgt entsprechend auch $E_{min(t+k)}^2 = E_{min(t)}^2$, $k \geq 1$. Auch die minimale Energie bleibt unverändert, wenn p über die wahre Signalordnung hinaus ansteigt.

Weiter kann man aus der Levinson-Durbin-Rekursion noch ableiten, daß die Fehlerenergie $E_{min(p)}^2$ monoton mit wachsender Ordnung p abnimmt. Dazu soll nochmals die Voraussetzung betont werden, daß die Elemente $a_x(k)$ der Autokorrelationsmatrix durch eine gültige Autokorrelierte gegeben sein müssen. Dies bedeutet dabei natürlich nicht, daß $a_x(k)$ in der Tat mit der nicht bestimmbaren Autokorrelierten des Signales übereinstimmen muß, es genügt die Tatsache, daß $a_x(k)$ eine mögliche Autokorrelierte ist. So ist beispielsweise

$$a_x(k) = \sum_{n=-\infty}^{\infty} w^*(n)\, w(n+k)\, x^*(n)\, x(n+k) \tag{4.62}$$

eine gültige Autokorrelierte, wobei man $w(n)$ als Fensterfolge ansehen kann, wie es bei der im nächsten Abschnitt geschilderten Autokorrelationsmethode geschieht. Es sei also $a_x(k)$ eine Schätzung für die wahre Autokorrelierte des Signales, wobei zusätzlich verlangt wird, daß diese Schätzung selbst ebenfalls eine Autokorrelierte sein kann.

Unter dieser Voraussetzung resultiert stets ein minimalphasiges Filter $F(z)$, welches durch die Nullstellen der z-Transformierten

$$F(z) = \sum_{n=0}^{p} f(n)\, z^{-n} = \prod_{i=1}^{p} \left(1 - \frac{z_i}{z}\right) \tag{4.63}$$

alleine gegeben ist, wobei für die Nullstellen $|z_i| \leq 1$ gilt. Aus der letzten Gleichung folgt unmittelbar

$$|f(p)| = \prod_{i=1}^{p} |z_i|^2 \quad , \qquad (4.64)$$

und deshalb gilt

$$|f_p(p)| \leq 1 \quad . \qquad (4.65)$$

Da nun die Reflexionskoeffizienten also dem Betrage nach höchstens gleich 1 sind, kann man aus Gl.(4.61)

$$E_{min(p)}^2 \leq E_{min(p-1)}^2 \qquad (4.66)$$

folgern, die Folge der minimalen Energien nimmt monoton mit wachsender Modellordnung p ab.

Die oben geschilderten Betrachtungen haben weiter gezeigt, daß E_{min}^2 unverändert bleibt, wenn p über die "tatsächliche" Ordnung des Signales t selbst anwächst. Es ist also sinnvoll, die Modellordnung p durch diejenige Stelle p zu bestimmen, in der $E_{min(p)}^2$ über p erstmals minimal wird. Die minimale Energie ist verständlicherweise ein Indikator für die "beste Modellordnung".

Dieser Hinweis über den Zusammenhang zwischen Modellordnung und sich einstellender minimaler Energie enthält in der Praxis allerdings meist kein ausreichendes Kriterium für die Auswahl einer Modellordnung. Dafür gibt es verschiedene Gründe. Einmal kann - wie es bei der im folgenden noch geschilderten Autokorrelationsmethode vorkommt - die Art der Schätzung für die Autokorrelierte $a_x(k)$ bewirken, daß $E_{min(p)}^2$ über p nur sehr langsam fällt, und daß es deswegen schwierig ist anzugeben, an welcher Stelle p der minimale Wert erstmals eintritt. Gravierender noch ist die Tatsache, daß man es häufig mit verrauschten Signalen zu tun hat. Überlagerte Rauschvorgänge bedeuten breitbandige Signale, und natürlich wird bei der All-Pol-Modellierung immer ein Teil der vorhandenen spektralen Energie unberücksichtigt bleiben und deswegen zu einem jedenfalls nicht sehr kleinen E_{min}^2 führen. Auch in diesem Fall nimmt die minimale Energie mit wachsender Ordnung p nur langsam ab, und die vernünftigste Wahl von p ist schwerlich sicher zu erkennen.

Trotz einiger Anstrengung in dieser Frage (Aikaike /4.12/ und /4.13/ und Kozin /4.14/, siehe auch die Bemerkungen von Kay und Marple in /4.15/ und von Makhoul in /4.16/ zu diesem Thema) muß man das Problem der Wahl einer Modellordnung letztendlich als ungeklärt ansehen. Um so mehr kommt es bei der Auswahl einer Methode zur Schätzung der Autokorrelierten darauf an, daß diese Methode eine nur geringe Neigung zum erwähnten "line-splitting" besitzt, daß sie also gegenüber der Wahl einer zu großen Modellordnung unempfindlich ist. In den nun näher geschilderten Verfahren wird hierauf an geeigneter Stelle noch eingegangen.

174

4.3.2 Schätzung der Autokorrelierten

Wie gesagt ist die Bestimmung der tatsächlichen Autokorrelierten eines als sehr lang anzusehenden Signales bei nur wenigen, in einem Fenster vorhandenen Meßdaten nicht möglich. Man muß daher auf Grund der vorhandenen Werte für die Autokorrelierte Schätzungen angeben, die dann wiederum für die All-Pol-Modellierung benutzt werden können. Einige der wichtigsten Verfahren, die Autokorrelierte aus den Meßwerten zu gewinnen, werden im folgenden beschrieben.

Diese Verfahren sind Voraussetzung für eine All-Pol-Modellierung. Sie haben mit dem traditionellen Fenster-Verfahren gemeinsam, daß jeweils auf Grund eines endlich langen Datensatzes eine Autokorrelierte innerhalb eines gewissen Verzögerungsintervalles bestimmt wird. Während jedoch beim Fenster-Verfahren der spektralen Berechnung implizit die Autokorrelierte so fortgesetzt wird, daß $a_x(k) = 0$ für $|k| \geq N$ gilt, wird bei allen All-Pol-Modellen die zum erhaltenen Spektrum X_P gehörende Autokorrelierte so fortgesetzt, daß sie durch die Rekursion Gl.(4.54) für alle k gegeben sei.

Autokorrelationsverfahren

Die einfachste Methode der Schätzung einer Autokorrelierten $a_x(k)$ bei einem nur in den Grenzen $0 \leq n \leq N-1$ bekannten Datensatz $x(n)$ besteht darin, die Folge $x(n)$ wieder mit einer Gewichtsfolge $w(n)$ zu versehen, wobei $w(n)$ außerhalb des Fensters verschwindet, $w(n) = 0$ für $n<0$ und $n\geq N$. In diesem Fall ist also die Schätzung durch

$$a_x(k) = \sum_{n=0}^{N-k-1} x^*(n)\, x(n+k)\, w^*(n)\, w(n+k) \qquad (4.67)$$

gegeben. Wie gesagt wird auf der so erhaltenen Autokorrelierten dann ein All-Pol-Spektrum aufgebaut, dessen Autokorrelierte außerhalb der oben betroffenen $p+1$ Werte durch die Rekursion (5.54) bestimmt ist (und nicht etwa identisch verschwindet).

Diese "Autokorrelationsmethode" spiegelt in $a_x(k)$ grundsätzlich Vorgänge größerer Bandbreite als tatsächlich vorhanden vor, und sie führt deshalb zu relativ glatten All-Pol-Spektren mit nicht sehr ausgeprägtem Verlauf. Tatsächlich besteht ja auch eine innige Verwandtschaft zwischen Fenster-Spektrum und Autokorrelations-All-Pol-Spektrum, denn sie enthalten beide eine Fensterung. Diese bewirkt, daß bei beiden Verfahren in gewisser Weise ähnliche Spektren erzielt werden. Insbesondere werden auch beim All-Pol-Verfahren vorhandene Gipfel - die beispielsweise zu ungedämpften Wellen gehören - grundsätzlich zu breit modelliert, ähnlich einer Hauptkeule beim Fensterverfahren. Weiter ist leicht einzusehen, daß wegen der im Fenster-Spektrum enthaltenen Nebenkeulen in der für die All-Pol-Modellierung geschätzten Autokorrelierten $a_x(k)$ die durch Nebenkeulen gegebenen Frequenzanteile ebenfalls enthalten sind, ohne daß sie doch Bestandteile des wirklichen Signales wären. Es ist klar, daß bei höheren Ordnungen p die Fenster-Nebenkeulen nun unerwünschterweise auch beim All-Pol-Modell nachgebildet werden.

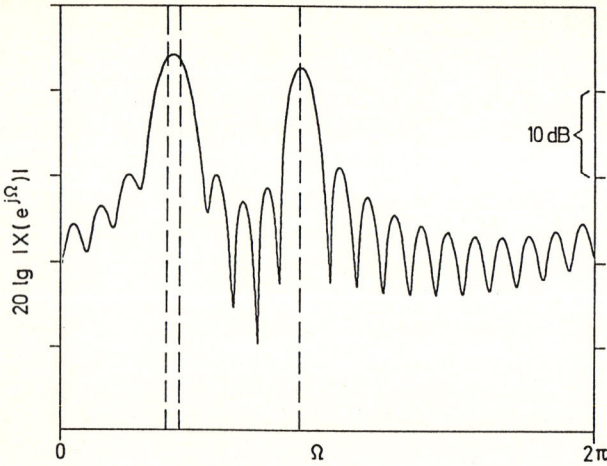

Bild 4.2   Mit dem Rechteck-Fenster (N=20) berechnetes Leistungsspektrum
            eines aus drei Wellen gleicher Amplitude bestehenden Signales

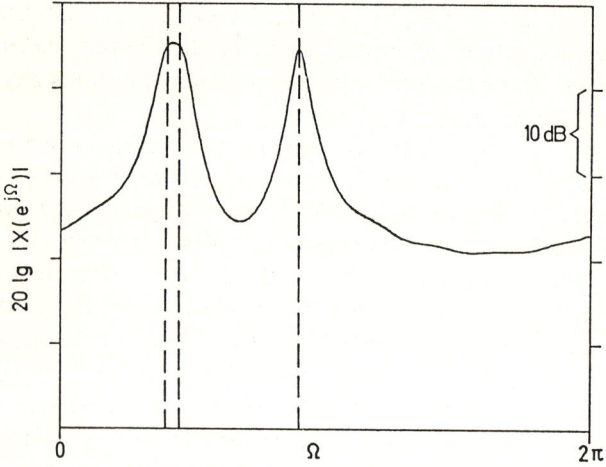

Bild 4.3   Mit der Autokorrelationsmethode gewonnenes All-Pol-Spektrum
            eines aus drei Wellen gleicher Amplitude bestehenden Signales
            N=20, Modellordnung p = 10

Diese Prinzipien lassen sich auch in den Bildern 4.2 und 4.3 ablesen. Dargestellt
ist die Modellierung dreier ungedämpfter Wellen mit gleicher Amplitude, deren
Wellenzahlen als gestrichelte Linien eingetragen sind, sowohl nach der Fenster-
Methode als auch nach der All-Pol-Methode mit dem Autokorrelationsverfahren
(p=10), jeweils für N=20. Wie man sieht liefert hier das All-Pol-Verfahren bezüglich
der Trennung nah benachbarter Wellenanteile und bezüglich der Erfassung von
Wellenanteilen mit sehr unterschiedlichen Amplituden keinen Vorteil gegenüber der

176

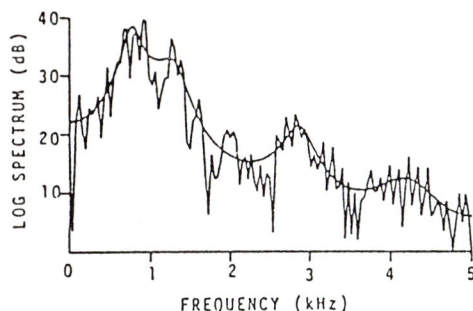

Bild 4.4   Fenster-Spektrum und Autokorrelations-All-Pol-Modell des
            gesprochenen Buchstabens a (Telephon-Signal), N = 256,
            Modellordnung p = 14
            Entnommen der Arbeit von Makhoul /4.8/

traditionellen Fenster-Methode. Bei der All-Pol-Methode wird die Breite der Gipfel
ausschließlich durch eine numerisch ermittelte Dämpfung bestimmt, welche in keiner
Weise mit dem wahren Signal korrespondiert. Dieses Verfahren ist also zur
Bestimmung kleinerer Dämpfungen ungeeignet, denn die hervorgebrachten
Dämpfungen beruhen lediglich auf der durch die Fensterung bedingten spektralen
Breite, und nicht auf der wahren Breite des Vorganges.

Die geschilderte Ähnlichkeit zwischen All-Pol-Modell und dem direkten Fenster-
Verfahren bedeutet zwar, daß erstere für Aufgaben, bei denen es auf scharfe Trennung
und hohe "Nebenkeulen-Unterdrückung" ankommt, nicht besonders geeignet ist, es
lassen sich aber durchaus Anwendungen denken, in denen es auf den - gegebenenfalls
realistischen - verschmierten Verlauf des Spektrums nicht so sehr ankommt. In
solchen Fällen interessiert meistens weniger das Spektrum selbst als vielmehr die
Bestimmung einiger weniger, durch die Polstellen von F(z) oder dessen Koeffizienten
gegebener charakteristischer Größen. Beispielsweise hat man bei der Sprachanalyse
keinen Mangel an Meßdaten, im Gegenteil enthalten die mit der Fenster-Methode
berechneten Spektren viele, nicht unmittelbar wesentliche Details, und es kommt
vielmehr darauf an, die große Datenzahl auf einige wenige, aussagekräftige Parameter
zu reduzieren. Solchen Fragestellunge bei Sprachanalyse und Synthese ist Makhoul -
siehe zum Beispiel seine Arbeiten /4.8/ und /4.9/ - nachgegangen. Das Beispiel in Bild
4.4 ist der Arbeit /4.8/ von Makhoul entnommen. Ähnliche Fragestellung ergeben sich
etwa bei Auswertungen von Enzephalogrammen und bei automatisierten Fehler-
Erkennungs-Verfahren, aber auch beim otpimierten Betrieb von Übertragungs-
leitungen. Dabei stellt sich jeweils die Frage, wie eine größere Datenzahl auf ein
Minimum von nützlichen Informationen reduziert werden kann.

Kovarianz-Verfahren

Wie man sieht geht ein Teil des Vorteils in der spektralen Modellierung, der durch ein
All-Pol-Modell gewonnen werden kann, durch eine zu ungenaue Schätzung der Auto-

korrelierten wieder verloren. Bei der Autokorrelations-Methode besteht der Grund wesentlich darin, daß die Berechnung der Autokorrelierten wieder nur mit einem Beobachtungsfenster durchgeführt wird.

Burg /4.17/ erkannte, daß es im Prinzip auch gar nicht notwendig ist, unmittelbar eine Schätzung für die Autokorrelierte anzugeben. Gelingt es nämlich, die Filterkoeffizienten f(k) etwa aus dem Signal selbst, statt aus einer aus diesem geschätzten Autokorrelierten, zu bestimmen, dann ist damit auch ein All-Pol-Modell angebbar, und daraus resultiert dann natürlich wieder indirekt auch eine Abschätzung der Autokorrelierten.

Um dies zu erläutern, stelle man sich eine gewisse Menge von in Betracht zu ziehenden Filtern F(z) vor. Aus dieser Menge sei nun die Auswahl desjenigen Filters F(z) mit minimaler Ausgangsenergie E^2 zu treffen. An Hand der Gleichung

$$e(k) = \sum_{l=0}^{p} f(l)\, x(k\text{-}l) \qquad\qquad (4.68)$$

kann man unmittelbar überprüfen, welches der Filter die Bedingung $E^2 = $ Min erfüllt. Freilich kann die Überprüfung an Hand von Meßdaten x(n), die nur für $0 \le n \le N\text{-}1$ zur Verfügung stehen, nur für e(k) mit k = p, p+1, p+2, ..., N-1 durchgeführt werden. Man hat also die Bedingung zur Auswahl von F(z) durch

$$E^2 = \sum_{n=p}^{N\text{-}1} |e(n)|^2 = \text{Min} \qquad\qquad (4.69)$$

zu formulieren, denn nur in diesem Intervall kann e(n) tatsächlich aus den bekannten Daten berechnet werden. Man erkennt den prinzipiellen Unterschied zum Autokorrelationsverfahren : hier wird an Hand der durch die Messung gegebenen Daten anstatt auf Grund einer aus ihnen schwer zu schätzenden Autokorrelierten argumentiert.

Nun bedeutet kleinste Energie des nur innerhalb des tatsächlich bekannten Datensatzes errechneten Filterausganges e(n) nach Gl.(4.69) lediglich das Einsetzen der jetzt bestimmten Summationsgrenzen bei der Summation über die Beträge $|e(n)|^2$ in der früher bereits durchgeführten Minimierung. Gl.(4.37) geht also über in

$$c(k,l) = \sum_{n=p}^{N\text{-}1} x^*(n\text{-}k)\, x(n\text{-}l) \quad . \qquad\qquad (4.70)$$

Die gesuchten Filterkoeffizienten ergeben sich aus dem nach Gl.(4.41) gebildeten Gleichungssystem, die minimale Fehlerenergie - auch hier ein Indikator für die "richtige" Modellordnung - folgt nach Gl.(4.42). Man beachte, daß die Levinson-Durbin-Rekursion hier nicht gilt, die Elemente der aus den c(i,k) gebildeten Matrix hängen von der aktuellen Ordnung p ab. Natürlich kann man Gl.(4.70) unmittelbar auch als Vorschrift zur Schätzung einer Autokorrelierten deuten.

178

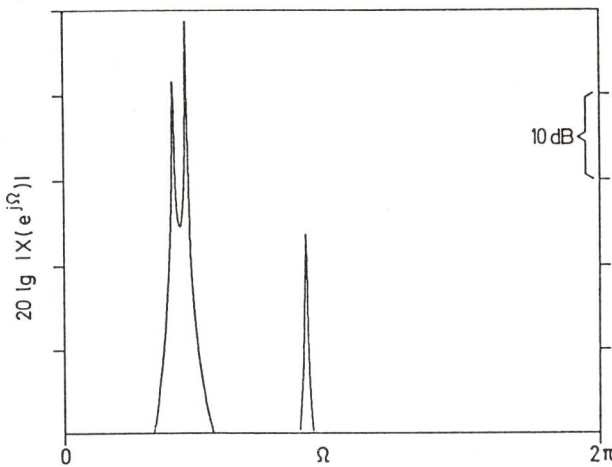

Bild 4.5   Mit der Kovarianzmethode gewonnenes All-Pol-Spektrum
eines aus drei Wellen gleicher Amplitude bestehenden Signales
N=20, Modellordnung p = 3

Der Ausdruck c(k,l) in Gl.(4.70) korreliert zwei Ausschnitte gleicher Länge einer - als unendlich lang angesehenen - Folge miteinander. Diese Glieder bedeuten die nicht nur von der Verschiebung k-l abhängende Kovarianz des Signales x(n). Aus diesem Grunde wird die zugehörige Berechnung der Filterkoeffizienten als Kovarianz-Methode bezeichnet.

Es ist klar, daß die Kovarianz-Methode eine wesentlich exaktere Schätzung der Autokorrelierten in ihrem Verlauf zuläßt. Sie zeigt beispielsweise bei reinen Tönen oder Wellen als Signal erheblich schärfere Spitzen im Spektrum als beim Autokorrelationsverfahren. Im schon verwendeten Beispiel dreier Wellen mit gleicher Amplitude (siehe die Bilder 4.2 und 4.3) sind diesmal alle drei Anteile deutlich getrennt erkennbar (Bild 4.5). Man sieht allerdings auch den Nachteil der All-Pol-Modellierung : die Höhen der drei spektralen Komponenten sind alles andere als gleich hoch, bedingt durch die Nichtlinearität, die allen All-Pol-Modellen zu Grunde liegt. Man bemerke noch, daß auch hier die Peak-Breite nur aus den verwendeten numerischen Mitteln resultiert und nicht mit einer tatsächlichen Signaldämpfung korrespondiert.

Obgleich das Kovarianz-Verfahren die gewünschte "Peak-ähnliche" Gestalt eines Spektrums liefert, besitzt es den Nachteil relativ großer Anfälligkeit bei der Vortäuschung hoher spektraler Werte, die im Signal selbst nur gering enthalten sind. Dieser Effekt des "line-splitting" findet wie früher schon gesagt vor allem bei zu hohen Modellordnungen statt. Aus diesem Grunde gilt das Kovarianz-Verfahren heute eher als ungeeignet zur spektralen All-Pol-Modellierung. Ein Verfahren, daß die Schwierigkeit der Verfälschung bei zu hohen Modellordnungen weitgehend behebt, ist das nun geschilderte Forward-Backward-Verfahren.

Der einleuchtende Grundgedanke bei der All-Pol-Modellierung mit dem Forward-Backward-Verfahren besteht in der Überlegung, daß das spektrale Modell für das Signal x(n) ebensogute Qualität besitzen soll wie für die in der Reihenfolge invertierte - und verschobene - Folge x*(-n-p), denn beide Folgen haben gleiches Leistungs-spektrum.

Nun ist der Filterausgang von F(z) für den Eingang x*(-n-p) durch

$$B^*(1/z^*) = F(z) \ Z^{-1}\{x^*(-n-p)\} \tag{4.71}$$

beschrieben, wobei der Filterausgang gleichfalls als in der Reihefolge umgekehrt aufgefaßt wird. Hieraus folgt

$$b(n) = \sum_{l=0}^{p} f^*(l) \ x(l+n-p) \quad . \tag{4.72}$$

Es ist b(n) gerade so definiert worden, daß die Folge b(n), die den Rückwärtsbetrieb beschreibt, auf dem gleichen Datensatz x(k) mit k = n-p, n-p+1, ..., n wie für

$$e(n) = \sum_{l=0}^{p} f(l) \ x(n-l) \tag{4.73}$$

aufbaut (und in dieser Absicht besteht auch der Grund für die oben durchgeführte Verschiebung um p und die letzte Inversion der Reihenfolge).

Da nun wie gesagt die spektrale Schätzung für x(n) und für x*(-n-p) gleich gut sein soll, ist es nur vernünftig, das Konstruktionskriterium der Kovarianz-Methode Gl.(7.69) durch

$$E^2 = \sum_{n=p}^{N-1} |e(n)|^2 + |b(n)|^2 = \text{Min} \tag{4.74}$$

zu ersetzen. Wie beim Kovarianzverfahren werden nur die tatsächlich aus den Meßwerten x(n) berechenbaren Größen e(n) und b(n) berücksichtigt.

Führt man wie schon früher die Minimierung durch Differenzieren nach den Filterkoeffizienten durch, so erhält man für die Koeffizientenmatrix

$$c(i,l) = \sum_{n=p}^{N-1} x^*(n-i) \ x(n-l) + x(n+i-p) \ x^*(n+l-p) \quad . \tag{4.75}$$

Das Gleichungssystem zur Bestimmung der Filterkoeffizienten lautet dabei unverändert

$$\sum_{l=0}^{p} f(l)\, c(i,l) = 0 \qquad \text{für } 1 \le i \le p \quad, \tag{4.76}$$

und die resultierende minimale Energie ist durch

$$E_{min}^2 = \sum_{l=0}^{p} f(l)\, c(0,l) \tag{4.77}$$

gegeben. Die Koeffizienten c(i,l) gehen übrigens bei unendlich langer Beobachtung diesmal in die doppelte Autokorrelierte des Signales über :

$$\lim_{N \to \infty} c(i,l) = 2\, a_x(i-l) \quad. \tag{4.78}$$

Die hier beschriebene Methode beruht auf einem Vorschlag von Ulrych und Clayton /4.18/ und Nuttall /4.19/ und wird - aus naheliegenden Gründen - Forward-Backward-Methode genannt. Manchmal wird auch die Bezeichnung "Least-Squares-Methode" benutzt. Diese Benennung ist eher etwas irreführend, weil alle All-Pol-Modell-Verfahren auf dem Prinzip kleinsten Energie-Quadrates beruhen, wobei nur der genaue Begriff der Energie jeweils unterschiedlich ist.

Ebenso wie beim Kovarianz-Verfahren beruht die Schätzung der Autokorrelierten nur auf den tatsächlich vorhandenen Meßdaten ohne direkte Annahmen über den Verlauf von x(n) außerhalb des Beobachtungsfensters, und die Forderung kleinster Energie wird nur auf tatsächlich berechenbare e(n) und b(n) erstreckt. Bei der Forward-Backward-Methode bestehen die Koeffizienten des Gleichungssytems c(i,l) aus der Summe zweier Kovarianzen. Weil die Summe vieler Kovarianzen gegen die wahre Autokorrelationsfunktion strebt, läßt sich hieraus eine - in der Tat vorhandene - Überlegenheit des Forward-Backward-Verfahrens gegenüber der Kovarianz-Methode vermuten.

Sowohl beim Kovarianz-Verfahren als auch beim Forward-Backward-Verfahren werden die Koeffizienten der Autokorrelationsmatrix zur Berechnung der Filterkoeffizienten f(k) durch eine Zahlenfolge abgeschätzt, von der selbst nicht wieder allgemein vorausgesetzt werden kann, daß sie eine mögliche Autokorrelierte bildet. Die Voraussetzungen für die Levinson-Durbin-Rekursion sind also in beiden Fällen nicht erfüllt. Aus dem gleichen Grund resultiert bei beiden Verfahren auch nicht notwendigerweise ein minimalphasiges Filter F(z) und ein kausales inverses Filter H(z), die Nullstellen bzw. Polstellen können auch außerhalb des Einheitskreises liegen. Hierin unterscheiden sich die beiden genannten Verfahren vom Autokorrelationsverfahren und von dem im nächsten Abschnitt geschilderten Burg-Verfahren, bei diesen beiden letztgenannten Methoden wird stets mit einer gültigen Autokorrelierten als Schätzung gearbeitet. Wenn man durchaus auf kausale H(z) hinaus

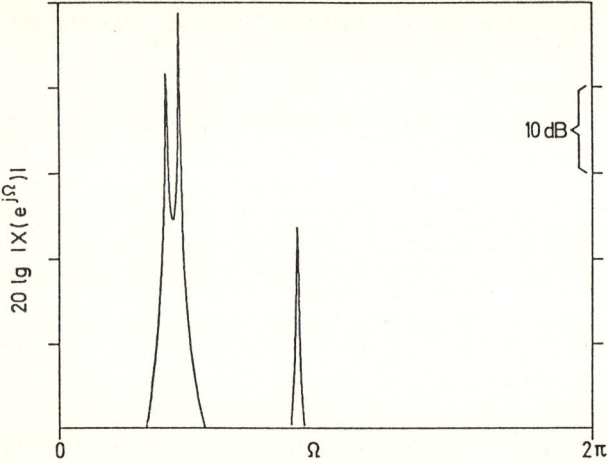

Bild 4.6   Mit der Forward-Backward-Methode gewonnenes All-Pol-Spektrum
             eines aus drei Wellen gleicher Amplitude bestehenden Signales
             N=20, Modellordnung p = 3

will, so kann man die betroffenen Pole noch am Einheitskreis spiegeln, ohne damit die
spektrale Qualität zu verändern. Dieser Schritt ist natürlich nur von Interesse, wenn
man mehr auf Frequenzen und Dämpfungen, auf die Pole selbst also, abzielt, wie es
als Voraussetzung für ein zusätzliches Wellen-Summen-Modell erforderlich ist.
Gerade hierfür ist das Forward-Backward-Verfahren besonders geeignet.

Unter den hier vorgestellten Methoden gilt das Forward-Backward-Verfahren als
das beste Rechenverfahren zur spektralen Schätzung nach einem All-Pol-Modell. Es
ist allerdings etwas aufwendiger als das Burg-Verfahren und das Autokorrelationsverfahren, weil die Levinson-Durbin-Rekursion nicht verwendet werden kann.
Gleichwohl erlaubt die spezielle Gestalt der Matrix wieder eine (andere) rekursive
Berechnung, eine genaue Beschreibung findet man in der Arbeit von Marple /4.20/.

Auch die Forward-Backward-Methode erfüllt die in sie gesetzten Erwartungen,
nah benachbarte Wellenanteile im Spektrum auch dann noch deutlich zu trennen, wenn
dies mit der traditionellen Fenster-Methode unmöglich ist. In Bild 4.6 ist wieder das
Spektrum eines aus drei Wellen bestehenden Signales mit gleichen Amplituden
dargestellt (siehe auch die Bilder 4.2 und 4.3). Das Spektrum ist von dem mit der
Kovarianz-Methode errechneten Verlauf nicht zu unterscheiden. Der Grund für die
Überlegenheit des Forward-Backward-Verfahrens besteht deswegen auch vor allem in
der größeren Unanfälligkeit gegenüber zu hohen Modellordnungen, einer erheblich
geringeren Neigung zum "line-splitting" also.

Burg-Verfahren

Das Forward-Backward-Verfahren ist seit etwa 10 Jahren bekannt. Sein Vorläufer,
das nach seinem Erfinder benannte Burg-Verfahren, besitzt gewisse Nachteile, so daß
sich das Forward-Backward-Verfahren als überlegen erwiesen hat. Aus diesem

Grunde wird hier auf das - numerisch allerdings etwas einfacher zu handhabende - Burg-Verfahren eher kurz eingegangen.

Burg (/4.17/) ging von dem Bedürfnis nach einem kausalen Filter H(z) für die spektrale Modellierung aus, und er setzte deswegen die Gültigkeit der Levinson-Durbin-Rekursion voraus. Will man unter dieser Annahme wieder sowohl den Vorwärts- als auch den Rückwärtsbetrieb des Filters in die Berechnung miteinbeziehen, so kann man nun nicht mehr die Filterkoeffizienten $f(k)$ als unabhängige Variable betrachten. Diese stellen sich diesmal vielmehr als Funktionen der unabhängigen Reflexionskoeffizienten $f_p(p)$ dar. In der Tat, sind die Reflexionskoeffizienten $f_p(p)$, $p = 1, 2, ...p_{max}$ einmal bekannt, so lassen sich für alle Stufen p in diesem Intervall die noch fehlenden Filterkoeffizienten $f_p(k)$, k= 1, 2, ...,p nach Gl.(4.60) ermitteln. Damit stellen sich aber auch die Filterkoeffizienten der entgültigen Ordnung p_{max}, $f_{p_{max}}(l)$, als Funktion der unabhängigen Variablen $f_p(p)$ dar. Man bestimmt nun die Filterkoeffizienten anders wie im letzten Abschnitt durch Differenzieren nach den Reflexionskoeffizienten $f_p(p)$ so, daß die Energie E^2, die sich nach Gl.(4.74) aus Vorwärts- und Rückwärts-Energie zusammensetzt, ein Minimum wird. Dabei kann man sich noch die Zusammenhänge

$$e_p(n) = e_{p-1}(n) + f_p(p) b_{p-1}(n-1) \qquad (4.79)$$

$$b_p(n) = b_{p-1}(n-1) + f_p^*(p) e_{p-1}(n) \qquad (4.80)$$

zwischen den Folgen e(n) und b(n) zu nutze machen. Auch in diesen Gleichungen gibt der beigestellte Index die aktuelle Ordnung an, sie können leicht aus Gl.(4.60) und den Definitionsgleichungen für e(n) und b(n), Gl.(4.72) und (4.73), hergeleitet werden. Aus der beschriebenen Minimierung folgt die Burgsche Bestimmungsgleichung

$$f_p(p) = -2 \frac{\sum_{n=p}^{N-1} e_{p-1}(n) b_{p-1}^*(n-1)}{\sum_{n=p}^{N-1} |e_{p-1}(n)|^2 + |b_{p-1}(n-1)|^2} \qquad . \qquad (4.81)$$

Sie erlaubt die Bestimmung der Reflexionskoeffizienten $f_p(p)$, weil auf jeder Stufe p die Filterkoeffizienten der vorangegangenen Stufe $f_{p-1}(k)$ bekannt sind. Für die Startstufe p=1 ist $e_0(n) = b_0(n) = x(n)$ einzusetzen. Die auf jeder Stufe p auftretende minimale Energie wird ebenso wie die Filterkoeffizienten $f_p(k)$, $1 \leq k \leq p-1$, aus den Levinson-Durbin-Gleichungen gewonnen. Da wie gesagt deren Gültigkeit gerade Voraussetzung für das Verfahren ist, wird damit indirekt stets auch eine gültige Autokorrelierte angenommen, die dabei explizit gar nicht berechnet werden muß. Auch das Burg-Verfahren benötigt also keine ausdrücklichen Voraussetzungen über den Verlauf von x(n) oder dessen Autokorrelierter außerhalb des Datenfensters.

4.4 Einfluß von Störungen

Wie schon in Kapitel 3 festgestellt worden ist, muß man in vielen Fällen von "verunreinigten" Signalen $x_F(n)$ ausgehen, die zusätzlich zum nutzbaren Signal $x(n)$ noch einen Rauschanteil $w(n)$ enthalten. Signalverunreinigungen hängen natürlich von einem Auswerteverfahren nicht ab, und die Berechnung eines Leistungsspektrums ist ja nichts anderes als ein Auswerteverfahren. Trotzdem tritt die zusätzliche Rausch-energie bei den verschiedenen Verfahren zur Bildung eines Leistungsspektrums auf ganz unterschiedliche Weise in Erscheinung, und deshalb erfolgt hier eine wenigstens kurze Betrachtung der Wirkungsweise von Signal-Ungenauigkeiten bezüglich der behandelten Methoden zur spektralen Berechnung auf Grund von Signal-Modellen.

Im vorigen Kapitel wurde schon festgestellt, daß die Autokorrelierte durch überlagerte Störungen in

$$a_{xF}(k) = a_x(k) + W_0 \, \delta(k) \qquad\qquad (4.82)$$

übergeht. Wie vorne ist dabei W_0 die Rauschenergie, $a_{xF}(k)$ und $a_x(k)$ bezeichnen die Autokorrelierten des - einzig zur Verfügung stehenden - Signales $x_F(n) = x(n) + w(n)$ mit Verfälschungen und des "reinen" Signales $x(n)$. Geht man wieder von relativen Fehlern $w(n) = x(n)\, r(n)$ aus, so ist

$$W_0 \approx \varepsilon^2 \sum_n |x(n)|^2 = \varepsilon^2 \, a_x(0) \qquad , \qquad\qquad (4.83)$$

worin ε^2 den quadratischen Mittelwert der relativen Fehlerfolge $r(n)$ bedeutet.

Die genannten Annahmen bewirken nun bei der All-Pol-Methode vor allem eine Änderung der Hauptdiagonalen im Gleichungssystem zur Bestimmung der Filterkoeffizienten $f_F(n)$ gegenüber dem zur Berechnung der Koeffizienten $f(n)$ des unverfälschten Signales :

$$\left[a_{xF} \right] = \left[a_x \right] + \varepsilon^2 \left[I \right] \qquad\qquad (4.84)$$

$$\left[a \right] = \text{Autokorrelationsmatrix,} \qquad \left[I \right] = \text{Einheitsmatrix} \quad .$$

Veränderungen des entsprechenden Filters hängen nicht nur von ε^2, sondern auch von der ganzen Gestalt der Autokorrelationsmatrix ab.

Lediglich in dem praktisch nicht interessierenden Fall, bei dem man vom Signal $x(n)$ selbst konstantes Leistungsspektrum annimmt - und das deshalb für eine All-Pol-Modellierung eigentlich nicht in Frage kommt - lassen sich die Filterkoeffizienten durch

$$f_F(n) \approx \frac{f(n)}{1 + \varepsilon^2} \qquad\qquad (4.85)$$

annähern. Es liegt auf der Hand, daß für das hier vorausgesetzte weiße Signal $x(n)$ die Veränderungen durch einen überlagerten, gleichfalls weißen Vorgang, nur sehr wenig ins Gewicht fallen, so daß die Abschätzung für praktisch interessierende Fälle mit eher ausgeprägtem spektralem Verlauf entschieden zu kleine Veränderungen angibt. Wenn weiter $\varepsilon^2 \ll 1$ vorausgesetzt wird, so kann man unter Verwendung des Vietaschen Wurzelsatzes die Nullstellen z_{Fi} von $F_F(z)$ durch die Nullstellen z_i von $F(z)$ etwa mit

$$z_{Fi} \approx z_i \left(1 - \frac{\varepsilon^2}{p}\right) \qquad\qquad (4.86)$$

abschätzen. So unrealistisch diese Näherung in der Größenordnung in den meisten Fällen auch sein mag, so zeigt sie dennoch die tatsächlich auftretenden Tendenzen bei Signalverunreinigungen an. Die Polstellen des All-Pol-Modelles werden dem Betrage nach kleiner, es wird eine höhere (in praktischen Fällen teilweise sogar erheblich größere) Dämpfung vorgespiegelt als tatsächlich vorhanden, und dieser Effekt wird durch Wahl einer größeren Modellordnung reduziert.

Diese Prinzipien zeigen sich denn auch bei Auswertungen, bei denen wie im vorigen Kapitel die Fehlerfolge $r(n)$ durch eine Folge mit optimal konstantem Leistungsspektrum, $r(n) = 0,12 \, x_{max(F)}(n)$, simuliert worden ist. Die Beispiele in den Bildern 4.7, 4.8 und 4.9 beruhen auf einem aus zwei Wellenanteilen zusammen-

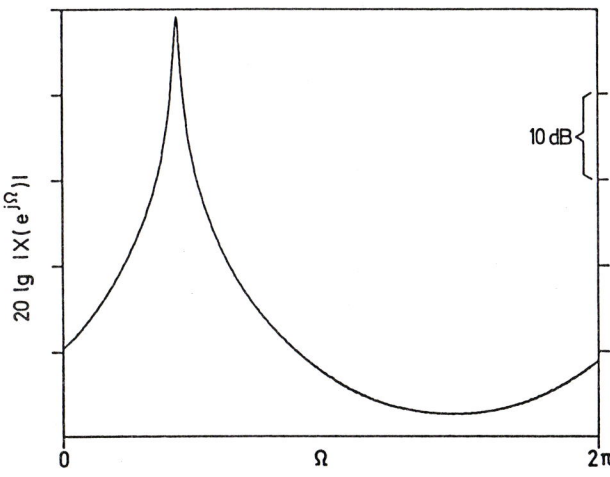

Bild 4.7   Mit der Forward-Backward-Methode gewonnenes All-Pol-Spektrum eines aus zwei Wellen gleicher Amplitude ($\Omega/2\pi = 0,2$ und $\Omega/2\pi = 0,24$) bestehenden, verunreinigten Signales ($\varepsilon = 0,12$) N=20, Modellordnung p = 2

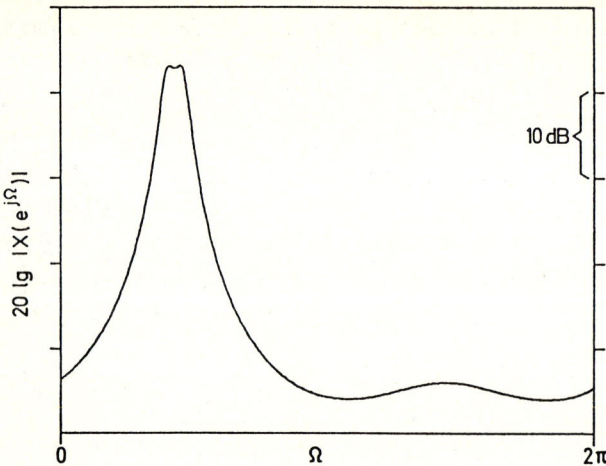

Bild 4.8   Mit der Forward-Backward-Methode gewonnenes All-Pol-Spektrum eines aus zwei Wellen gleicher Amplitude ($\Omega/2\pi = 0{,}2$ und $\Omega/2\pi = 0{,}24$) bestehenden, verunreinigten Signales ($\varepsilon = 0{,}12$) N=20, Modellordnung p = 4

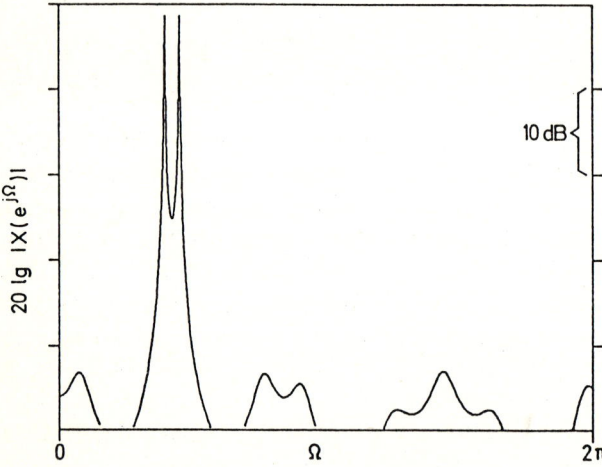

Bild 4.9   Mit der Forward-Backward-Methode gewonnenes All-Pol-Spektrum eines aus zwei Wellen gleicher Amplitude ($\Omega/2\pi = 0{,}2$ und $\Omega/2\pi = 0{,}24$) bestehenden, verunreinigten Signales ($\varepsilon = 0{,}12$) N=20, Modellordnung p = 10

186

gesetzten Signal. Die Wellen besitzen die gleiche Amplitude und weisen die Wellen-zahlen $\Omega/2\pi = 0{,}2$ und $\Omega/2\pi = 0{,}24$ auf. Die Punktanzahl der Beobachtung beträgt $N = 20$, so daß mit dem Fensterverfahren eine Trennung der Anteile nicht erfolgen kann, die Hauptkeulenbreite beträgt ungewichtet $\Delta\Omega/2\pi = 2/N = 0{,}1$. Wie man sieht erfolgt bei der All-Pol-Modellierung, hier mit dem Forward-Backward-Verfahren durchgeführt, bei der dem Signal eigentlich angemessenen Modellordnung von $p = 2$ die Wiedergabe nur eines Gipfels für das Signal, der zweite Pol wird zur breiten Erfassung spektraler Rauschenergie genutzt. Für $p = 4$ deutet sich bereits die Tatsache eines zusammengesetzten Vorganges an, und für $p = 10$ erfolgt schließlich eine klare Trennung der Anteile. Es ist selbstverständlich, daß die "überschüssigen" Polstellen nun natürlich der Modellierung des breitbandigen Rauschvorganges dienen.

Wie man sieht kann man die mit Überlagerungen verbundenen Nachteile bei der All-Pol-Modellierung durch Wahl einer größeren Modellordnung abmildern. Diese Tatsache leuchtet unmittelbar ein, denn breitbandige Vorgänge erfordern zu ihrer korrekten Beschreibung natürlich höhere Modellordnungen als schmalbandige. Um so wichtiger ist es, daß ein Verfahren mit geringer Neigung zum "line-splitting" verwendet wird.

Gleichzeitig ist dadurch aber auch eine Begrenzung in der mit dem All-Pol-Verfahren erzielbaren Auflösung gegeben, denn bei vorliegen von wenigen Abtastwerten kann die Modellordnung nicht beliebig gesteigert werden, sinnvoll muß man etwa $p \leq N/2$ einhalten.

Die aufgeführten Betrachtungen und Beispiele lehren noch, daß die in All-Pol-Spektren vorgespiegelten Dämpfungen sehr oft nicht mit wirklichen Wellen-Dämpfungen korrespondieren. Die zu breiten Gipfel resultieren vielmehr aus dem zusammengesetzten Signal, das - neben schmalbandigen - auch breitbandige Anteile enthält, und dem Prinzip der All-Pol-Modellierung, bei dem die wahren spektralen Gipfel vom Modell so umschlossen werden, daß ein möglichst hoher Anteil vorgefundener spektraler Energie umhüllt wird.

Aus diesem Grund kann man die mit dem All-Pol-Verfahren ermittelten Dämpfungen nur in eher seltenen Fällen auch als signifikant für tatsächliche, physikalische Dämpfungen von Wellen ansehen. Benutzt man die Polstellen z_i, die aus einem All-Pol-Modell resultieren, noch als Generatoren in einem Wellen-Summen-Modell, so ist es deswegen ratsam, hierfür die um die Dämpfung bereinigten Pole $z_i/\sqrt{|z_i|}$ zu verwenden. Dann genügt es übrigens fast immer, die Maxima im All-Pol-Spektrum zu suchen, wodurch die - komplizierte und aufwendige - Nullstellensuche zur Bestimmung der Pole vermieden wird.

Es fragt sich natürlich noch, auf welche Weise Signal-Unreinheiten beim Wellen-Summen-Modell hervorgebracht werden. Würde man beispielsweise an Hand des All-Pol-Modelles in Bild 4.9 nur die Wellenzahlstellen wie beschrieben ermitteln, dann würden beim anschließend durchgeführten Prony-Verfahren auch für diejenigen Amplituden von Null verschiedene Werte resultieren, die nur der Modellierung der breitbandigen Rauschenergie dienen. Wie vorne gezeigt worden ist (siehe den Abschnitt über das Wellen-Summen-Modell) werden die Amplituden beim Prony-Verfahren durch das Spektrum der gefensterten Folge und eine anschließende Korrekturrechnung bestimmt, wobei letztere kleinere, in der aktuell betrachteten Wellenzahl durch die Nebenkeulen anderer Bestandteile eingestreuten Anteile richtigstellt. Liegen die in Frage kommenden Wellenzahlstellen so weit auseinander, daß die betreffenden Nebenkeulen-Höhen unter die spektrale Höhe des überlagerten Rauschens absinken, so kann man die nur dem Rauschen beigeordneten Amplituden $b_R(l)$ unmittelbar durch das Rausch-Fensterspektrum abschätzen :

$$b_F(l) = \frac{1}{N} W_N(e^{j\varphi(l)}) \quad .$$ (4.87)

Zielt man wieder mehr auf relative Störungen ab, so erhält man für ein Signal, das nur aus einer einzigen Welle der Amplitude b besteht, wegen

$$W_0 \approx \varepsilon^2 \sum_n |x(n)|^2 = \varepsilon^2 N b$$ (4.88)

und unter der darin schon enthaltenen Annahme etwa konstanten Rausch-Leistungsspektrums

$$| b_F(l)/b |^2 = \varepsilon^2/N \quad .$$ (4.89)

Es ergibt sich also die gleiche Abhängigkeit für den Pegel-Abstand zwischen Signal- und Rauschamplituden wie für den Abstand zwischen Hauptkeule und Nebenkeulen beim Fensterverfahren in Kapitel 3. Bezüglich der Fähigkeit, schwache Quellen im Rauschen zu entdecken, besitzen Fenster- und Prony-Verfahren gegeneinander keine Vorteile.

Für das in Bild 4.10 dargestellte Beispiel ergibt sich nach Gl.(4.89) ein Pegelabstand von etwa 30 dB zwischen Signal- und Rauschamplituden. Das Signal enthält

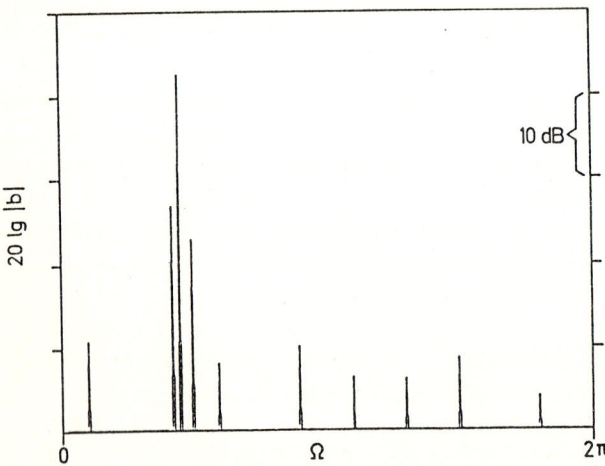

Bild 4.10   Amplitudenspektrum einer verunreinigten Welle ($\varepsilon = 0,12$)
             N = 20, Modellordnung p = 10

nur eine Welle, die relativen Störungen r(n) sind wieder mit r(n) = 0,12 $x_{max(F)}(n)$ simuliert worden. Die Punktanzahl beträgt N = 20. Zu Demonstrationszwecken sind die Wellenzahlstellen hier nicht mit einem All-Pol-Verfahren berechnet, sondern als bekannt angenommen worden. Wie man sieht werden Rauschamplituden in unmittelbarer Nachbarschaft des Signales selbst wesentlich größer modelliert als durch Gl. (4.89) angegeben. In der Tat bestand die wesentliche Voraussetzung für diese Abschätzung ja auch darin, daß die Korrekturrechnung, die Kern des Prony-Verfahrens ist, vernachlässigt werden kann. Am Beispiel des Bildes 4.10 erkennt man eine gewisse Ähnlichkeit zwischen Fenster- und Amplituden-Spektrum. Würde das überlagerte Rauschen in seiner Energie geringer, so würden die Unterschiede der Spektren signifikanter: beim Fenster-Verfahren sind die Grenzen durch das Verfahren selbst, bei der Prony-Methode jedoch nur durch Modell-fremde Anteile bewirkt. Gelingt es, diese Anteile etwa durch Maßnahmen zur Rauschunterdrückung zu reduzieren, so besitzt das Modell-Verfahren deutliche Vorteile. Dabei deuten die in den Bildern 4.10 und 4.14 gegebenen Beispiele jedenfalls nur eine endliche Auflösung an, die nur durch das Rauschen bestimmt wird.

Daß sich die genannten Modell-Verfahren auch in der Praxis bewähren, zeigen einige abschließend vorgestellten Meßbeispiele. Im reflexionsarmen Raum ist das von zwei Lautsprechern herstammende Schallfeld auf einer 7,5 m von ihnen entfernten Meßgeraden örtlich abgetastet worden. Bei der eingestellten Frequenz von f = 2000 Hz ist der Schalldruck in Abständen von $\Delta z/\lambda = 1/2$ in 21 Punkten ermittelt worden. Die Lautsprecher waren so nah benachbart, daß ihre Trennung mit dem konventionellen Fenster- und Gewichtungsverfahren nicht zu erwarten war. Die wahren, aus der Geometrie sich ergebenden Lagen der Lautsprecher sind in den Bildern als Strichlinien eingezeichnet.

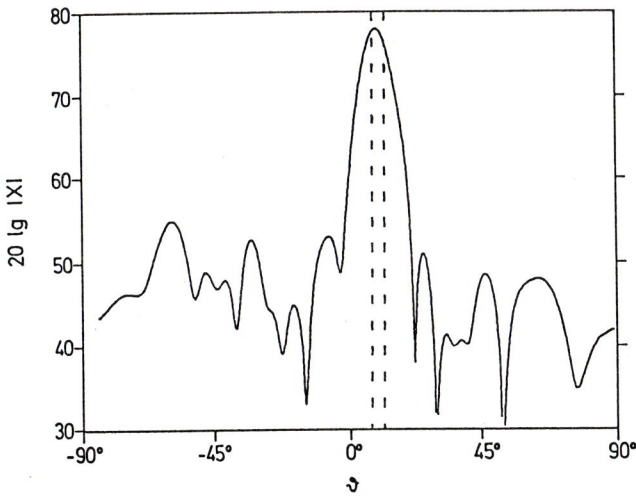

Bild 4.11   Mit Dolph-Chebyshev-Gewichtung aus den Meßwerten ermitteltes Richtungsmaß zweier nah benachbarter Schallquellen (N = 21, D = 25 dB, $\Delta z/\lambda = 0{,}5$)

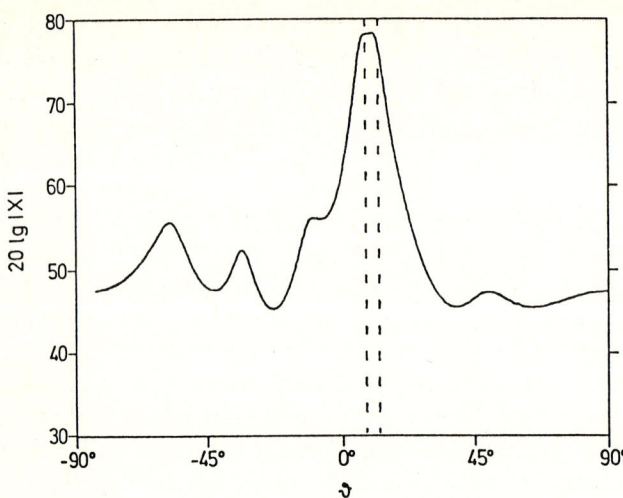

Bild 4.12   Mit dem Autokorrelationsverfahren aus den Meßwerten ermitteltes
Richtungsmaß zweier nah benachbarter Schallquellen
(N = 21, p = 9, Δz/λ = 0,5)

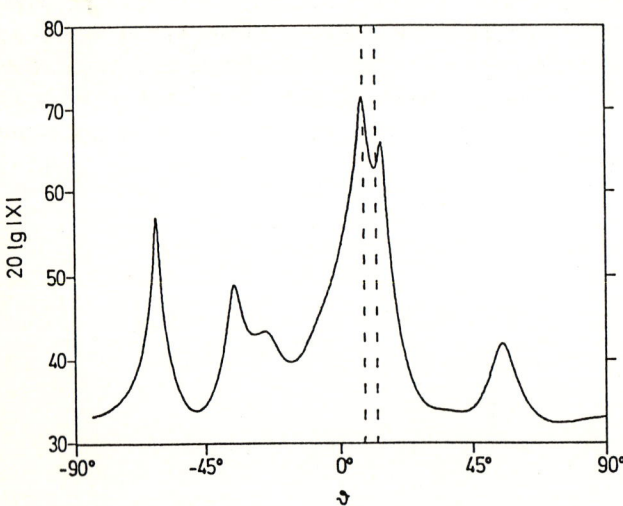

Bild 4.13   Mit dem Forward-Backward-Verfahren aus den Meßwerten ermitteltes
Richtungsmaß zweier nah benachbarter Schallquellen
(N = 21, p = 9, Δz/λ = 0,5)

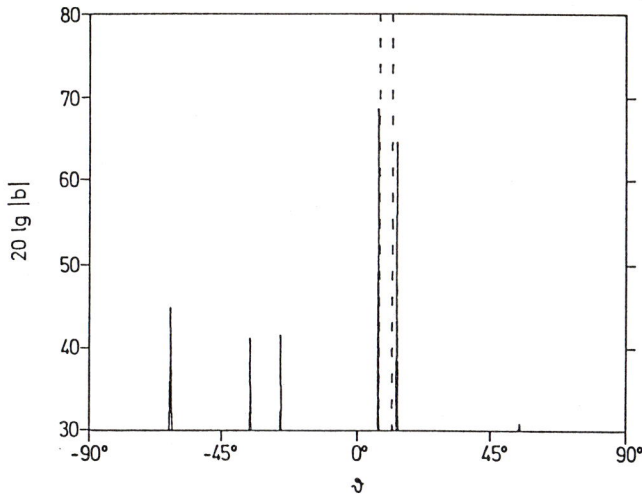

Bild 4.14   Aus den Meßwerten ermittelte Schalldruckpegel zweier nah
benachbarter Schallquellen. Lage der Richtungen aus dem Forward-
Backward-Richtungsmaß (Bild 4.13) bestimmt.
(N = 21, p = 9, Δz/λ = 0,5)

Die Auswertung mit Dolph-Chebyshev-Gewichtung (D=25 dB) in Bild 4.11 zeigt
denn auch nur einen einzigen Gipfel ohne jeden Hinweis auf das Vorhandensein
zweier Quellen. Bereits die All-Pol-Modellierung mit der Autokorrelationsmethode
Bild 4.12 liefert immerhin eine Andeutung zweier Bestandteile : ein so gestalteter
Verlauf im Maximum ist nur durch zwei vorhandene Pole erklärlich. Das Forward-
Backward-Verfahren (Bild 4.13) bringt die Tatsache zweier Quellen klar hervor, auf
seiner Grundlage ist schließlich noch das in Bild 4.14 wiedergegebene Amplituden-
spektrum bestimmt worden. Man bemerke noch, daß alle spektralen Verläufe in nur
etwas unterschiedlicher Weise Phantomquellen aufzeigen, die mit den genannten
Signalverfremdungen korrespondieren.

Literatur

Kapitel 1

/1.1/ Papoulis, A.: *The Fourier Integral and Its Applications*, McGraw-Hill Comp., New York 1963

/1.2/ Lighthill, M. J.: *Einführung in die Theorie der Fourier-Analysis und der verallgemeinerten Funktionen*, B.I. - Wissenschaftsverlag Band 139, Mannheim 1966

/1.3/ Heckl, M.: *Abstrahlung von ebenen Schallquellen*, ACUSTICA 37 (1977) S. 155 - 166

/1.4/ Heckl, M.: *Die Details einiger Schallausbreitungsmechanismen*, Fortschritte der Akustik - DAGA ´84, DPG GmbH, Bad Honnef 1984, S. 53 - 64

/1.5/ Cochran, W. T. , et al : *What is the Fast Fourier-Transform ?*, Proc. IEEE 55 (1967), S. 1664 - 1674

/1.6/ Singleton, R. C.: *An algorithm for computing the mixed radix fast Fourier transform*, IEEE Trans. Audio Electroacoust. 17 (1969) S. 93 - 103

/1.7/ Elliot, D. F.; Rao, K. R.: *Fast Transforms*, Academic Press Inc., London 1982

/1.8/ Smirnow, W. I.: *Lehrgang der höheren Mathematik, Band 4*, VEB Deutscher Verlag der Wissenschaften, Berlin 1959

/1.9/ Oppenheim, A. V., Schafer, R. W.: *Digital Signal Processing*, Prentice-Hall, Inc., Englewood Cliffs, New Jersey ,1975

Kapitel 2

/2.1/   Barker, R. H.: *Group synchronizing of binary digital systems.*, in : Communication theory, London 1953, S. 273

/2.2/   Turyn, R.; Storer, J.: *On binary sequences*, Proc. Am. Math. Soc. Vol. 7 (1956), S. 975 - 986

/2.3/   Luenberger, D. G.: *On Barker Codes of Even Length*, Proc. IEEE Vol. 51 (1963) , S. 230 - 231

/2.4/   Turyn, R.: *On Barker Codes of Even Length*, Proc. IEEE Vol. 51 (1963)   S. 1256

/2.5/   Lindner, J.: *Binary Sequences up to Length 40 with Best Possible Autocorrelation Function*, Electronics Letters Vol. 11 (1975), S. 507

/2.6/   Schroeder, M. R.: *Synthesis of Low-Peak-Factor Signals and Binary Sequences With Low Autocorrelation*, IEEE Trans. Inf. Theo. Vol. 16 (1970) S. 85 - 89

/2.7/   Golay, M. J. E.: *A Class of Finite Binary Sequences With Alternate Autocorrelation Values Equal to Zero*, IEEE Trans. Inf. Theo. Vol. 18 (1972) S. 449 - 450

/2.8/   Möser, M.: *Ein Konstruktionsverfahren für binäre Folgen mit kleinen Seitenkeulen in der antizyklischen Autokorrelierten*, ntzArchiv Bd. 8 (1986) H. 7, S. 165 - 172

/2.9/   Huffmann, D. A.: *The generation of impulse-equivalent pulse trains*, IRE Trans. Inf. Theo. Vol. 8 (1962), S. 10 - 16

/2.10/   Kuttruff, H.; Quadt, H. P.: *Elektroakustische Schallquellen mit ungebündelter Schallabstrahlung*, ACUSTICA 41 (1978), S. 1 - 10

/2.11/   Kuttruff, H.; Quadt, H. P.: *Lautsprecherzeilen mit ungebündelter Schallabstrahlung*, Fortschritte der Akustik DAGA 1978, Bad Honnef : DPG-GmbH 1978, S. 637 - 640

/2.12/   Kuttruff, H.; Sung, K. M.: *Piezoelektrische Ultraschallsender mit ungebündelter Schallabstrahlung*, ACUSTICA 43 (1979), S. 162 - 166

/2.13/   McWilliams, F. J.; Sloane, N. J. A.: *Pseudo-Random Sequences and Arrays*, Proc. IEEE Vol. 64 (1976), S. 1715 - 1729

/2.14/   McWilliams, F. J.; Sloane, N. J. A.: *The Theory of Error-Correcting Codes* Amsterdam, New York, Oxford : North-Holland Publishing Company 1977

/2.15/ Fredrickson, H.: *A class of nonlinear de Bruijn cycles*, J. Combinat. Theo. Vol. 19A (1975), S. 192 - 199

/2.16/ Cremer, L.; Sloane, N. J. A.: *Die wissenschaftlichen Grundlagen der Raumakustik*, S. Hirzel Verlag, Stuttgart 1976

/2.17/ Levine, H.; Sloane, N. J. A.: *On the Radiation of Sound from an Unflanged Circular Pipe*, Phys. Rev. Vol. 73 (1948), S. 383 ff

/2.18/ Schroeder, M. R.: *Diffuse sound reflection by maximum-length sequences*, JASA Vol. 60 (1976), S. 268 ff

/2.19/ Schroeder, M. R.: *Binaural dissimilarity and optimum ceilings for concert halls : More lateral sound diffusion*, JASA Vol. 65 (1979), S. 958 - 963

/2.20/ Schroeder, M. R.; Gerlach, R.: *Die Anwendung von Maximalfolgendiffusoren in einem Modellhallraum*, Fortschritte der Akustik - DAGA 1976, DPG GmbH, Bad Honnef 1979, S.255-258

/2.21/ Strube, H. W.: *Diffraction by a planar locally reacting, scattering surface*, JASA Vol. 67 (1980), S. 460 - 469

/2.22/ Marshall, A. H.; Hyde, J. R.: *Evolution of a concert hall : Lateral reflection and the acoustical design for Wellington Town Hall*, JASA Vol. 63 (1978), 36(A)

Kapitel 3

/3.1/ Harris, F. J.: *On the Use of Windows for Harmonic Analysis with the Discrete Fourier Tansform*, Proc. IEEE 66 (1978), S. 51 - 83

/3.2/ Barsikow, B.; et al : *Schallquellenortung an Hochgeschwindigkeitszügen* Fortschritte der Akustik - DAGA ′81, DPG GmbH, Bad Honnef 1981 S. 557 - 560

/3.3/ Barsikow, B.; et al : *Prognose für den abgestrahlten Schall eines Hochgeschwindigkeitszuges unter Berücksichtigung von Schallquellen im Rad-Schiene-Bereich*, Fortschritte der Akustik - FASE/DAGA′82 DPG GmbH, Bad Honnef 1982, S. 407 - 411

/3.4/ Barsikow, B.: *Ausgewählte Beispiele zur Schallmessung mit dem Reihenrichtmikrofon (Array)*, Fortschritte der Akustik - FASE/DAGA′82 DPG GmbH, Bad Honnef 1982, S. 613 - 616

/3.5/ Wille, P.: *Akustische Fernmessungen im Meer*, Naturwissenschaften 68 (1981), S. 391 - 406

/3.6/ Steinberg, B. D.: *Principles of Aperture and Array Systm Design*, JohnWiley&Sons, New York 1976

/3.7/ Dolph, C. L.: *A Current Distribution for Broadside Arrays Which Optimizes the Relationship Between Beam-Width and Side-Lobe-Level,* Proc. IRE 34 (1946), S. 335 - 348

/3.8/ Papoulis, A.: *The Fourier Integral and Its Applications*, McGraw-Hill, New York 1962

/3.9/ Kaiser, J. E.; Kuo, J. F.: *System Analysis by Digital Computer*, John Wiley&Sons, New York 1966

/3.10/ Barcilon, V.; Temes, G.: *Optimum impulse response and the van der Maas function*, IEEE Trans. Circuit Theory 19 (1972), S. 336 - 342

Kapitel 4

/4.1/ Prony, G. R.: *Essai experimental et analytique, etc.*, Paris, J. de L´Ecole Polytechnique Vol. 1 cahier 2, S. 24 - 75 (1795)

/4.2/ McDounough, R. N.: *Best least-squares representation of signals by exponentials*, IEEE Trans. Auto. Contr. 13 (1968), S. 408 - 412

/4.3/ Holtz, H.: *Pronys method and related approaches to exponential approximation*, Aerospace Corp. Rep. ATR-73 (9990)-5   (1973)

/4.4/ Hildebrand, F. B.: *Introduction to numerical analysis*, McGraw Hill, New York 1956

/4.5/ Yule, G. U.: *On a method of investigating periodicities in disturbed series, with special reference to Wolfer´s sunspot numbers*, Phil. Trans. Royal Soc., London (1927), Series A 226, S. 267 -298

/4.6/ Walker, G.: *On periodicity in series of related terms*, Proc. Roy. Soc., London (1931), Series A 131, S. 518 - 532

/4.7/ Makhoul, J.: *Spectral Analysis of Speech by Linear Prediction*, IEEE Trans. Audio Electroacoust. 21 (1973), S. 140 - 148

/4.8/ Makhoul, J.: *Adaptive Noise Spectral Shaping and Entropy Coding in Predicitve Coding of Speech*, IEEE Trans. Acoust. Speech Sig. Proc. 27 (1979), S. 63 - 73

/4.9/ Lang. S. W.; McClellan, J. H.: *A Simple Proof of Stability for All-Pole Linear Prediction Models*, Proc. IEEE 67 (1979), S. 860 - 861

/4.10/ Levinson, N.: *The Wiener (root mean square) error criterion in filter design and prediction*, J. Math Phys. 25 (1947), S. 261 - 278

/4.11/ Durbin, J.: *The fitting of time series models*, Rev. Inst. Int. de Stat. 28 (1960) S. 233 - 244

/4.12/ Akaike, H.: *Statistical predictor identification*, Ann. Inst. Statist. Math. 22 (1970), S. 203 - 217

/4.13/ Akaike, H.: *Autoregressive model fitting for control*, Ann. Inst. Statist. Math. 23 (1971), S. 163 - 180

/4.14/ Kozin, F.; Nakajima, F.: The order determination problem for linear time-varying AR models, IEEE Trans. Automat. Contr. 25 (1980), S. 250 - 257

/4.15/ Kay, S. M.; Marple, S. L.: *Spectrum Analysis - A Modern Perspective*, Proc. IEEE 69 (1981), S. 1380 - 1419

/4.16/ Makhoul, J.: *Linear Prediciton : A Tutorial Review*, Proc. IEEE 63 (1975) S. 561 - 580

/4.17/ Burg, J. P.: *A new analysis technique for time series data*, NATO Advanced Study Inst. on Signal Processing with Emphasis on Underwater Acoustics, Enschede, The Netherlands, 1968

/4.18/ Ulrych, T. J.; Clayton, R. W.: *Time series modelling and maximum entropy*, Phys. Earth Planetary Interiors 12 (1976), S. 188 - 200

/4.19/ Nuttall, A. H.: *Spectral analysis of a univariate p process with bad data points, via maximum entropy, and linear predictive techniques*, Naval Underwater Systems Center, Tech. Rep.5303, New London 1976

/4.20/ Marple, S. L.: *A new autoregressive spectrum analysis algorithm*, IEEE Trans. Acoust. Speech Sig. Proc. 28 (1980), S. 441 - 451

Sachverzeichnis

L. Cremer, M. Hubert

Vorlesungen über Technische Akustik

Hochschultext

3., überarbeitete Auflage. 1985. XV, 339 Seiten.
Broschiert DM 54,–. ISBN 3-540-15309-8

Inhaltsübersicht: Einleitung. – Elektroakustik. – Die Entstehung der Schallwellen. – Schallausbreitung. – Schalldämmung. – Schall und Strömung. – Das Hören. – Anhang: Weiterführende Literatur. – Sachverzeichnis.

Diese Einführung in die Technische Akustik entspricht in der Stoffauswahl und im klaren didaktischen Aufbau einer an der Technischen Universität Berlin gehaltenen Vorlesung.
In Kapiteln über Elektroakustik, Entstehung, Ausbreitung und Dämmung von Schallwellen sowie über die Grundlagen des Hörens werden die wesentlichen Tatsachen und Gesetze vermittelt für so unterschiedliche Gebiete wie beispielsweise: Schallmessung, Schallübertragung, Lärmbekämpfung und Schallschutz im Hochbau.
Das Buch wird somit außer Physikern und Nachrichtentechnikern, Bau- und Maschineningenieuren und Architekten und sogar Musikern nützliche Informationen bieten können. In der dritten Auflage wurde ein Kapitel zum aktuellen Gebiet der Strömungsakustik aufgenommen.

M. Heckl, H. A. Müller (Hrsg.)

Taschenbuch der Technischen Akustik

372 Abbildungen, 79 Tabellen, XVIII, 536 Seiten. 1975.
Gebunden DM 148,–. ISBN 3-540-06780-9

Inhaltsübersicht: Physikalische Grundlagen. – Elektroakustische Wandler. – Akustische Meßtechnik. – Schallwirkungen beim Menschen und Fragen des Gehörschutzes. – Beurteilung der Geräuschemission (Vorschriften – Normen – Richtlinien). Beurteilung der Geräuschemission (Normen – Richtlinien – Gesetze). Geräusche elektrischer Maschinen. – Schallentstehung bei Verbrennungsmotoren. – Geräusche von Strömungsmaschinen und -geräten. – Schallentstehung bei Pumpen. – Geräusche von Zahnradgetrieben. – Geräusche von Baumaschinen. – Straßenverkehrslärm. – Fluglärm. – Geräusche von Schienenfahrzeugen. – Geräuschprobleme bei Schiffen. – Schallausbreitung im Freien. – Schallabsorption. – Schalldämpfer. – Schalldämmung in Gebäuden. – Körperschalldämmung und -dämpfung. – Raumakustik. – Beschallungstechnik.

Springer-Verlag
Berlin Heidelberg New York
London Paris Tokyo

Springer

...rne

...l by

...50 pages.
...-1

... Gene-
...ey of
...ping. –
...Borne
...es. –

...portant
...d
...es of the
...on
...d.
...notion,
formulas for wave speeds, resonance frequencies, impedances, transmission coefficients etc. are given. The different damping mechanisms and the radiation properties are treated. The statistical energy analysis (SEA) is also presented. This new edition has been enlarged to include also waves on orthotropic plates, and the vibration and radiation of cylindrical shells.

Springer-Verlag
Berlin Heidelberg New York
London Paris Tokyo

Springer